普通高等教育人工智能与大数据系列教材

Python 数据分析与数据挖掘

葛东旭　编著

机 械 工 业 出 版 社

本书分为 10 章。第 1 章介绍 Python 语言的起源和特性，以及安装 Python 及其开发环境的方法；第 2 章介绍 Python 语言的基础知识；第 3 章介绍 Python 数据组织结构，作为学习后续数据操作的基础；第 4~7 章介绍为了能够有效进行数据分析和数据挖掘所必须对数据进行的多种处理方法；第 8 章介绍使用不同的 Python 扩展库，以不同的可视化方法和形式对数据进行探索和分析；第 9 章介绍数据分析方法；第 10 章介绍数据挖掘的关联、分类和聚类算法。

本书配套以下教学资源：教学 PPT、习题答案、数据分析支撑文件、程序代码等，请选用本书作教材的教师登录 www.cmpedu.com 注册后下载，或发邮件至 jinacmp@ 163. com 索取（注明学校名+姓名）。

本书可作为普通高校计算机、大数据、人工智能、金融管理等专业的教材，也可供广大从事数据分析、人工智能、机器学习等应用系统开发的技术人员参考。

本书配有电子课件和程序代码，书中的程序代码均在 Python 3.8、Anaconda 3 上调试通过，有些需要安装第三方库。选用本书作教材的老师请登录 www.cmpedu.com 注册下载课件等教学资源，或发邮件至 jinacmp@ 163. com 索取。

图书在版编目（CIP）数据

Python 数据分析与数据挖掘 / 葛东旭编著 . —北京：机械工业出版社，2022.4
（2025.1 重印）
普通高等教育人工智能与大数据系列教材
ISBN 978-7-111-70220-7

Ⅰ . ①P… Ⅱ . ①葛… Ⅲ . ①软件工具-程序设计-高等学校-教材
Ⅳ . ①TP311. 561

中国版本图书馆 CIP 数据核字（2022）第 032171 号

机械工业出版社（北京市百万庄大街 22 号 邮政编码 100037）
策划编辑：吉 玲 责任编辑：吉 玲
责任校对：张 征 张 薇 封面设计：张 静
责任印制：常天培
北京机工印刷厂有限公司印刷
2025 年 1 月第 1 版第 6 次印刷
184mm×260mm · 21.5 印张 · 561 千字
标准书号：ISBN 978-7-111-70220-7
定价：65.00 元

电话服务 网络服务
客服电话：010-88361066 机 工 官 网：www.cmpbook.com
　　　　　010-88379833 机 工 官 博：weibo. com/cmp1952
　　　　　010-68326294 金 书 网：www. golden-book. com
封底无防伪标均为盗版 机工教育服务网：www.cmpedu.com

前　言

我们已进入信息社会，社会对信息资源的开发和应用进入了一个崭新的阶段，给经济、科技、生产、文化和生活等各个方面都带来了深刻变革和发展。数据的采集和应用，推动着工业生产向着更为规范和精准的方式迈进，推动着城市管理演变得更为智慧高效，推动着社会服务趋于更加精细和以人为本……数据的资源化转变，进一步促进了数据的生产和消费，数据在人们的生活中已经不可或缺。面对日益庞大的数据资源，以及社会发展对数据资源的依赖和推动，人们迫切需要强有力的手段、方法和工具来"挖掘"其中的有用信息，使数据资源的价值得以充分体现。数据分析和数据挖掘就是针对这一需求而发展起来的新兴的交叉学科，历经发展，在信息社会中迅速得到广泛应用。广大从事数据分析、数据应用和决策支持等领域的科研工作者和工程技术人员迫切需要了解和掌握这门技术。

两年前，结合自己的教学工作，笔者编写了《数据挖掘原理与应用》，对数据挖掘的基本原理和过程进行了基本介绍，内容涉及运用多学科知识来构建数据挖掘技术，实现数据挖掘的各主要功能、挖掘算法和应用。书中以 MS Excel 为计算工具和数据挖掘软件 WEKA 相结合，使读者通过基本的计算和调整，体会数据挖掘算法的内涵和变化的影响。但是在数据分析和数据挖掘的实际应用中，需要使用简易、高效、支持并行和分布式处理的数据处理语言和工具来完成处理，而且要求该处理语言或工具具有较强的适应性，能够应用于不同质量、不同结构、不同体量的数据的处理。因此，本书着重介绍如何使用 Python 语言，完成《数据挖掘原理与应用》中的各项处理任务，并对相关内容进行了拓展，例如 Python 程序设计等内容，使之能够适用于 Python 初学者。

Python 是随着海量数据分析与处理需求的增长，以及数据处理与互联网相融合应用场景的产生和繁衍而应运而生的，成为专于数据分析、数据可视化和数据处理等的计算机语言和工具之一。Python 语言作为可以通过扩展库在定义、功能和框架等方面进行拓展的开源软件，其数据管理和运算处理能够与数学表达恰当契合，与多种应用平台的完美对接和融合吸引了数据分析人员的目光，使用排名一直稳步上升，近几年来已跃居开发语言的前三名（TOIBE 统计）。如今，Python 已成为数据分析和数据科学的标准语言和标准平台之一。

介绍使用 Python 进行数据分析和进行数据挖掘的书籍很多，大多以 Python 数据分析和挖掘扩展库（如 numpy、sklearn 和 scipy 等）为线索逐个介绍扩展库的功能。本书则是以完成数据分析和数据挖掘工作所要进行的环节为脉络，通过函数描述和示例分析，介绍使用 Python 进行数据采集、数据整理、数据探索和数据分析和挖掘的方法。

受篇幅所限，无法对数据分析和数据挖掘技术的原理进行详细介绍。使用者应具备相关领域的基本知识，应具有较为扎实的面向对象编程的基础，以保证能够充分学习和掌握本书中的原理、算法和编程方法。本书可作为高等院校数据科学与大数据技术、计算机、信息管理与信息系统等专业的教材，也可供技术人员学习参考。

本书分为 10 章。第 1 章介绍 Python 语言的起源和特性，以及安装 Python 及其开发环境的方法；第 2 章介绍 Python 语言的基础知识；第 3 章介绍 Python 数据组织结构，作为学习后续数据操作的基础；第 4～7 章介绍为了能够有效进行数据分析和数据挖掘所必须对数据进行的多种处理方法；第 8 章介绍使用不同的 Python 扩展库，以不同的可视化方法和形式对数据进行探索和分析；第 9 章介绍数据分析方法；第 10 章介绍数据挖掘的关联、分类和聚类算法。

　　在本书的编写过程中，力争内容完整、准确、易于理解，参考了大量的热心学者和爱好者在互联网上以各种形式贡献的大量的资料，也参阅了相关书籍。在此，对这些资料的作者表示衷心感谢。

　　书中内容涉及相关门类相关学科的深入知识，由于编者水平和精力有限，难免有疏漏和错误之处。读者在使用本书的过程中，敬请提出宝贵意见和建议，并发送至邮箱 1184844262@qq. com，必定回复表示感谢。

葛东旭

目　录

第 1 章

Python介绍及安装

1.1 Python 出现

Python 是目前最流行的语言之一。从数据分析、数据处理，到云计算、大数据和人工智能，Python 得到了广泛的应用。它是一种解释型、面向对象、动态数据类型的高级程序设计语言，深受软件开发者的欢迎。

Python 诞生于 20 世纪 90 年代初，由荷兰人 Guido van Rossum 设计实现。1991 年，Guido van Rossum 公布了 0.9.0 版本的 Python 源代码，此版本已经实现了类、函数、异常处理以及列表、字典和字符串等基本的数据类型，并支持扩展库集成。1994 年，发布了 Python 1.0，新增了函数式工具。到 2000 年，所发布的 Python 2.0 增加了内存回收机制，形成了现在的框架基础。

Guido van Rossum

2008 年，发布了 Python 3.0，也称为 Python 3000 或 Python 3K。相对于 Python 的早期版本，这是一个较大的升级。Python 3.0 的主导思想是除旧建新，为了避免带入过多的累赘，Python 3.0 在设计的时候没有考虑向下兼容，很多针对早期 Python 版本设计的程序都无法在 Python 3.0 上正常运行。为了照顾已有程序，Python 2.6 作为一个过渡版本，基本使用了 Python 2.x 的语法和库，同时考虑了向 Python 3.0 的迁移，允许使用部分 Python 3.0 的语法与函数。

Python 发展至今，在各个领域都得到了广泛的应用。例如在 Web 开发、可视化、科学计算、人工智能、云计算等领域都越来越受到关注，尤其在金融行业的应用更为普遍。Python 受到很多国际大型知名企业的追捧，例如 Google、百度等公司，都使用 Python 完成不同的数据处理业务。

根据 TIOBE Index（https：//www.tiobe.com/tiobe – index）的统计，Python 语言的排名一直呈上升趋势。2021 年 6 月的排名结果如图 1-1 所示。图中显示，到 2021 年 6 月，Python 语言已经上升到了第 2 位。

从长线上来看，Python 也保持着一个强劲的上升趋势。从 1986 年到 2021 年所统计的各种计算机编程语言排名指数数据中，Python 语言自 1996 进入榜单后就一路上升，到 2021 年初，已经跃升到第 3 位，成为业界最为受到追捧和喜爱的三大编程语言之一，如图 1-2 所示。

Jun 2021	Jun 2020	Change		Programming Language	Ratings	Change
1	1		C	C	12.54%	-4.65%
2	3	⌃		Python	11.84%	+3.48%
3	2	⌄		Java	11.54%	-4.56%
4	4		C++	C++	7.36%	+1.41%
5	5		C#	C#	4.33%	-0.40%
6	6		VB	Visual Basic	4.01%	-0.68%
7	7		JS	JavaScript	2.33%	+0.06%
8	8		php	PHP	2.21%	-0.05%
9	14	⌃⌃	ASM	Assembly language	2.05%	+1.09%
10	10		SQL	SQL	1.88%	+0.15%

图 1-1　TIOBE Index 数据（2021 年 6 月）

Programming Language	2021	2016	2011	2006	2001	1996	1991	1986
C	1	2	2	2	1	1	1	1
Java	2	1	1	1	3	25	-	-
Python	3	5	6	8	26	20	-	-
C++	4	3	3	3	2	2	2	8
C#	5	4	5	7	13	-	-	-
Visual Basic	6	13	-	-	-	-	-	-
JavaScript	7	7	10	9	10	28	-	-
PHP	8	6	4	4	11	-	-	-

图 1-2　编程语言的长期发展过程（数据为年内平均指标）

1.2　Python 的特性

每种计算机开发语言都针对一定的开发应用环境和场景，在设计理念、编码风格、运行效率、应用接口等方面都有所不同，各具特色。Python 语言的特性如下：

（1）简单易学。Python 是一种彰显简单主义思想的语言，其语法简单，因而非常容易上手。一段好的 Python 程序就像是一段英文诗，使得 Python 程序体现出伪代码的特质，令用户能够更加专注于编程逻辑和解决问题，而非晦涩的语法细节。

（2）免费、开源。Python 是一种自由/开源软件（FLOSS），用户可以自由地发布，获得其源代码，对其进行修正、补充和升级。

（3）解释型语言。Python 程序不需要编译成二进制代码，直接从源代码运行程序，即便程序中还存在一些缺陷，也能够通过解释器将源代码转换成字节码的中间形式，翻译成计算机使用的机器语言后运行。用户可以更加关注使用 Python 代码来解决问题的思路，而将代码的严谨性和可运行性放在其次。

（4）高层语言。Python 对例如内存管理等底层细节做了较好的处理，用户在编写程序时，可以更加关注功能的实现，不用考虑设备、文件和内存管理等问题。

（5）面向对象。Python 既支持面向过程的编程，也支持面向对象的编程。与其他语言（如 C++ 和 Java）相比，Python 以一种非常强大又简单的方式实现面向对象编程。

（6）扩展性和嵌入性强。Python 提供多种与其他语言开发的功能模块的调用机制，例如可以使用 C/C++ 开发运算速度更快且不宜公开的代码模块，由 Python 完成调用，扩展 Python 的功能。可以把 Python 嵌入 C/C++ 程序，从而向用户提供脚本功能。

（7）丰富的扩展库。Python 扩展库很庞大，可以帮助处理包括文档、线程、数据库、可视化、网络应用、GUI（图形用户界面）等多种应用。另外，还发布了多种高质量的专用扩展库，如 TensorFlows、Twisted 和 pytorch 等。

（8）可移植性强。由于其开源本质，Python 已经被移植到许多平台上。如果程序中没有使用需依赖系统的特性，那么不用修改就可以在例如 Linux、Windows、Macintosh、Solaris、OS/2、AS/400、Palm OS、VMS、VxWorks、PlayStation、Windows CE、Pocket PC 和 Symbian 等多种平台上执行。

1.3 安装和使用 Python

1.3.1 使用 Anaconda 集成管理

Anaconda 是一个开源的 Python 发行工具，提供关于 Python 的安装、使用、学习和交流等集成管理环境。通过 Anaconda，可以创建并管理一个支持 Python 运行的虚拟环境；也可方便地对不同版本的 Python 及其兼容扩展库进行管理。Anaconda 提供了 Python 开发集成环境（IDE）安装管理和启动功能；也提供了能够方便地进行 Python 相关知识学习和交流的平台。

初学者通过 Anaconda 环境，可以非常方便地完成 Python 的安装、配置、运行和不同版本的共存及管理，完成扩展库的安装、升级、依赖管理和版本兼容管理。在 Anaconda 中，集成了以下内容：①Python 软件包；②用于扩展库管理的 conda 软件包；③已安装好的常用扩展库，如 numpy、pandas 等；④开发集成环境，如 Jupyter Notebook、Spyder 等。

安装 Anaconda，可以从 Anaconda 官方网站 https：//www. anaconda. com/下载安装包进行安装。安装过程中，可根据使用情况确定是否勾选"Advanced Options"下的选项。

Anaconda 包含了 Python、conda 和其他大约 150 个软件包和它们所依赖的软件（其中包括大多数据科学相关的 Python 软件包），安装包非常大。必要时可以下载安装仅包含 Python 和 conda 的叫作 Miniconda 的安装包，使用时可以通过 conda 来安装和管理所需要的扩展库。

安装完成后，可以从系统菜单启动 Anaconda Navigator（见图 1-3），并在 Home 选项窗口管理或启动 Python 集成开发环境，在 Environments 选项窗口管理和配置 Python 开发环境，在 Projects 选项窗口建立配置等操作，在 Learning 选项窗口进行学习，在 Community 选项窗口进行交流。

1.3.2 安装 Python 并配置使用环境

如果不使用 Anaconda 进行集成管理，也可以手动下载和安装 Python 开源软件，配置操作系统环境，完成安装过程并运行使用。

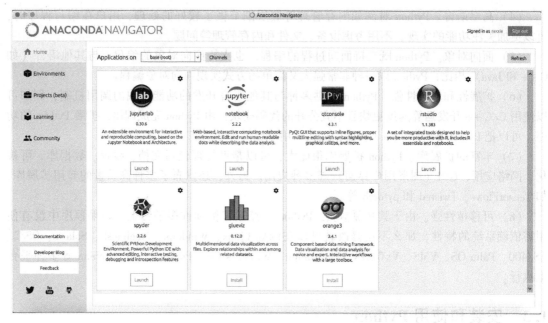

图 1-3　Anaconda Navigator 图形用户界面

1. 下载并安装

打开 Python 官网 https：//www. python. org/downloads/，可看到如图 1-4 所示的页面。在网页上可以下载 Python 的最新版本安装包。

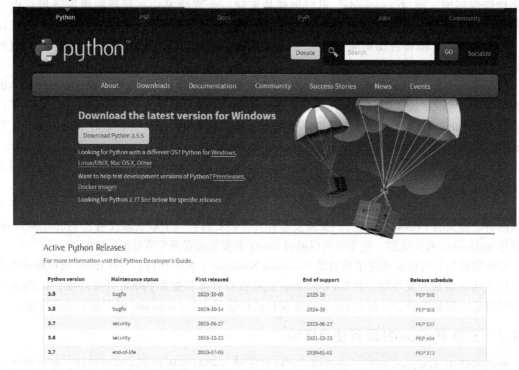

图 1-4　下载 Python 安装包

图 1-4 中可以看到 2021 年 6 月的最新版本为 Python 3.9.5。在页面下方列出了 Python 发展至今所发行的不同的版本信息的列表，以及一些经典的历史版本的下载链接，方便用户进行选择。

选择 Python 3.8.5，下载完成可以得到安装程序 python-3.8.5.exe。双击安装程序图标开始进行安装。安装过程中选择合适的配置和路径，按照安装向导的引导完成安装。不同版本的 Python，对操作系统和其他配置的要求会有所不同，需要在安装过程中根据提示完成相应的配置安装。

安装完成后，会在指定的安装路径下，生成一系列包含应用程序和必须的支持文件。例如，在默认情况下，Windows 7 操作系统下 Python 3.8.5 的安装路径为 C:\Users\Administrator\App-Data\Local\Programs\Python\Python38。

2. 设置环境变量

在安装的初始界面中，可以勾选 "Add Python 3.8 to PATH"，让安装软件将 Python 安装路径加入环境变量的 Path 中，才能方便地使用 Python。也可以在安装完成后，手动将安装路径添加到操作系统的环境变量中。方法是：打开操作系统的环境变量设置窗口，在 "系统变量" 的 Path 变量中，以分号分隔，将所安装的 Python 的路径添加到原 Path 路径的最后，如图 1-5 所示。

图 1-5　设置环境变量

3. 运行 Python

（1）方法一：从 Windows 菜单打开。从 Windows 系统 "开始" 菜单，找到 Python 3.8 菜单文件夹，单击 Python 3.8（64-bit）菜单项，如图 1-6 所示。

弹出如图 1-7 所示的运行窗口。

图 1-6　运行 Python（方法一：从菜单项）

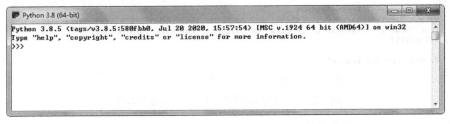

图 1-7　Python 运行窗口（方法一：从菜单项）

在这个窗口中可以输入 Python 语句，系统将给出语句的运行结果，如图 1-8 所示。

（2）方法二：从 DOS 命令行打开。在计算机 Windows 环境中，单击开始→运行…→cmd，打开 DOS 命令行运行环境，弹出如图 1-9 所示的 DOS 界面。

图 1-8　执行 Python 语句（数值运算语句）

图 1-9　运行 Python（方法二：从 DOS 运行环境）

在 DOS 提示符下，输入 Python，则进入 Python 系统界面，如图 1-10 所示。

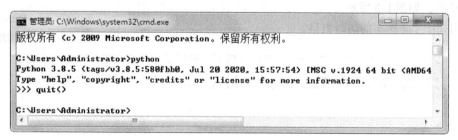

图 1-10　Python 运行界面（方法二：从 DOS 运行环境）

在 Python 系统环境下，可以完成各种 Python 语句的执行（见图 1-8）。输入 quit( )可以退出 Python 环境，回到 DOS 运行环境，如图 1-11 所示。

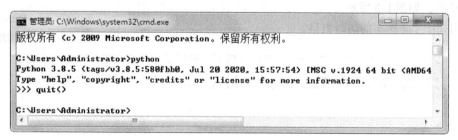

图 1-11　从 Python 环境退回到 DOS 运行环境

至此，Python 已经安装成功。

4. 运行 Python 脚本文件

如果已经编辑好了一个 Python 脚本文件（例如 sample. py），运行时只需在 DOS 命令行执行：

```
C:\> Python sample.py
```

则脚本文件被执行。

【例1-1】 创建一个文件 sample. py，使用记事本编辑其内容如下：

```
# My first Python program
print('I am Python')
print(23 * 17)
```

保存后，打开命令窗口。切换到 sample. py 所在的文件夹，运行脚本。例如：

```
C:\>cd myPythonScripts
C:\myPythonScripts \ >Python sample. py
```

运行结果如下：

```
I am Python
391
```

1.3.3 安装基本扩展库

如果不使用 Anaconda 进行集成管理，也可以手动安装 pip 工具，并使用该软件对 Python 扩展库进行安装、查看、更新、卸载等管理。

1. 安装和使用 pip

在安装 pip 前，确认系统中已经安装 Python 软件。输入链接：https：//pypi. org/project/pip/，打开如图1-12所示的网页，下载 pip 的安装包。

图1-12 下载 pip 工具安装包

Pip 的最新版本为 21.1.0 以上版本，选择合适的版本（注意这里安装的 Python 的版本是 3.8.5，要保持一致），下载安装压缩包。解压缩后，文件 setup. py 就是 pip 工具的安装脚本程序文件，在 DOS 环境下，切换到 pip 工具安装文件所在的文件夹。例如将 pip 工具安装文件放在文件夹 D:\pip - 19. 0. 1 下，则使用 DOS 命令：

```
D:\PIP-19.0.1 \ >Python setup. py install
```

进行安装。安装成功后，给出成功安装信息；否则给出出错信息，需进一步解决。

在 DOS 环境下，使用 pip 可以非常方便地安装和管理 Python 扩展库。在 DOS 环境下，输入 C:\>pip - help 可以列出 pip 的使用方法介绍：

```
# pip - help

Usage:
    pip <command>[options]


Commands:
    install                        安装包
    download                       下载安装包
    uninstall                      卸载包
```

```
    freeze                              按照一定格式输出已安装包列表
    list                                列出已安装包
    show                                显示包详细信息
    check                               检查已安装的包的兼容依赖性
    config                              管理本地和全局配置
    search                              在 PyPI 搜索安装包
    wheel                               创建安装 wheel 文件
    help                                当前帮助

General Options:
    -h, --help                          显示帮助
    -v, --verbose                       更多的输出,最多可以使用 3 次
    -V, --version                       显示版本信息然后退出
    -q, --quiet                         最少的输出
    --log-file <path>                   覆盖的方式记录 verbose 错误日志,默认文件:
                                            /root/.pip/pip.log
    --log <path>                        不覆盖记录 verbose 输出的日志
    --proxy <proxy>                     从[user:passwd@]proxy.server:port 指定代理
    --timeout <sec>                     连接超时时间(默认 15 秒)
```

（1）安装扩展库。使用 pip 安装扩展库的用法如下：

```
C:\>pip install <Package-name>
```

例如，安装扩展库 seaborn，则是在 DOS 命令行，输入：

```
C:\>pip install seaborn
```

开始安装 Seaborn 扩展库，系统会通过本地磁盘和网络查找或下载 seaborn 安装包，并进行安装，同时用数值和进度条显示安装的进度，如图 1-13 所示。

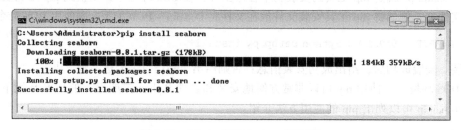

图 1-13　用 pip 安装 Seaborn 扩展库

如果已经下载获得扩展库的安装包，也可以使用 pip，直接安装该安装包。例如：

```
C:\>pip install numpy-1.20.2-cp38-cp38-win_amd64.whl
```

从文件名 numpy-1.20.2-cp38-cp38-win_amd64.whl 可以看出，其为适用于 64 位操作系统的 Python 3.8 的 numpy 扩展库的版本为 1.20.2 的 wheel 安装包。该文件可以从网络下载，众多的 Python 开发及使用机构和个人对已发布的安装包进行了整理和镜像，便于用户下载。例如由 Python Package Working Group 支持管理的 http：//pypi.python.org（这里，PyPI = Python Package

Install）和加利福尼亚大学荧光动力学实验室维护的 https：//www. lfd. uci. edu/ ~ gohlke/py-thonlibs 等。

（2）查看已安装的扩展库。使用 pip 查看已经安装的扩展库的用法如下：

```
C:\>pip show -- files < Package - name >
```

例如，用 pip 查看已安装的 numpy 扩展库信息，有：

```
C:\>pip show numpy
    Name: numpy
    Version: 1.19.1
    Summary: NumPy is the fundamental package for array computing with Python.
    Home - page: https: //www. numpy. org
    Author: Travis E. Oliphant et al.
    Author - email: None
    License: BSD
    Location: c:\users \ administrator \ appdata \ local \ programs \ python \
    python38 \ lib \ site - packages
    Requires:
    Required - by: wordcloud, tifffile, statsmodels, seaborn, scs, scipy,
    scikit - learn, scikit - i
        plotlib, lightgbm, Keras, imageio, h5py, factor - analyzer, ecos,
    dsawl, category - encoders
```

从中可以看出已安装的 numpy 扩展库的版本号、官方网页、本机安装的路径、所依赖的扩展库和被哪些扩展库所依赖。

（3）检查扩展库是否可更新。使用 pip 可查看已安装的可以更新到最新版本的扩展库。

例如，在 DOS 命令行提示符下，输入：

```
C:\>pip list - outdated
```

可以得到以下信息：

```
Package                          Version        Latest         Type
------------------------------------------------------
beautifulsoup4                   4. 9. 1        4. 9. 3        wheel
certifi                          2020. 6. 20    2021. 5. 30    wheel
numpy                            1. 19. 1       1. 20. 3       sdist
pytz                             2020. 1        2021. 1        wheel
setuptools                       47. 1. 0       57. 0. 0       wheel
```

从结果信息中可以看出 beautifulsoup4 扩展库可以目前的 4.9.1 更新到 4.9.3 版本，certifi 可以从目前的 2020.6.20 版本更新到 2021.5.30 版本等。

（4）升级更新扩展库。使用 pip 升级更新扩展库的用法如下：

```
C:\>pip install -- upgrade < Package - name >
```

例如，升级更新 pytz 扩展库，可以在 DOS 命令行提示符下输入命令：

```
C:\>pip install -- upgrade pytz
```

可以完成该扩展库的升级更新。

（5）卸载扩展库。使用 pip 卸载扩展库的用法如下：

```
C:\>pip uninstall < Package - name >
```

2. 安装常用扩展库

Python 软件安装成功后，就默认地安装了基本数据类型的定义、运算规则的定义和实现，以及多种标准库函数（见第 2.7 节介绍）。Python 为开源软件，各个行业和各个领域的开发人员开发出了众多的、庞杂的 Python 扩展库，供 Python 的开发人员使用，提升软件的重用性，提高开发效率。下面介绍 6 种基本的和常用的扩展库。

（1）Matplotlib：Python 的 2D 绘图库，它以各种硬拷贝格式和跨平台的交互式环境生成质量级别很高的图形。

（2）numpy：科学计算的基础软件包。定义了数组对象，以及功能强大的线性代数、傅里叶变换和随机数相关的计算。

（3）pandas：核心数据分析支持库，定义了 Series 和 DataFrame 数据结构，可以简单、直观地处理关系型、标记型数据。封装了 Matplotlib 的 pyplot 模块，可以方便地将所定义的数据可视化。

（4）sklearn：重要的机器学习扩展库，是 scikit-learn 的简称，支持包括分类、回归、降维和聚类等机器学习算法。

（5）scipy：用于数学、科学、工程领域，处理插值、积分、优化、图像处理、常微分方程数值求解、信号处理等问题。

（6）Statsmodels：提供对多种不同统计模型估计、统计测试和统计数据探索等功能。

安装这些常用扩展库的过程中，会自动安装其所需的支持扩展库。进行特定内容编程时，需要根据情况，安装对应的扩展库。

1.3.4 安装和使用集成开发环境

如果不使用 Anaconda 进行集成管理，也可以手动安装各集成开发环境软件，并基于操作系统进行使用。较为常用的 Python 集成开发环境有 Python 自带的 IDLE、Pycharm、Spyder、Anaconda 和 Eclipse。

1. IDLE

IDLE 是 Python 的初创人 Guido van Rossum 使用 Python and Tkinter 来创建的一个集成开发环境，具有自动缩进、彩色编码、命令历史和单词自动完成等特点。

IDLE 的启动文件是 idle.bat，它的位置在 ...\Python\Lib\idlelib 文件夹下，运行 idle.bat，即可打开文本编辑器 IDLE，如图 1-14 所示。也可以在"开始"菜单的"所有程序"中，选择 Python 3.8 分组下面的 IDLE（Python 3.8 32 – bit）菜单项，打开 IDLE 窗口。

在菜单里依次选择 File/New File（或按下 < Ctrl + N > 组合键）即可新建 Python 脚本文件。窗口标

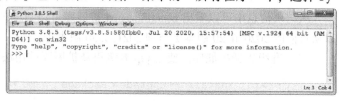

图 1-14 IDLE 界面（Shell）

题显示脚本文件名，初始时为 Untitled，也就是还没有保存 Python 脚本。

可以对已经完成的文件进行保存，也可以打开一个已编辑的 Python 文件进行修改和运行。

IDLE 支持 Python 的语法高亮显示，以彩色标记出 Python 语言的关键字，提示其特殊作用。例如，在 IDLE 查看代码，可以看到关键字显示为棕红色，print 显示为紫色，字符串显示为绿色，如图 1-15 所示。

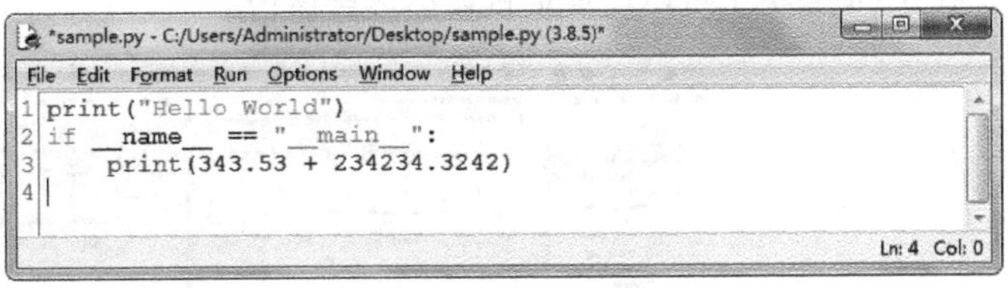

图 1-15　IDLE 界面（程序文件）

IDLE 具有编辑自动补全功能。用户在输入关键词等开头部分后按下 < Alt + / > 组合键，IDLE可根据语法或上下文自动补全后面的部分。或者通过 Edit/Show Completions 菜单项，或者按下 < Ctrl + Space > 组合键来给出提示，如图 1-16 所示。

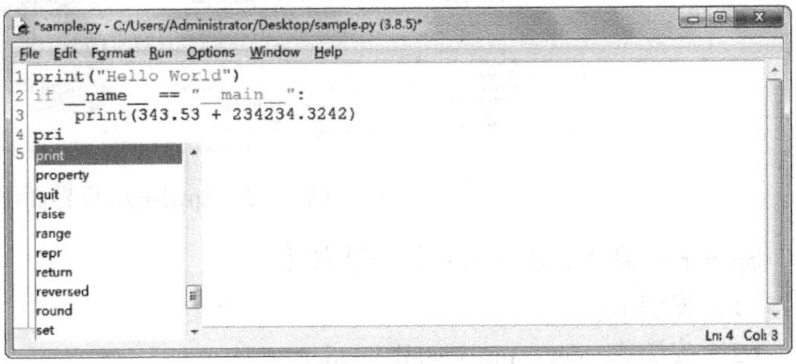

图 1-16　IDLE 关键词提示功能

IDLE 还可以显示语法提示，帮助程序员完成输入，例如输入"print("，IDLE 会弹出一个语法提示框，显示 print( )函数的语法，如图 1-17 所示。

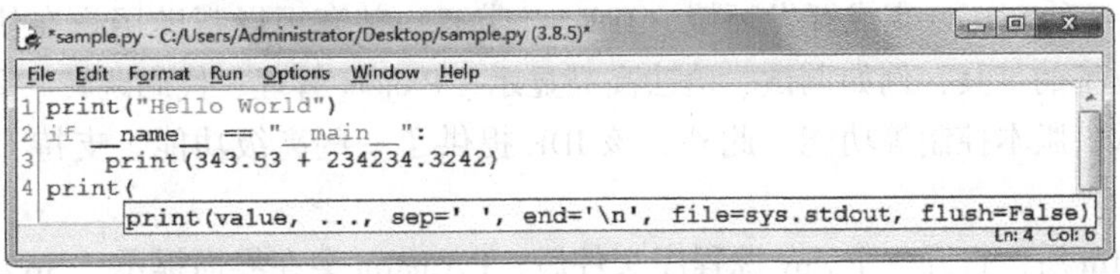

图 1-17　IDLE 语法提示

如果程序中有语法错误，则运行时会弹出一个 invalid syntax，并定位在错误处。如图 1-18 所示，给出了语法错误警示。

图 1-18　IDLE 语法错误警示

2. Spyder

Spyder 是一个较为简单的集成开发环境，其优点是参考了 MATLAB 的 workspace 功能，可以很方便地观察和修改变量的值。Spyder 的界面由多窗格构成，用户可以根据自己的喜好调整其位置和大小。当多个窗格出现在一个区域时，将使用标签页的形式显示。

例如在图1-19中，可以看到 Help、Variable explorer、Files、Find 等内容，以及显示图像的窗格。在 View 菜单中可以设置是否显示这些窗格。

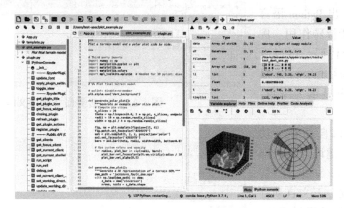

图1-19　Spyder 运行界面

Spyder 基础开发环境的安装方法如下：

（1）安装 pip。

（2）安装 Spyder：pip install Spyder。

（3）安装 Win32API：pip install pypiwin32 或 pip install pywin32。

3. PyCharm

PyCharm 是一种 Python 集成开发环境（IDE），带有一整套可以帮助用户在使用 Python 语言开发时提高其效率的工具，例如调试、语法高亮显示、Project 管理、代码跳转、智能提示、自动补全、单元测试、版本控制等功能。此外，该 IDE 提供了一些高级功能，支持 Django 框架下的专业 Web 开发。

安装 PyCharm 后，打开一个 . py 源程序文件后，PyCharm 会在界面提示 "No Python interpreter configured for the project"。这时还需要安装 Python 解释器（Interpreter）。单击右侧的 Configure Python Interpreter，弹出如图1-20所示的 Settings 窗口。

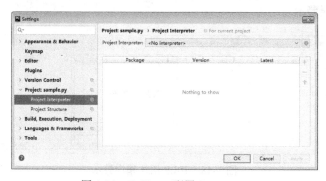

图1-20　PyCharm 配置 Interpreter

单击右侧的 ⚙，在弹出菜单项中选择 Add Local...，在弹出的 Add LocalPython Interpreter 窗口添加本地 Python 解释器并完成配置。完成后可以看到解释器所管理的扩展库，如图1-21所示。

首次使用 PyCharm 时：

图 1-21 PyCharm 显示 Interpreter 已加载模块

（1）单击 Create New Project 创建新项目。

（2）输入项目名、路径、选择 Python 解释器。如果没有出现 Python 解释器，则进入步骤（3）。

（3）选择 Python 解释器。一旦添加了 Python 解释器，PyCharm 就会扫描出已经安装的 Python 扩展包和这些扩展包的最新版本。

（4）单击"OK"按钮后，会创建一个空项目，包含一个 .idea 的文件夹，用于 PyCharm 管理项目。

4. Jupyter Notebook

Jupyter Notebook 是基于网页的用于交互计算的应用程序，可被应用于全过程计算：开发、文档编写、运行代码和展示结果。Jupyter Notebook 以网页的形式打开，可以在网页页面上编写项目文档，对完成内容进行说明和解释，并在网页页面中直接编写代码并运行代码，代码的运行结果也会直接在代码块下方显示，即在完成代码开发的同时，也完成文档的编写。

Jupyter Notebook 主要具有以下特点：

（1）编程时具有语法高亮、缩进、补全的功能。

（2）可通过浏览器直接运行代码，并在代码块下方展示运行结果。

（3）以富媒体格式（包括：HTML，LaTeX，PNG，SVG 等）展示计算结果。

（4）对代码编写说明文档或语句时，支持 Markdown 语法。

（5）支持使用 LaTeX 编写数学性说明。

可以在 https：//jupyter. org/try 试用 Jupyter Notebook，体会其使用风格。

安装 Jupyter Notebook，可以在 Anaconda 管理下安装，也可以在 DOS 环境下使用 pip 来安装：

```
C:\Users\Administrator > pip install jupyter
```

安装完成并进行相应的配置后，即可运行 Jupyter Notebook 创建一个 notebook 文件，完成开发并保存为 *. ipynb 后，方便地与其他开发者进行分享。

单元练习

1. 下载并安装 Python 3. 8. 5。

2. 运行 Python 3. 8. 5 自带的 IDLE 环境，并利用 print( )语句输出 Hello World！语句。

3. 运行 Python 3. 8. 5 自带的 IDLE 环境，编辑一个名为 a. py 的程序文件，编写代码，并运行该程序文件，使其输出 Hello World！语句。

4. 安装 pip 工具，并利用该工具安装如 numpy、seaborn、sklearn 等扩展库。

第 2 章

Python 语言基础

本章介绍 Python 语言的基本规范，以及 Python 内置标准库的基本函数。

2.1 Python 语句

2.1.1 语句书写规则

Python 程序由 Python 语句组成，通常一行编写一条 Python 语句。例如：

```
print('Hello, World!')
print('I am Python')
```

Python 语句可以没有结束符，也可以如 C 语言使用分号（;）作为结束符，以便将多条语句写在一行中。例如：

```
# 把多个语句写在一行的例子
print('Hello, World!'); print('I am Python');
```

过长的语句可以以续行符（\）连接，写为多行。例如：

```
score_total = score_math + score_english + score_science + \
              score_art + score_physics + score_chemistry + \
              score_music
```

2.1.2 语句书写格式

1. 缩进

缩进指在代码行前面添加空格或按 < Tab > 键，这样做可以使程序更有层次、更有结构感，从而使程序更易读。

在 Python 程序中，强制要求缩进，且缩进不是任意的，平级的语句行（代码块）的缩进必须相同。例如，如果这样书写语句：

```
#缩进不规范
  print('Hello,')
print('I am Python')
```

则会报错（SyntaxError：unexpected indent），提示有不应有的缩进。

定义数据模块时，需要必要的缩进，例如一个循环体中需要缩进表明循环层次。例如：

```
for i in range(9):
    table.write(i+1,0, i+1, style)
    table.write(0,i+1, i+1, style)
    for j in range(9):
        table.write(i+1,j+1,(i+1)*(j+1))
```

定义过程或函数时，也需要进行适当缩进。例如：

```
def excel_table_byindex(file='Sample.xls'):    #定义函数,语句块需要缩进
    data = open_excel(file)
    table = data.sheets()[0]
    list = []
    for r in range(1,nrows):                    #循环的语句块,需要缩进
        row = table.row_values(r)
        if row:                                 #选择结构的语句块,需要缩进
            for i in range(len(colnames)):      #循环的语句块,需要缩进
                list.append(row[i])
    return list
```

2. 注释

（1）说明性注释。Python中的说明性注释有单行注释和多行注释。单行注释以#开头，后面跟注释文字，可以独占一行或在一行代码的最后。例如：

```
# 这是一个独占一行的注释
print("Hello, World!")      #这是一个句尾注释,内容是:输出经典字符串
```

多行注释用三个单引号'''或者三个双引号"""对排列为多行的注释进行定界。例如：

```
'''
这是多行注释,用三个单引号
这是多行注释,用三个单引号
这是多行注释,用三个单引号
'''
print("Hello, World!")
```

（2）特殊注释。特殊注释不仅为编程人员提示相关信息，也具有一定的设置或配置功能。例如，当需要告诉Python解释器，在Linux操作系统下，寻找Python解释器的路径，就可以使用注释语句：

```
#! /usr/bin/env python
```

而告诉Python解释器，如何解释字符串中的编码类型，则可以使用注释语句：

```
# -*-coding:utf-8-*-
```

（3）对函数或类定义的注释。对函数或类定义的注释，是为了在使用help()函数显示函数或类的说明信息时提供文字信息。例如，执行下面语句：

```
help(print)
```

显示：

```
Help on built - in function print in module builtins:

print (...)
    print(value, …, sep = '', end = '\n', file = sys. stdout, flush = False)

    Prints the values to a stream, or to sys. stdout by default.
    Optional keyword arguments:
    file:  a file - like object (stream); defaults to the current sys. stdout.
    sep:   string inserted between values, default a space.
    end:   string appended after the last value, default a newline.
    flush: whether to forcibly flush the stream.
```

这些文字信息就是在定义函数或类的时候，按照一定的格式，以注释的方式嵌入到函数或类的说明体中的。

例如，如果在代码文件 Script. py 中定义了类 SampleClass，且在定义中添加了如下注释：

```
class SampleClass(object):
    """Summary of class here.

    Longer class information....
    Longer class information....

    Attributes:
        likes_spam: A boolean indicating if we like SPAM or not.
        eggs: An integer count of the eggs we have laid.
    """

    def __init__(self, likes_spam = False):
        """Inits SampleClass with blah. """
        self. likes_spam = likes_spam
        self. eggs = 0

    def public_method(self):
        """Performs operation blah. """
```

则执行以下语句：

```
>>> import Script as sc
>>> help(sc. SampleClass)
```

可以得出关于 SampleClass 的信息（主要内容）：

```
Help on class SampleClass in module Script:

class SampleClass (builtins. object)
```

```
| Summary of class here.
|
| Longer class information....
| Longer class information....
|
| Attributes:
|     likes_spam: A boolean indicating if we like SPAM or not.
|     eggs: An integer count of the eggs we have laid.
|
| Methods defined here:
|
| __init__ (self, likes_ spam = False)
|     Inits SampleClass with blah.
|
| public_method (self)
|     Performs operation blah.
```

可以看出，如果要使用 Python 的各种扩展库（或自己定义的扩展库）中的类、函数和数据等，需使用 import 语句将其载入 Python 运行环境中。

2.2　基本数据类型

2.2.1　数值类型

Python 语言包括三种数值类型：整数类型、浮点数类型和复数类型。

1. 整数类型

整数类型（integer）与数学中的整数概念一致，没有取值范围限制。例如：

1010, 99, -217

0x9a, -0X89　　（0x, 0X 开头表示十六进制数）

0b010, -0B101　　（0b, 0B 开头表示二进制数）

0o123, -0O456　　（0o, 0O 开头表示八进制数）

2. 浮点数类型

Python 语言中浮点数类型（float）的数值范围存在限制，小数精度也存在限制。这种限制与在不同计算机系统有关。例如：

0.0, -77., -2.17

96e4, 4.3e-3, 9.6E5　　（科学计数法，使用字母"e"或者"E"为幂的符号，以 10 为基数）。

3. 复数类型

复数类型（complex）与数学中的复数概念一致，$z = a + bj$，a 是实数部分，b 是虚数部分，a 和 b 都是浮点类型，虚数部分用 j 或者 J 标识。例如：

12.3 +4j,　　-5.6 +7j

对于复数 z，可以用其属性 z.real 获得实数部分，z.imag 获得虚数部分，abs(z)获得模。

2.2.2　字符串类型

字符串类型（string）的常量用" 或" "定界符定界。例如：

'小明'，'江苏'，"3234.34"

如果在字符串文本中包含系统规定的定界符，则可以用两种定界符相结合，定义含定界符的字符串。例如：

print('有效的学习方法是"学以致用"!')

输出如下：

有效的学习方法是"学以致用"!

字符串中可以包含反斜线(\)符号，和不同的字符结合使用，来代表不同的含义，称为转义。常用的转义含义见表2-1。

例如：

```
>>> print('123456\t12345')
>>> print('123\t12345\n')
>>> print('C:\\PYTHON\\SOURCECODE\\')
```

输出如下：

```
123456    12345
123    12345

C:\PYTHON\SOURCECODE\
```

表2-1　常用的转义含义

常用的转义符	含义
\n	新的一行
\t	制表符（Tab）
\\	一个\
\a	响铃 Bell
\'	单引号
\"	双引号

2.2.3　布尔类型

布尔类型（bool）的常量为 True 和 False。这里要注意区分大小写。
布尔类型常量和变量之间可进行逻辑运算，具体见第2.4.5节逻辑运算符的内容。

2.2.4　"空"类型

"空"类型（NoneType）只有一个常量数值：None。None 与其他编程语言中的 NULL 类似。

2.3　标识符与变量

2.3.1　标识符与变量的命名

标识符是指变量、函数、模块等的名字，变量是内存中命名的存储位置。与常量不同的是变量的值可以动态变化。Python 的标识符命名规则如下：
（1）可以任意长度。
（2）不能为系统关键字（保留字）。

（3）标识符名字可以由字母、下画线（_）或数字（0～9）组成，但首字符必须是字母或下画线。

（4）标识符名字区分大小写，即 Score 和 score 是不同的。

例如，以下标识符命名是正确的。

```
X = 1
y = 2
my_name = "x - man"
```

而以下标识符的命名不正确。

```
76trombones = 'big parade'    #首字母必须为字母或下画线
more@ = 10000                 #必须由字母、数字、下画线构成
class = 'Advanced'            #不能为系统关键字(class)
```

使用以下方法可以查看 Python 的关键字（保留字），共 33 个。

```
>>> import keyword
>>> keyword.kwlist
['False','None','True','and','as','assert','break','class','continue','def',
'del','elif','else','except','finally','for','from','global','if','import',
'in','is','lambda','nonlocal','not','or','pass','raise','return','try','while',
'with','yield']
```

2.3.2 变量的赋值及变量值传递

可以使用以下方法，为变量赋值。

```
a = "这是一个常量";
b = 2;
c = True
```

在上面的代码中，定义了字符串变量 a、数值变量 b 和布尔类型变量 c。

用以下的方法在变量之间传递变量的值。

```
a = "这是一个变量"
b = a
print(b)        #此时变量 b 的值应等于变量 a 的值
a = "这是另一个变量"
print(b)        #对变量 $a 的操作将不会影响到变量 b
```

运行结果如下：

```
这是一个变量
这是一个变量
```

当使用等号（＝）为变量赋值时，对于某些类型的变量或实例变量，有"硬拷贝"和"软拷贝"的区别。前者是在内存中复制了一个拷贝，后者则类似于仅仅定义了一个指向源数据的指针。下面的示例说明了这种情况。

```
a = [1, 2]              #变量 a 为一个 2 元素列表
```

```
print('a =', a)        #输出:a = [1, 2]
b = a
print('b =', b)        #输出:b = [1, 2],此时变量b的值应等于变量a的值

a.append(3)            #变量a的内容变为 [1, 2, 3]
print('b =', b)        #输出:b = [1, 2, 3],也影响到了变量b的内容

b = a.copy()           #如果变量b为变量a的硬拷贝
print('b =', b)        #输出:b = [1,2,3],则变量b的内容为变量a的内容复制
a.append(4)            #这时改变变量啊,变为 [1, 2, 3, 4]
print('b =', b)        #输出: b = [1, 2, 3],变量a不再影响变量b的内容
```

这里,"a = [1, 2]"是将列表 [1, 2] 赋值给变量a。列表的概念将在第3.2节中详细介绍。

2.3.3 变量作用域

变量分为全局变量(global variable)和局部变量(local variable),它们所能够作用的区域有所不同,具体内容将在第2.8.2节中详细介绍。

2.4 运算及运算符

Python 支持算术运算符、赋值运算符、位运算符、比较运算符、逻辑运算符、字符串运算符、成员运算符和身份运算符等基本运算符。

2.4.1 算术运算符

算术运算符的含义和示例见表2-2。

2.4.2 赋值运算符

赋值运算符的含义和示例见表2-3。

表2-2 算术运算符

运算符	含 义	示 例
+	相加运算	1 + 2 的结果是 3
-	相减运算	100 - 1 的结果是 99
*	乘法运算	2 * 2 的结果是 4
/	除法运算	4/2 的结果是 2
%	求模运算	10%3 的结果是 1
**	幂运算。$x**y$ 返回 x 的 y 次幂	2 ** 3 的结果是 8
//	整除运算,即返回商的整数部分	17//3 的结果 5

表2-3 赋值运算符

运算符	含 义	示 例
=	直接赋值	x = 3 将 3 赋值到变量 x 中
+ =	加法赋值	x + = 3 等同于 x = x + 3
- =	减法赋值	x - = 3 等同于 x = x - 3
* =	乘法赋值	x * = 3 等同于 x = x * 3
/ =	除法赋值	x/ = 3 等同于 x = x/3
% =	取模赋值	x% = 3 等同于 x = x%3
** =	幂赋值	x ** = 3 等同于 x = x ** 3
// =	整除赋值	x// = 3 等同于 x = x//3

2.4.3 位运算符

位运算符的含义和示例见表2-4。

表 2-4 位运算符

运算符	含 义	示 例
&	按位与运算，运算符查看两个表达式的二进制表示法的值，并执行按位"与"操作	>>> bin (0b101 & 0b110) '0b100'
|	按位或运算，运算符查看两个表达式的二进制表示法的值，并执行按位"或"操作	>>> bin (0b101 | 0b110) '0b111'
^	按位异或运算。异或的运算法则为：0 异或 0 = 0，1 异或 0 = 1，0 异或 1 = 1，1 异或 1 = 0	>>> bin (0b101 ^ 0b110) '0b11'
~	按位非运算。0 取非运算的结果为 1；1 取非运算的结果为 0	>>> bin (~0b101) '-0b110'
<<	位左移运算，即所有位向左移	>>> bin (0b10011100 << 3) '0b10011100000'
>>	位右移运算，即所有位向右移	>>> bin (0b10011100 >> 3) '0b10011'

2.4.4 比较运算符

比较运算符的含义和示例见表 2-5。

表 2-5 比较运算符

运算符	含 义	示 例
==	等于运算符（两个 =）	a == b，如果 a 等于 b，则返回 True；否则返回 False
!= 或 < >	不等运算符	a != b，如果 a 不等于 b，则返回 True；否则返回 False
<	小于运算符	a < b，如果 a 小于 b，则返回 True；否则返回 False
>	大于运算符	a > b，如果 a 大于 b，则返回 True；否则返回 False
< =	小于等于运算符	a < = b，如果 a 小于或等于 b，则返回 True；否则返回 False
> =	大于等于运算符	a > = b，如果 a 大于或等于 b，则返回 True；否则返回 False

2.4.5 逻辑运算符

逻辑运算符的含义和示例见表 2-6。

表 2-6 逻辑运算符

运算符	含 义	示 例
and	逻辑与运算符	a and b，当 a 和 b 都为 True 时等于 True；否则等于 False
or	逻辑或运算符	a or b，当 a 和 b 至少有一个为 True 时等于 True；否则等于 False
not	逻辑非运算符	not a，当 a 等于 True 时，表达式等于 False；否则等于 True

例如：

```
>>> (False and True) or (False or True)
True
```

2.4.6 字符串运算符

字符串运算符的含义和示例见表2-7。

表2-7 字符串运算符

运算符	含 义	示 例
+	字符串连接	'I am a' + 'student' 得到 'I am a student'
*	重复输出字符串	'ok' * 3 得到 'ok ok ok'
[]	获取字符串中指定索引位置的字符，索引从0开始	'I am a student' [2] 得到 'a'
[start：end]	截取字符串中的一部分，从索引位置 start 开始到 end 结束（不含 end 位置）	'I am a student' [2：4] 得到 'am' 注意：'I am a student' [2：3] 得到 'a'
r 或者 R	指定原始字符串，即其中所有字符均按字面的意思来使用，无转义、特殊字符或不能打印的字符。原始字符串的引号前加上字母 r 或 R	r'C:\PYTHON\SOURCECODE\'

2.4.7 成员运算符和身份运算符

成员运算符的含义和示例见表2-8。

表2-8 成员运算符

运算符	含 义	示 例
in	判定是否一个元素存在于一个序列中	>>> 'am' in 'I am a student' True
not in	判定是否一个元素不存在于一个序列中	>>> 'Am' not in 'I am a student' True

身份运算符的含义和示例见表2-9。

表2-9 身份运算符

运算符	含 义	示 例

is	判定是否两个标识符引用自一个对象	>>> a = [1, 2, 3]
		>>> b = a # b 和 a 引用自一个对象
		>>> b is a
		True

is not	判定是否两个标识符并非引用自一个对象	>>> a = [1, 2, 3]
		>>> c = a. append (4)
		>>> c is not a
		True

2.4.8 运算符的优先级

运算符的优先级见表2-10。

表2-10 运算符的优先级（优先级由高到低）

类别	运算符	具体描述
指数运算	**	指数运算的优先级最高
算术运算	~ + -	逻辑非运算符和正数/负数运算符。注意，这里的 + 和 - 不是加减运算符
	* / % //	乘、除、取模和取整除
	+ -	加和减
位运算	>> <<	位右移运算和位左移运算
	&	按位与运算
	^ |	按位异或运算和按位或运算
比较运算	> ==! =	大于、等于和不等于
赋值运算	% =/=//=-=+=*=**=	赋值运算符
逻辑运算	is　　　is not	身份运算符
	in　　　not in	成员运算符
	not　or　and	逻辑运算符

例如：

```
>>> print(4**3**2)  #同 4** (3**2)
262144

>>> print((4**3)**2)
4096
```

2.4.9 运算中数据类型的转换

如果参与运算的两个对象的数据类型不同，则参与运算时，数据类型按以下规则进行自动转换。

```
bool→int→float→complex
```

运算时，变量的数据类型会自动转换。如果参与运算的两个对象的数据类型相同，则运算结果类型不变。例如：

```
>>> True + 3
4

>>> 3 + 5.0
8.0
```

```
>>> 5 + (1.2 + 3.4j)        #复数运算
(6.2 + 3.4j)

>>> 4/7                     #整数相除,得到浮点运算结果
0.5714285714285714

>>> True & False            #逻辑运算
False
```

2.5 程序结构

2.5.1 选择结构

选择结构由 if 语句结构来搭建。最为常见的是 if…else…语句，处理流程如图 2-1 所示，其语法结构如下：

```
if 条件表达式:
    语句块 1
else:
    语句块 2
```

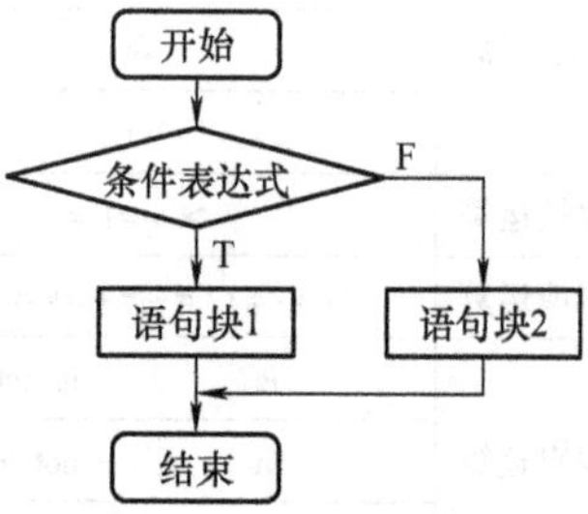

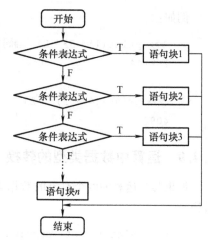

图 2-1 if…else…流程图

当语句块 2 无内容时，可以省略其中的 else：部分。

当有多个条件控制执行不同语句块时，可使用 if…elif…elif…else…语句，处理流程如图 2-2 所示，其语法结构如下：

```
if 条件表达式 1:
    语句块 1
elif 条件表达式 2:
    语句块 2
elif 条件表达式 3:
    语句块 3
……
else:
    语句块 n
```

图 2-2 if…elif…elif…else…流程图

如果语句块中包含多条语句，则这些语句必须拥有相同的缩进。例如，代码：

```
if a > 10:
    print("变量 a 大于 10")
a = 10
```

与代码：

```
if a > 10:
```

```
    print("变量 a 大于 10")
    a = 10
```

是不相同的。

【例 2-1】 判断今天是星期几。

```
import datetime
d = datetime.datetime.now()        #取得今天的日期
wd = d.weekday()                   #取得日期的星期
if wd == 0:
    str = "星期一"
elif wd == 1:
    str = "星期二"
elif wd == 2:
    str = "星期三"
elif wd == 3:
    str = "星期四"
elif wd == 4:
    str = "星期五"
elif wd == 5:
    str = "星期六"
else:
    str = "星期日"
print("今天是", str)
```

注意，多个 elif 之间必须对齐，有 else 语句时，则必须放在最后。

2.5.2 循环结构

1. for 语句循环

for 语句循环的处理流程如图 2-3 所示，语法如下：

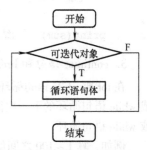

图 2-3 for 语句循环流程图

```
for 可迭代表达式:
    循环语句体
```

例如，利用 range() 产生可迭代对象来进行 for 语句循环时，语法如下：

```
for i in range(start, end):
    循环语句体
```

其中，range（start, end）产生一个内容为 start, start + 1, start + 2, …, end − 1 的可迭代对象，i 为循环变量，循环过程中分别被赋值为可迭代对象中元素的值。

例如，利用 for 语句循环，求 1 + 2 + … + 100 时，就可以写成：

```
sum = 0
for i in range(1, 101):
    sum += i
```

```
print(sum)      #结果:5050
```

for 语句循环还可以使用其他的迭代对象, 结合不同数据结构的应用方法。例如:

```
list1 = ['coke','sugar','beer','apple','pork']      #定义一个列表
for index, value in enumerate(list1):               #遍历列表元素
    print(u"第% d个元素值是[% s]" % (index, value))

d = {'age':18,'name':'小明','score':80,'sex':'男'}
for key in d. keys():                               #遍历字典的 key
    print('d[' + key + '] = ', d[key])
for value in d. values():                           #遍历字典的 value
    print(value)
```

其中, d 为字典, 将在第 3.5 节中详细介绍。

2. while 语句循环

while 语句循环的流程如图 2-4 所示, 语法如下:

```
while 条件表达式:
    循环语句体
```

例如, 利用 while 语句循环, 求 1 + 2 + … + 100 时, 则可以写成:

```
i = 1
sum = 0
while i < = 100:
    sum + = i
    i + = 1
print(sum)      #结果:5050
```

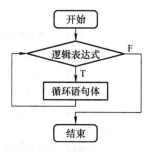

图 2-4   while 语句循环流程图

3. continue 语句和 break 语句

在 for 或 while 语句循环中, continue 语句会使程序的执行直接跳过后续语句, 立即跳转到 for 或 while 语句循环的下一次循环。break 语句则会使程序的执行直接跳过后续语句, 立即跳出 for 或 while 语句循环。

例如, 算 1～100 之间偶数之和, 就可以使用 continue 语句跳过奇数项。

```
sum = 0
for i in range(1, 101):
    if i% 2  = = 1:
        continue
    sum + = i
print(sum)      #结果:2550
```

其中, continue 语句会使程序执行跳过循环中的 sum + = i 语句, 直接跳转到第 2 行。

对于 break 语句, 例如求 1 + 2 + … + 100 时, 也可以设计死循环, 条件满足时跳出。

```
i =1
sum =0
```

```
while True:
    if i > 100:
        break
    sum + = i
    i + = 1
print(sum)
```

其中，break 语句会使程序执行跳转到最后一行。

2.5.3 异常处理结构 try-except 语句

为了保证程序的强壮性，需要通过编程处理在运行过程中所出现的各种异常情况，并根据所发生的异常的类型，进行相应的提示或处理。为了使程序的结构清晰，有可读性，Python 设计了一个尝试运行—抛出异常—捕捉异常—相应处理的机制，其主要的结构通过 try 和 except 关键字来搭建，因此也常用 try – except 结构来代表异常处理结构。结构的语法如下：

```
try:
    <try 语句块 >
except [ <异常处理类 1 >, <异常处理类 2 >,…. ] as <异常处理对象 a >:
    <异常处理代码 >
except [ <异常处理类 5 >, <异常处理类 6 >,…. ] as <异常处理对象 b >:
    <异常处理代码 >
else:
    <没有异常发生时的代码 >
finally:
    <无论是否异常都执行的代码 >
```

使用 try-except 异常处理时，在 try 语句块编写需要执行并可能抛出异常的代码；在 except 语句块编写异常处理的代码，如给出提示、释放内存等；在 else 语句块编写 try 语句块代码无异常时的后续代码；在 finally 语句块编写对 try 语句块代码执行后的总结性代码。

例如，语句 j = 30/(i – 10)，当 i = 10 时，会发生除以 0 异常，导致程序中断，抛出一个 ZeroDivisionError异常。这种情况下，可以将语句放在 try-except 异常处理结构中进行处理和提示，即写成：

```
i = 10
try:
    j = 30 / (i - 10)
except ZeroDivisionError as e:
    print("执行异常:",e)
else:          #在 else 部分的语句块无异常时会被执行到
    print("执行正常")
finally:       #在 finally 部分的语句块始终会被执行到
    print(u"执行结束")
```

如果 i = 10，则执行结果如下：

执行异常：division by zero

执行结束

如果 i 不等于 10，则执行结果如下：

执行正常

执行结束

2.6　面向对象

面向对象就是把数据及对数据的操作方法放在一起，作为一个相互依存的整体——对象。对同类对象抽象出其共性，就形成了类，是人们对各种具体物体抽象后的一个概念。类的具体化的实例，就是对象。

类中所定义数据，或者说对象中所拥有的数据，从安全和规范化的角度来说，应该用本类所定义的方法进行访问和处理。类和对象通过外部接口与外界发生关系，对象与对象之间通过消息进行通信。

2.6.1　类的定义与使用

用程序描述一个对象，首先要抽象出该对象所对应的类。在 Python 语言中，定义类的语句如下：

```
class <类名>:
    <类定义语句>
```

【例 2-2】　定义一个面向对象类 Ball，并根据 Ball 类创建对象 ball。

```
class Ball(object):                              #声明名称为 Ball 的类
    def __init__(self, var1, var2):              #定义类的构造函数
        self.attr1 = 0
        self.attr2 = var1
        self.attr3 = var2

    def method1(self, var1, var2, var3):         #定义类的方法 method1()
        self.attr1 += var1
        self.attr2 *= var2
        self.attr3 /= var3

    def get_var(self):
        return self.attr1, self.attr2, self.attr3

ball = Ball(3,4)                                 #调用构造函数
ball.method1(5,6,8)                              #调用方法 method1()
x, y, z = ball.get_var()
print("x=%.2f, y=%.2f, z=%.2f" % (x, y, z))
```

2.6.2 属性与方法

属性为类中所特有、所定义和所维护的数据。例如，在类 Vehicle 中，一般需要定义 SIN、type、horsepower、cylinder_num 等属性，并通过实例化形成对象，来对该车辆进行定义和描述。

方法为这个类所具有的行为、功能和能力，是定义在对象上的操作。例如，在类 Vehicle 中，可以定义 ignite()（点火）、break()（刹车）、steering()（转向）等方法。类中所定义的方法，在完成类实例化获得类对象后，采用类似函数调用的方法进行调用。因此，在本文中，没有仔细区分类方法和普通函数，而使用调用某方法，或调用某函数来表述。

更为详细的内容可参阅面向对象设计的相关参考资料。

2.7 常用标准库函数

Python 完成安装后，也就完成了一系列基本的内置（不是在导入的扩展库中定义的）函数的定义和实现，这些函数分为数学运算、类型转换、序列操作、对象操作、反射操作、变量操作、交互操作、文件操作、编译执行和装饰器几个类别。

2.7.1 数学运算

1. 求数值的绝对值

可以使用 abs() 函数求数值的绝对值。例如：

```
>>> abs(-23.45)
23.45
```

2. 求商和余数

可以使用 divmod(x, y) 函数求两个数值的商和余数，函数返回值分别为商和余数，即为 (x//y, x%y)。例如：

```
>>> divmod(5.5, 2)
(2.0, 1.5)

>>> divmod(5.5, -2)
(-3.0, -0.5)
```

3. 求最大值和最小值

可以使用 max() 和 min() 函数求可迭代对象中的元素或者所有参数的最大值和最小值。例如：

```
>>> max(-1, -2, 0)          #传入3个参数,取3个中较大者
0

>>> max('1234')             #传入1个可迭代对象,取其最大元素值
```

```
'4'
```

```
>>> min(-1, -2, key=abs) #给出了比较函数,会对参数值求绝对值后再取较小者
-1
```

4. 求幂运算值

可以使用 pow( )函数求两个数值的幂运算值。函数原型如下:

pow (base, exp, mod=None)

其中,参数 base 为底;参数 exp 为指数;如果给出参数 mod,则再计算幂运算值对 mod 的模。例如:

```
>>> pow(2, 3)      #等同于 2**3
8
```

```
>>> pow(2, 3, 5) #等同于 pow(2, 3) % 5
3
```

5. 求四舍五入求值

可以使用 round( )函数对浮点数进行四舍五入运算。原型如下:

round (number, ndigits=None)

其中,参数 number 为要进行四舍五入运算的数值,ndigits 为要保留的小数位数。例如:

```
>>> round(1314.520, -2)      #保留 -2 位,即到百位数
1300.0
```

```
>>> round(1314.520, 1)      #保留 1 位小数
1314.5
```

6. 求数值之和

可以使用 sum( )函数对元素类型是数值的可迭代对象中的每个元素求和。例如:

```
>>> sum((1.5,2.5,3.5,4.5))      #元素类型必须是数值型
12.0
```

```
>>> sum((1,2,3,4), -10)      #结果为 (1+2+3+4)+(-10)
0
```

2.7.2 类型转换

1. bool(x)

根据传入的参数的逻辑值创建一个新的布尔值。例如:

```
>>> bool(0)      #数值0、空序列等值为 False
False
```

```
>>> bool(5 > 3)
True
```

2. int(x [,base])

将字符串 x 以 base 进制（默认为十进制）转换为整数，或将非整数值 x 转换为整数。注意 int( )求整数时，不四舍五入，仅截断小数部分。例如：

```
>>> int('3') +2
5
```

```
>>> int('1A', 16)     #将'1A'以十六进制转换为十进制整数
26
```

```
>>> int(3.1415926)
3
```

3. float(x)

将字符串 x 转换为浮点数。例如：

```
>>> float(3)
3.0
```

```
>>> float('434.45353')
434.45353
```

4. complex( )

根据传入的参数创建一个新的复数。例如：

```
>>> complex('1 +2j') #传入字符串创建复数
(1 +2j)
```

```
>>> complex(1,2) #传入数值创建复数
(1 +2j)
```

5. str(x)

将 x 转换为字符串。例如：

```
>>> str(None)
'None'
```

```
>>> str('abc')
'abc'
```

```
>>> str(3.14159)
'3.14159'
```

6. bytearray( )

根据传入的参数创建一个新的字节数组。例如：

```
>>> bytearray('中文','utf-8')
bytearray(b'\xe4\xb8\xad\xe6\x96\x87')
```

7. bytes( )

根据传入的参数创建一个新的不可变字节数组。例如：

```
>>> bytes('中文','utf-8')
b'\xe4\xb8\xad\xe6\x96\x87'
```

8. memoryview(object)

根据传入的参数创建一个新的内存查看对象。例如：

```
>>> mv = memoryview(b'abcefg')
>>> mv[1]
98

>>> mv[-1]
103
```

9. ord(c)

将字符 c 转换为对应的 ASCII 码。例如：

```
>>> ord('A')
65

>>> ord('啊')
21834
```

10. chr(i)

将整数 i 转换为其对应 ASCII 的字符或 Unicode 字符。例如：

```
>>> chr(97)        #参数类型为整数
'a'

>>> chr(0x554a)    #即 21834
'啊'
```

11. bin(i)

将整数 i 转换为二进制字符串。例如：

```
>>> bin(3)
'0b11'
```

12. oct(i)

将整数 i 转换为一个八进制字符串，八进制字符串以 0o 开头。例如：

```
>>> oct(8)
'0o10'

>>> oct(123)
'0o173'
```

13. hex(i)

将整数 i 转换为十六进制字符串，十六进制字符串以 0x 开头。例如：

```
>>> hex(15)
'0xf'
```

14. tuple( )

根据传入的参数创建一个新的元组。元组是 Python 所定义的一个重要的数据结构。关于元组的概念和使用，在第 3.3 节进行详细介绍。

15. list( )

根据传入的参数创建一个新的列表。列表是 Python 所定义的一个重要的数据结构。关于列表的概念和使用，在第 3.2 节进行详细介绍。

16. dict( )

根据传入的参数创建一个新的字典。字典是 Python 所定义的一个重要的数据结构。关于字典的概念和使用，在第 3.5 节进行详细介绍。

17. set( )

根据传入的参数创建一个新的集合。集合是 Python 所定义的一个重要的数据结构。关于集合的概念和使用，在第 3.4 节进行详细介绍。

18. frozenset( )

根据传入的参数创建一个新的不可变集合。关于不可变集合的概念和使用，在第 3.4 节进行详细介绍。

19. enumerate( )

根据可迭代对象创建带有 index 序号的枚举对象。例如：

```
>>> seasons = ['Spring','Summer','Fall','Winter']
>>> list(enumerate(seasons))
[(0,'Spring'), (1,'Summer'), (2,'Fall'), (3,'Winter')]

>>> list(enumerate(seasons, start =1))     #指定 index 序号的起始值
[(1,'Spring'), (2,'Summer'), (3,'Fall'), (4,'Winter')]
```

20. range (start, stop[, step])

创建一个以参数 start 开始，以参数 stop 终止，步长为 step 的 range 对象，各参数值必须为整数。例如：

```
>>> list(range(10))
```

```
[0, 1, 2, 3, 4, 5, 6, 7, 8, 9]

>>> list(range(1,10))
[1, 2, 3, 4, 5, 6, 7, 8, 9]

>>> list(range(1,10,3))
[1, 4, 7]
```

21. iter（iterable）

根据传入的参数创建一个新的可迭代对象。例如：

```
>>> a = iter('abcd')                      #字符串序列
>>> a
< str_iterator object at 0x03FB4FB0 >

>>> next(a); next(a); next(a); next(a)      #共 4 个元素

'a'
'b'
'c'
'd'

>>> next(a)                               #前面已经遍历到最后一个元素,继续调用
                                          #next()则会抛出异常
Traceback (most recent call last):
  File "<pyshell#29>", line 1, in <module >
    next(a)
StopIteration
```

22. slice（start, stop［,step］）

创建一个以参数 start 开始，以参数 stop 终止，步长为 step 的切片对象。例如：

```
>>> s = slice(1, 10, 3)           #切片为取第 1,4,7 个元素
>>> list(range(1, 30, 4)[s])      #对 range(1,30,4)应用 s
[5, 17, 29]
```

23. super( )

根据传入的参数创建一个新的子类和父类关系的代理对象。例如：

```
>>> class A(object):     #定义父类 A
    def __init__(self):
        print('A.__init__')
>>> class B(A):          #定义子类 B,继承 A
    def __init__(self):
        print('B.__init__')
```

```
        super().__init__()
>>> b = B()                 #super 调用父类方法
B.__init__
A.__init__
```

24. object( )

创建一个新的 object 对象。例如：

```
>>> a = object()
>>> print(a)
<object object at 0x000000001EE4B8D0 >
```

2.7.3 序列操作

1. all（iterable,/）

判断可迭代对象的每个元素逻辑值是否都为 True。例如：

```
>>> all([1,2])      #列表中每个元素逻辑值均为 True,返回 True
True

>>> all([0,1,2])   #列表中 0 的逻辑值为 False,返回 False
False
```

2. any（iterable,/）

判断可迭代对象的元素逻辑值是否有为 True 的元素。例如：

```
>>> any([0, 1, 2])      #列表元素有一个为 True,则返回 True
True

>>> any([0, 0])         #列表元素全部为 False,则返回 False
False
```

3. filter( )

使用指定方法过滤可迭代对象的元素。例如：

```
>>> def is_odd(x):                      #定义奇数判断函数
        return x % 2 = = 1
>>> list(filter(is_odd, range(1,10)))     #筛选 range()生成的序列中的奇数
[1, 3, 5, 7, 9]
```

4. map（func, * iterables）

将指定方法运用到可迭代对象的每个元素，以生成新的可迭代对象。例如：

```
>>> list(map(ord,'abcd'))
[97, 98, 99, 100]
```

```
>>> list(map(abs,[1,-2,3,-4,5]))
[1, 2, 3, 4, 5]
```

5. next（iterator［,default］）

返回可迭代对象中的下一个元素值。当已全部返回可迭代对象中的元素，再次调用 next( ) 时，如果设置了参数 default，则返回该值，否则会抛出异常（见第 2.7.2 节中 iter( ) 的相关内容）。例如：

```
>>> a = iter('abc')
>>> r = 0
>>> while r ! = -1:      #将 -1 作为结束标记
            r = next(a, -1)
            print(r)
a
b
c
-1
```

6. reversed（sequence,/）

反转序列生成新的可迭代对象。例如：

```
>>> list(reversed(range(10)))
[9, 8, 7, 6, 5, 4, 3, 2, 1, 0]
```

7. sorted（iterable,/, * key = None, reverse = False）

对可迭代对象 iterable，对参数 key 规定的方式处理后的值进行排序，并根据参数 reverse 决定是否反转，返回一个新的列表。例如：

```
>>> a = ['a','b','d','c','B','A']
>>> sorted(a, key = str.lower)      #按转换成小写后排序,默认按字符 ascii 码排序
['a','A','b','B','c','d']

>>> sorted([3,4,1,2], key = np.sin)  #按取 sin()值排序
[4, 3, 1, 2]
```

8. zip（ * iterables）

聚合传入的每个迭代器中相同位置的元素，返回一个新的元组类型迭代器。例如：

```
>>> x = ['a','b','c']              #长度3
>>> y = [4, 5, 6, 7, 8]           #长度5
>>> list(zip(x, y))               #按 x、y 中较小长度组成 zip 列表
[('a', 4), ('b', 5), ('c', 6)]
```

注意，在 Python 3 中，zip( ) 返回的是 zip 迭代器对象，只能被遍历一次。如果需要重复遍历，则可以使用 list( ) 转换成列表。

2.7.4　对象操作

1. help( )

返回对象的帮助信息。

2. dir([object])

返回对象或者当前作用域内的属性列表。例如：

```
>>> import math
>>> dir(math)
['__doc__', '__loader__', '__name__', '__package__', '__spec__', 'acos',
'acosh', 'asin', 'asinh', 'atan', 'atan2', 'atanh', 'ceil', 'copysign', 'cos',
'cosh', 'degrees', 'e', 'erf', 'erfc', 'exp', 'expm1', 'fabs', 'factorial',
'floor', 'fmod', 'frexp', 'fsum', 'gamma', 'gcd', 'hypot', 'inf', 'isclose',
'isfinite', 'isinf', 'isnan', 'ldexp', 'lgamma', 'log', 'log10', 'log1p', 'log2',
'modf', 'nan', 'pi', 'pow', 'radians', 'sin', 'sinh', 'sqrt', 'tan', 'tanh', '
trunc']
```

3. id（obj,/）

返回对象的唯一标识符。可以使用 id( ) 函数输出变量的地址，例如：

```
>>> str1 = "这是一个变量"
>>> str1, id(str1)          #输出 str1 及其地址
('这是一个变量', 129094056)

>>> str2 = str1             #将 str1 赋值给 str2
>>> str2, id(str2)          #输出 str2 及其地址,可以看出 str2 与 str1 地址相同
('这是一个变量', 129094056)
```

4. hash( )

获取对象的哈希值。例如：

```
>>> hash('good good study')
2555302400064637067
```

5. type（object)

返回对象的类型，或者根据传入的参数创建一个新的类型。例如：

```
>>> type(124)       #返回对象的类型
<class'int'>

>>> type('abc')
<class'str'>

>>> type(False)
```

```
<class'bool'>
```

6. len( )

返回对象的长度。例如，以下 6 个对象的长度均为 4。

```
>>> len('abcd')                              #字符串
>>> len(bytes('abcd','utf-8'))               #字节数组
>>> len((1,2,3,4))                           #元组
>>> len(range(1,5))                          #range 对象
>>> len({'a':1,'b':2,'c':3,'d':4})           #字典
>>> len(frozenset('abcd'))                   #不可变集合
```

再例如：

```
>>> len(bytes('abcd字节','utf-8'))  #汉字的 utf 编码,每个字的字节数为 3
10
```

7. ascii( )

返回对象的可打印字符串表现方式。例如：

```
>>> ascii(1)
'1'

>>> ascii('&')
"'&'"

>>> ascii(9000000)
'9000000'

>>> ascii('中文')        #非 ascii 字符
"'\\u4e2d\\u6587'"
```

8. format（value, format_spec = '',/）

将参数 value 所指定的字符串、数值等，按照 format_spec 规定的格式（见表 2-11），转换为字符串。例如，下面代码中，将字符串以一定格式转换输出时，使用格式字符串 's' 来规定转换格式。

```
>>> format('some string','18s')     #输出宽度为 18,不足以空格补齐
'some string       '
```

表 2-11 format_spec 的主要格式字符含义及示例

格式字符	含　义	示　例
's'	转换为字符串	
'b'	转换为二进制	>>> format（123，'b'）#十进制转换为二进制 '1111011'

（续）

格式字符	含　义	示　例
'c'	转换为 Unicode 字符	>>> format (0x4e2d, 'c') '中'
'd'或'n'	转换为十进制，默认值	>>> format (0x4e2d, 'n') #与'd'作用相同 '20013'
'o'	转换为八进制	>>> format (0x4e2d, 'o') #十六进制转换为八进制 '47055'
'x'或'X'	转换为十六进制	>>> format (123, 'x')；format (123, 'X') #十进制转换为十六进制 '7b' '7B'
'e'或'E'	转换为科学计数法， 默认保留 6 位小数	>>> format (314159267, 'e')；format (314159267, '0.2E') '3.141593e + 08' '3.14E + 08'　　　　　　#保留 2 位小数，大写 E
'f'或'F'	转换为小数点计数法， 默认保留 6 位小数	>>> format (31415, 'f')；format (3.14, '0.10f') '31415.000000'　　　　#默认保留 6 位小数 '3.1400000000'　　　　#保留 10 位小数
'g'或'G'	定义较特殊	设 p 为格式中指定的保留小数位数，先尝试采用科学计数法格式化，得到幂指数 e，如果 $-4 < = e < p$，则采用小数计数法，并保留 $p-1-e$ 位小数；否则按小数计数法计数，并按 $p-1$ 保留小数位数

9. vars( )

返回当前作用域内的局部变量与该变量值组成的字典，或者返回对象的属性列表。例如，在新打开的 IDLE 环境中运行 vars( )，得到以下结果。

```
>>> vars()
{'__name__':'__main__','__doc__': None,'__package__': None,'__loader__':
<class'_frozen_importlib. BuiltinImporter'>,'__spec__': None,'__annotations__':
{},'__builtins__': <module'builtins' (built - in) >}
```

2.7.5　反射操作

1. __import__
动态导入模块。例如：

```
>>> math = __import__('math')
>>> math. sqrt(23)
4.795831523312719
```

2. isinstance (obj, class_or_tuple,/)
判断对象 obj 是否是参数 class_or_tuple 所指明的类或类型元组中任意类元素的实例。例如：

```
>>> isinstance(123, int)
True

>>> isinstance(123, str)
False

>>> isinstance(123, (int,str))
True
```

3. issubclass（obj, class_or_tuple,/）

判断类 obj 是否是参数 class_or_tuple 所指明的类或类型元组中任意类元素的子类。例如：

```
>>> issubclass(bool, int)          #bool 为 int 类的子类
True

>>> issubclass(bool, str)          #bool 不是 str 类的子类
False

>>> issubclass(bool, (str,int))  #bool 是(str,int)之一的子类
True
```

4. hasattr（obj, name,/）

检查对象 obj 是否含有属性 name。例如：

```
>>> class Student:               #定义类 A
        def __init__(self,name):
            self.name = name
>>> s = Student('Aim')           #创建类 Student 的实例,以查看是否有某属性
>>> hasattr(s,'name')            #s 含有 name 属性
True

>>> hasattr(s,'age')             #s 不含有 age 属性
False
```

5. getattr（object, name［,default］）

获取对象 object 的属性 name 的值，如果不存在，则返回 default 值。例如：

```
>>> class Student:               #定义类 Student
        def __init__(self,name):
            self.name = name
>>> s = Student('Aim')           #创建类 Student 的实例
>>> getattr(s,'name')            #存在属性 name,获得实例 s 的 name 属性的值
'Aim'

>>> getattr(s,'age', 6)          #不存在属性 age,但提供了默认值,返回默认值
```

6

```
>>> getattr(s,'age')          #不存在属性 age,未提供默认值,抛出异常
Traceback (most recent call last):
  File "<pyshell#54>", line 1, in <module>
    getattr(s,'age')          #不存在属性 age,未提供默认值,调用报错
AttributeError:'Student' object has no attribute'age'
```

6. setattr（obj, name, value,/）

将对象 obj 的属性 name 的值设为 value。例如：

```
>>> class Student:                #定义类 Student
        def __init__(self, name):
            self.name = name
>>> s = Student('Kim')          #创建类实例 s
>>> s.name                      #获得实例 s 的 name 属性值
'Kim'

>>> setattr(s, 'name', 'Bob')   #设置实例 s 的 name 属性值
>>> s.name
'Bob'
```

7. delattr（obj, name,/）

删除对象 obj 的 name 属性。例如：

```
>>> class A:                    #定义类 A
        def __init__(self,name):
            self.name = name
>>> a = A('Bob')
>>> a.name
'Bob'

>>> delattr(a,'name')           #删除实例 a 的属性 name
>>> a.name                      #访问实例 a 的属性 name,出错
Traceback (most recent call last):
  File "<pyshell#52>", line 1, in <module>
    a.name
AttributeError:'A' object has no attribute'name'
```

8. callable（obj,/）

检测类或对象 obj 是否可被调用（即检测是否类或对象实例可以被直接调用，是否定义了__call__()函数）。例如：

```
>>> class B:                    #定义类 B:
        def __call__(self):
```

```
        print('instances are callable now. ')
>>> callable(B)        #检测类B是否是可调用的,类B是可调用对象
True

>>> b = B()            #创建可调用类B的实例
>>> callable(b)        #检测实例b是否是可调用的,实例b是可调用对象
True

>>> b()                #调用实例b,成功
instances are callable now.
```

2.7.6 变量操作

1. globals( )

返回当前作用域内的全局变量与该变量的值组成的字典。例如:

```
>>> globals()
{'__spec__': None,'__package__': None,'__builtins__': < module 'builtins'
(built-in) >,'__name__':'__main__','__doc__': None,'__loader__': <class'_frozen_
importlib. BuiltinImporter' >}

>>> a = 1
>>> globals()          #多了一个a
{'__spec__': None,'__package__': None,'__builtins__': <module'builtins' (built-
in) >,'a': 1,'__name__':'__main__','__doc__': None,'__loader__': <class'_frozen_im-
portlib. BuiltinImporter' >}
```

2. locals( )

返回当前作用域内的局部变量与该变量的值组成的字典。例如:

```
>>> def f():
        a = 1
        print('after define a')
        print(locals())       #作用域内有一个a变量,值为1

>>> f()
after define a
{'a': 1}
```

2.7.7 交互操作

1. print( )

标准输出,输出一个变量或对象的内容。函数原型如下:

```
print (value, …, sep = '', end = ' \n', file = sys. stdout, flush = False)
```

这里，参数 value 为所输出的变量或对象，可以有多个；参数 sep 指定多项输出间的间隔；参数 end 为输出内容末尾的控制符，默认为换行，如果不使输出内容换行，可以令 end = ''。

例如，输出内容之间用' + '分隔（连接）。

```
>>> print(1, 2, 3, sep = ' + ', end = ' = ? ')
1 + 2 + 3 = ?
```

2. input（prompt = None,/）

标准键盘输入，提示内容由参数 prompt 指定，读入为字符串。例如：

```
>>> s = input('please input your name:')
please input your name: Ain

>>> s
'Ain'
```

2.7.8 文件操作

1. open( )

使用指定的模式和编码打开文件，返回文件读写对象。详细内容见第4.2.3节的介绍。例如：

```
>>> a = open('test.txt','rt')      #r 表示只读,t 表示以文本模式打开
>>> a.read()
'some text'

>>> a.close()
```

2. readlines( )

从文件中读入各行。详细内容见第4.2.3节的介绍。例如：

```
fd = open('test.txt','rt')
lns = fd.readlines()
for ln in lns:
    print(ln)
```

2.7.9 编译执行

1. compile（source, filename, mode, flags = 0, …）

将字符串编译为代码或者 AST 对象，使之能够通过 exec 语句来执行或者通过 eval 进行求值。例如：

```
>>> code = 'for i in range(0,10): print(i,end = " ")'
>>> compile = compile(code,'','exec')
>>> exec(compile)
0 1 2 3 4 5 6 7 8 9
```

2. eval（source, globals = None, locals = None,/）

执行动态表达式 source 求值，计算该字符串中的有效 Python 表达式，并返回结果。例如：

```
>>> code = '1 + 2 + 3 + 4'
>>> eval(code)
10

>>> compile = compile(code,",'eval')
>>> eval(compile)
10
```

3. exec（source, globals = None, locals = None,/）

执行动态语句块 source。例如：

```
>>> exec('a = 1 + 2; print(a)')        #执行语句
3
```

4. repr（obj,/）

将对象转换为可打印字符串，即返回一个对象的字符串表现形式（给解释器），返回转换完成后的字符串。参数 obj 是待转换的对象。例如：

```
>>> a = 'some text'
>>> a
'some text'

>>> repr(a)
"'some text'"
```

2.7.10 装饰器

Python 标准库中定义的装饰器有 3 个，分别为：属性装饰器@ property，类方法装饰器@ classmethod 和静态方法装饰器@ statisticmethod。

属性装饰器@ property 的主要作用把类中的一个方法变为类中的一个属性，使定义属性、读取属性值和设置属性值更加容易。例如：

```
>>> class C:                #定义一个类
    def __init__(self):
        self._name = "
    @ property              #将 name()装饰为属性
    def name(self):
        return self._name
    @ name.setter
    def name(self, value):
        self._name = value
>>> c = C()
```

```
>>> c.name = 'abc'          #将 name 作为属性使用
>>> c.name
'abc'
```

类方法装饰器@classmethod 可以不需实例化类，就可以直接使用<u>类名.方法名()</u>的方法来调用经装饰器装饰的函数。这样可以将属于某个类的函数放到该类的命名中，有利于组织代码，保持命名空间的整洁。例如：

```
>>> class A(object):        #定义一个类
    bar = 1
    def foo(self):
        print ('foo')
    @ classmethod           #将 func()装饰为类方法
    def func(cls):
        print ('func')
        print (cls.bar)
        cls().foo()         #调用 foo 方法

>>> A.func()                #不需要实例化类 A,可以直接调用类函数,其中还可以使用类变量
func
1
foo
```

静态方法装饰器 @staticmethod 将函数标示为静态函数，不需要实例化类，就可以直接使用<u>类名.方法名()</u>的方法来调用经装饰器装饰的函数。与@classmethod 的区别在于，@classmethod 标示的函数必须带有表示自身的 cls 参数，而@staticmethod 则不必，就如同定义和使用一个普通函数。例如：

```
class A(object):            #定义一个类
    def __init__(self, name):
        self.name = name
    @ staticmethod          #将 print_out()装饰为静态方法
    def print_out(param):
        print(param)

A.print_out("Hello World!")     #不实例化类 A,以静态方法调用 print_out()

a = A('Tom')
a.print_out("calling from instance!")
```

2.8 自定义函数

在 Python 语言中，除了提供丰富的系统函数外，还允许用户创建和使用自定义函数。
函数（function）由若干条语句组成，用于实现特定的功能。函数包含函数名、若干参数和

返回值。使用函数，便于共享代码，减少重复编码，提高开发效率，同时使代码的结构变得更为简洁清晰，可读性好。在完成较为庞杂的编程任务时，将任务分解成较小的、功能相对独立、单一的模块，即函数，可使编程工作更加容易。

2.8.1　声明函数

声明函数的语法如下：

```
def function_name (parameter1 [ = default value], parameter2 [ = default value], …):
    function body
    return value1, value2, …
```

其中，def 为声明函数的关键字；function_name 为所定义的函数名，其随后的( )内的内容为定义函数时所给定的参数，称为形式参数。在定义形式参数时，还可以为其指定默认值，成为默认参数值。

函数调用时，要为函数设置与形式参数对应的参数，称为实际参数。函数调用时的参数传递关系如图 2-5 所示。如果调用时不指定某参数项，则函数的形式参数会使用函数定义时指定的默认参数值，即缺省参数。

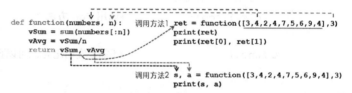

图 2-5　函数调用参数传递和结果返回关系

图 2-5 还给出了结果返回的形式和调用函数后接收返回值的关系和方式。例如，函数返回多项返回值，而调用时用单个变量进行接收（如图 2-5 所示的变量 ret），则会将多个返回值组织为元组；如果用与多项返回值个数相配的多个变量进行接收（如图 2-5 的变量 s，a），则会分别接收返回值。

2.8.2　变量作用域

Python 的变量按其作用域来划分，分为局部变量和全局变量。

局部变量是指只能在程序的特定部分使用的变量。例如，在函数内部使用的变量就是局部变量。全局变量是指在程序的所有地方都能够使用的变量，在任何函数的内部，都可以使用全局变量。

【例 2-3】　定义全局变量和局部变量。

```
globalVar = 1

def fun():
    global globalVar
    localVar = 2
    globalVar + = 4
    print(globalVar)
    print(localVar)
```

```
    fun()
    print(globalVar)
    print(localVar)
```

输出结果如下：

```
    5
    2
    5
    Traceback (most recent call last):
      File "C:\Users\Administrator\Desktop\sample.py", line 12, in <module>
        print (localVar)
    NameError: name'localVar' is not defined
```

这里，globalVar 为全局变量，被赋初值为 1；在函数 fun( ) 中，通过 global globalVar 声明了 globalVar 为全局变量，并在函数中被加 4 得到 5；在函数 fun( ) 中，定义了一个局部变量 localVar（在函数中，未用 global 关键字声明的变量均为局部变量）。在主程序中，如果使用在函数中定义的变量（如 localVar，这是一个函数内部定义的局部变量），则会出错。

2.8.3 lambda 关键字函数

使用 Python 关键字 lambda，可以简单地定义一个函数。例如：

```
    >>> f = lambda x, y : x + y        #定义函数
    >>> f(2,4)                          #调用函数
    6
```

以 lambda 短句的形式定义的函数可以直接使用在语句中。例如：

```
    >>> list(filter(lambda x: x% 3 ==0, [1,2,3,4,5,6,7]))      #滤出 3 的倍数
    [3, 6]

    >>> list(map(lambda x: x* x, [1,2,3,4,5,6,7]))            #求平方
    [1, 4, 9, 16, 25, 36, 49]
```

单元练习

1. 编写程序，输入 3 个整数 x，y，z，并把这 3 个数由小到大输出。

2. 编程实现奇偶归一猜想：对于一个正整数 n，如果它是奇数，则对它乘以 3 再加 1；如果它是偶数，则对它除以 2。如此循环，最终都能够得到 1。例如，$n = 6$，则序列为 6 3 10 5 16 8 4 2 1。

3. 编写程序，输入一个考试分数，并按照"优秀"[90 ~ 100]、"良好"[80 ~ 90)、"中等"[70 ~ 80)、"及格"[60 ~ 70) 和"不及格"[0 ~ 60) 判定等级后输出。

4. 编写程序，使一个整数的各位数字逆序排列后输出。例如，给定整数 123456，经处理后得到整数 654321（注意数据类型应为整数）。

5. 圆周率可以用公式 $\pi = 4 \times \left(1 - \dfrac{1}{3} + \dfrac{1}{5} - \dfrac{1}{7} + \dfrac{1}{9} - \cdots + \cdots\right)$ 近似计算。编写程序，利用该公式计算圆周率，输出不同求和项数的值及计算结果，展示其精确性。

6. 啤酒厂有瓶盖换啤酒活动，3 个瓶盖可以换一瓶啤酒。编写程序，计算如果一开始买了 n 瓶啤酒，那么这么一直换下去，最终能喝到几瓶啤酒？例如，初始瓶数 n 为 100，则程序应该输出 149；初始瓶数 n 为 101，程序应该输出 151。

7. 编写程序，输出三角形的"九九乘法表"。

8. 编写程序，输入多个正整数，以 -1 表示结束，输出这些正整数之和。例如：

输入第 1 个数:<u>1</u>
输入第 2 个数:<u>2</u>
输入第 3 个数:<u>3</u>
输入第 4 个数: <u>-1</u>
正整数之和为:<u>6</u>

9. 自幂数是指一个 n 位数（$n \geqslant 3$），它的每个位上的数字的 n 次幂之和等于它本身（例如：$1^3 + 5^3 + 3^3 = 153$）。编写程序，求出所有 3 位、4 位和 5 位数的自幂数。

10. 编写程序，产生 MyPyLib 扩展库，在其中实现可以计算给定数值的平方数的函数：MyPyLib. sqr（val）。编写程序，对该扩展库的 sqr( ) 函数功能进行测试。

11. 形如 $1/1 + 1/2 + 1/3 + 1/4 + \cdots$ 称为调和级数。该级数是缓慢发散的，例如其前 83 项之和才仅超过 5.0。编写程序，计算级数中要加多少项，才能使得级数达到或超过 15.0。

12. 编写程序，在给定的一个句子 s 中，查找其中给定字符串 c，并输出以 c 开始，长度为 l 的各字符串。例如：对于句子 "If your life feels like it is lacking the power that you want and the motivation that you need, sometimes all you have to do is shift your point of view."，当查找的特定字符串为"yo"，长度为 7 时，则输出结果如下：

第 1 处,位置 3:your li
第 2 处,位置 53:you wan
第 3 处,位置 86:you nee
第 4 处,位置 110:you hav
第 5 处,位置 134:your po

第**3**章

Python数据组织结构

数据组织结构是指 Python 中数据的组织方式，包括两方面的内容：一是 Python 标准库中定义的数据结构，即容器（container），包括字符串、序列、集合和映射等；二是 Python 扩展库中所定义的，便于进行数据组织、管理和运算的数据结构，如数组（array）、矩阵（matrix）、数据系列（Series）和数据框架（DataFrame）等。本章介绍较为基础且常见的数据序列和数据结构的基本定义和特性，以及构建和操作的方法，这是使用 Python 进行数据分析和数据处理时最根本的内容。

3.1 字符串

3.1.1 创建和使用字符串

字符串变量的创建方法是直接将字符串常量赋值给一个变量。例如：

```
>>> str ='Hello world'
>>> str
'Hello world'
```

可以使用索引（如 str[index]）和切片（如 str[start：end]）的方法，获得字符串的各个字符或子串。例如：

```
>>> str ='Hello world'
>>> str[0], str[1], str[-2], str[3:7]
('H','e','l','lo w')
```

其中，str［-2］获取 str 的倒数第二个字符；str［3:7］获取 str 中下标 3 ~ 6 位的字符串。

可以用以下的方法，来遍历字符串中的各个字符。

```
str ='Hello world'
for c in str:
    print(c, end ='')
```

输出如下：

```
Hello world
```

3.1.2 字符串格式化

1. 格式化操作符

字符串格式化使用字符串格式化操作符即百分号（%）来实现。例如：

```
>>> str ='Hello,% s' % 'world! '
>>> str
'Hello, world! '
```

格式化操作符的右操作数可以是任何变量或常量，如果是元组或者映射类型（如字典），那么字符串格式化将会有所不同。

```
>>> tup = ('Hello','world! ')                    #元组
>>>'% s,% s' % tup
'Hello, world! '

>>> dict = {'h':'Hello','w':'World! '}    #字典
>>>'% (h)s,% (w)s' % dict
'Hello, World! '
```

如果需要转换的元组作为转换表达式的一部分存在，那么必须将它用( )括起来，个数要互相匹配，否则运行时会抛出异常。例如：

```
>>>'% s,% s' % ('Hello','world! ')
'Hello, world! '

>>>'% s,% s' % 'Hello','world! '
TypeError: not enough arguments for format string
```

2. 控制输出宽度和精度

对数字进行格式化处理，通常需要控制输出的宽度和精度。例如：

```
from math import pi
print('1234567890')              #标尺
print('% .2f' % pi)              #精度2
print('% 10f' % pi)             #字段宽10
print('% 10.2f' % pi)          #字段宽10,精度2
```

其中，pi 为在 math 库中定义的一个圆周率的常量。输出如下：

```
1234567890
      3.14
  3.141593
      3.14
```

字符串格式化还包含很多其他丰富的转换类型，可参考表 2-11 中的内容或官方文档。

3. 模板字符串

Python 的 string 扩展库中提供另一种格式化值的方法：模板字符串。可以从 string 库中 import 一个 Template 类，通过为其提供一个有意义的字符串类作为参数，可以构成一个模板字符串，进而利用该模板字符串完成一系列的替换，获得统一格式的结果字符串。例如：

```
from string import Template
strTemp = Template('$ x, $ y! ')
```

```
str = strTemp. substitute(x = 'Hello',y = 'world')
print(str)
s1 = 'Good morning'
s2 = 'Beijing'
str = strTemp. substitute(x = s1, y = s2)
print(str)
```

输出如下：

```
Hello, world!
Good morning, Beijing!
```

如果替换字段是单词的一部分，那么参数名称就必须用││括起来，从而准确指明结尾。例如：

```
from string import Template
str1 = Template('Hello, w ${x}d! ')
str1 = str1. substitute(x = 'orl')
print(str1)
```

输出如下：

```
Hello, world!
```

除了关键字参数之外，模板字符串还可以使用字典变量提供键值对进行格式化。例如：

```
from string import Template
d = {'h':'Hello','w':'world'}
str1 = Template(' $h, $w! ')
str1 = str1. substitute(d)
print(str1)
```

输出如下：

```
Hello,world!
```

除了格式化之外，Python 字符串还具有很多实用方法，可参考官方文档。

3.1.3 字符串输出格式化

字符串类还提供了一系列字符串输出格式化函数（见表3-1）。

表3-1 字符串输出格式化函数

函数	具体说明
str. ljust（width，[fillchar]）	左对齐输出字符串 str，总宽度为参数 width，不足部分以参数 fillchar 指定的字符填充，默认使用空格填充
str. rjust（width，[fillchar]）	右对齐输出字符串 str，用法同上
str. center（width，[fillchar]）	居中对齐输出字符串 str，用法同上
str. zfill（width）	将字符串 str 长度变成 width，右对齐，多余部分用 0 补足

【例3-1】 以不同的格式输出字符串。

```
print('123456789012345678901234567890')        #标尺
str ='Hello, world! '
print(str.ljust(30))                           #左对齐
print(str.rjust(30,'_'))                        #右对齐
print (str.center (30, '.'))                     #居中对齐
print (str.zfill (30))                           #右对齐，补 0
```

输出如下：

```
123456789012345678901234567890
Hello, world!
_____Hello, world!
........Hello,world!.........
00000000000000000Hello,world!
```

注意，str 虽经过 ljust( )等字符串格式化操作，但其本身内容并未变化。

表 3-2   判断字符串是否为字母或数字等的函数

函　　数	具体说明
str.startswith（substr）	判断 str 是否以 substr 开头
str.endswith（substr）	判断 str 是否以 substr 结尾
str.isalnum（ ）	判断 str 是否全为字母或数字
str.isalpha（ ）	判断 str 是否全为字母
str.isdigit（ ）	判断 str 是否全为数字
str.islower（ ）	判断 str 是否全为小写字母
str.isupper（ ）	判断 str 是否全为大写字母

3.1.4 字符串判断

字符串类还提供了一系列判断字符串是否为字母、数字等的函数（见表3-2）。

3.1.5 搜索和替换

字符串类还提供了一系列进行字符串搜索和替换等的函数（见表3-3）。

表 3-3   字符串的搜索和替换函数

函　　数	具体说明
str.find(substr,[start,[end]])	返回字符串 str 中子串 substr 的第一个字母的位置，未发现则返回 −1。搜索范围从 start 至 end
str.index(substr,[start,[end]])	与 find( )函数相同，只是在 str 中没有 substr 时，函数会返回一个运行时错误
str.rfind(substr,[start,[end]])	返回从右侧算起，字符串 str 中子串 substr 的第一个字母的位置，未发现则返回 −1。搜索范围从 start 至 end
str.rindex(substr,[start,[end]])	与 rfind( )函数相同，只是在 str 中没有 substr 时，函数会返回一个运行时错误
str.count(substr,[start,[end]])	计算子串 substr 在 str 中出现的次数。统计范围从 start 至 end
str.replace(oldstr,newstr,[count])	把 str 中的 oldstr 替换为 newstr，count 为替换次数
str.strip([chars])	将字符串 str 首尾的 chars 中所含字符去掉，默认去除空白符（即'\n', '\r', '\t'或''）
str.lstrip([chars])	将字符串 str 首部的 chars 中所含字符去掉，默认去除空白符（即'\n', '\r', '\t'或''）
str.rstrip([chars])	将字符串 str 尾部的 chars 中所含字符去掉，默认去除空白符（即'\n', '\r', '\t'或''）
str.expandtabs([tabsize])	将字符串 str 中的 tab（即'\t'）字符替换为 tabsize 个空格

3.1.6 转换大小写

字符串类还提供了一系列完成字符串大小写转换的函数（见表3-4）。

表3-4 字符串大小写转换函数

函　　数	具　体　说　明
str. capitalize( )	将字符串 str 的首字母转换为大写（注意是指整个字符串的首字母转大写，而非每个单词的首字母转大写），其余为小写
str. title( )	将字符串 str 中的每个单词首字母转换为大写，其余为小写
str. upper( )	将字符串中的所有字母转换为大写
str. lower( )	将字符串中的所有字母转换为小写
str. swapcase( )	将字符串中的字母大小写互换

例如：

```
>>> str ='stuDENTS sTUDY'
>>> str.capitalize()          #字符串首字母转大写,其余小写
'Students study'

>>> str.title()               #将字符串中的每个单词首字母大写,其余为小写
'Students Study'
```

注意，str. capitalize( )方法和 str. title( )方法二者的区别。

3.1.7　其他处理

1. split( )

对一个字符串以某分隔符进行分割，分割后的结果生成一个列表，语法如下：

str. **split** (sep = None, maxsplit = -1)

其中，参数 sep 为分割符，默认值为 None，即按空格进行分割；参数 maxsplit 定义最多进行几次分割。例如：

```
>>> str =' out of date information is of no value to me.   '
>>> str.split()
['out','of','date','information','is','of','no','value','to','me.']

>>> str.split('')
['','out','of','date','information','is','of','no','value','to','me.','','']

>>> slist = str.split(maxsplit = 2)   #分割 str,得到字符串列表 slist
>>> slist
['out','of','date information is of no value to me.   ']
```

如果是 split('')，则程序会将 str 中的前导空格前面的内容（为''）与后面的内容进行分割，存入结果列表，用类似方法对 str 中的后续空格进行处理。

2. join( )

将一个字符串序列拼接为一整个字符串，语法如下：

```
str. join (iterable, /)
```

其中，参数 iterable 为可迭代序列。例如，接前面的示例：

```
>>> '-'.join(slist)     #将字符串列表 slist 中的各字符串拼接
'out-of-date information is of no value to me.  '
```

3. bytes( )

使用 bytes( )函数，可以生成一个将字符表示为字节编码的字符串。例如：

```
bStr = bytes('我爱学 Python! ', encoding ='utf-8')
print(bStr)
for b in bStr:
    print(hex(b), end ='')
```

输出如下：

```
b'\xe6\x88\x91\xe7\x88\xb1\xe5\xad\xa6Python! '
0xe6 0x88 0x91 0xe7 0x88 0xb1 0xe5 0xad 0xa6 0x50 0x79 0x74 0x68 0x6f 0x6e 0x21
```

3.1.8　输出特殊字符

如果需要输出（%）这个特殊字符，其处理方式如下：

```
>>> str ='%s%%' % 100
>>> str
'100%'
```

如要输出（$）符号，可以使用 $ $ 符输出 $ ：

```
from string import Template
str1 =Template('$$ $x')
str1 =str1.substitute(x ='100')
print(str1)
```

输出如下：

```
$100
```

3.2　列表

列表（List）是一组有序存储的数据。每个列表元素都有索引和值两个属性，索引是一个从 0 开始的整数，用于标识元素在列表中的位置；值是元素对应的值。

列表是可变的，这是它区别于字符串和元组的最重要的特点，即列表可以修改，而字符串和元组不能。

3.2.1　创建列表

可以通过列举列表元素的方法创建列表，列表中的元素类型可以是 Python 所支持的各种数

据类型，并可以混合列举组成列表。例如：

```
>>> list1 = ['hello','world']
>>> list1
['hello','world']

>>> list4 = [3,'abc', True]
>>> list4
[3,'abc', True]
```

列表中的元素甚至可以是一个列表或元组。例如：

```
>>> list5 = [123,'hello', [3,'abc', True]]
>>> list5
[123,'hello', [3,'abc', True]]
```

如果列表的元素均为列表且齐次（即各个列表元素的元素数相同），则这样的列表称为二维列表。

另一种创建列表对象的方法是，利用 list 类的构造函数 list( )，创建一个空列表，或将多种其他类型的数据对象转换为列表。

（1）创建空列表。例如：

```
>>> lst = list()     #或 lst = []
>>> lst
[]

>>> type(lst)        #查看变量 lst 的数据类型
<class'list'>
```

（2）将可迭代对象转换为列表。例如，可以将用 range( )方法产生的可迭代的 range 类型的对象或自定义的元组对象，转换为列表。

```
>>> list(range(10, 15))
[10, 11, 12, 13, 14]

>>> list(('P','y','t','h','o','n'))      #将元组转换为列表
['P','y','t','h','o','n']
```

（3）将字符串转换为列表。可使用 list( )函数，将字符串中的每个字母创建为列表的元素。例如：

```
>>> list("Python")
['P','y','t','h','o','n']
```

列表转换为字符串，可以用字符串的 .join( )方法完成指定间隔符的拼接。例如：

```
>>> ''.join(['a','b','c','d','e','f'])
'abcdef'
```

```
>>> ':'.join(['3','2','7'])
'3:2:7'
```

其中，.join( )前的字符串作为生成字符串后的列表元素之间的分隔符。

3.2.2　访问列表

1. 访问列表元素

用下列方法可以访问和获取列表中的元素。

```
list[index]              #获取一维列表中的索引值为 index 的元素,
                         #如果列表中有 N 个元素,则 index 的取值为 0 到 N-1;
list[start:end]          #获取列表中从第 start 到 end-1 个元素
list[index1][index2]     #获取二维列表中索引值为 index1 行 index2 列的元素
```

例如：

```
>>> lst = ['coke','sugar','beer','apple','orange']
>>> lst[0]; lst[3]                    #访问列表索引为 0、3 的元素
'coke'
['apple','orange']

>>> lst[0:3]                          #访问列表索引为 0 到 2 的元素
['coke','sugar','beer']

>>> lst_ = [lst [:3], lst [1:]]       #以获取的子列表为元素构成一个新的列表
>>> lst_; len (lst_)
[ ['coke', 'sugar', 'beer'], ['sugar', 'beer', ['apple', 'orange']]]
2

>>> lst_ [1]; lst_ [1] [2]
['sugar', 'beer', ['apple', 'orange']]
['apple', 'orange']
```

例中列表 lst_中有 ['coke', 'sugar', 'beer'] 和 ['sugar', 'beer', ['apple', 'orange']]
两个元素，均为列表。

2. 获取列表长度

使用 len( )函数，可获取列表长度（即其中的元素的个数）。例如：

```
len(['coke','sugar','beer', ['apple','orange']])   #共有 4 个元素
4
```

3. 返回列表元素最大值、最小值

使用 max( )和 min( )函数，可以得到列表元素的最大值和最小值。例如：

```
>>> lst = ['coke','sugar','beer','apple']
>>> max(lst); min(lst)        #字符串,按元素字母顺序依次比较大小
```

```
'sugar
'apple'
```

4. 定位列表元素

使用列表对象的 .index( ) 方法，可以获取列表中某个元素的索引，语法如下：

list. **index** (value, start = 0, stop = 9223372036854775807, /)

函数返回元素值 value 在列表中的索引，如果不存在，则会抛出 ValueError 异常。因此，使用时须事先使用 in 操作检查该元素值是否在列表中，或使用异常处理机制。例如：

```
>>> lst = ['coke','sugar','beer','apple']
>>> if'beer' in lst:
      lst.index('beer')
2


>>> lst.index('nay')
Traceback (most recent call last):
  File "<pyshell#21>", line 1, in <module>
    lst.index('nay')
ValueError:'nay' is not in list
```

5. 统计某个元素在列表中出现的次数

使用列表对象的 .count(obj) 方法，可以统计某个元素在列表中出现的次数。例如：

```
>>> lst = ['coke','beer','sugar','beer','apple','beer']
>>> lst.count('beer')
3
```

6. 添加列表元素

使用列表对象的 .append（obj）方法，可以向列表的尾部添加一个新的元素，列表的长度加1。例如：

```
>>> lst = ['coke','sugar','beer','apple']    #列表 lst 原长度为 4
>>> lst.append(['pork','beef'])              #添加的新元素是一个列表
>>> lst; len(lst)
['coke','sugar','beer','apple', ['pork','beef']]
5
```

7. 插入列表元素

使用列表对象的 .insert（pos, new_value）方法，可以向列表中的 pos 位置插入一个新的元素 new_value，列表长度加 1。例如：

```
>>> lst = ['coke','sugar','beer','apple']
>>> lst.insert(2,'pork')
>>> lst
['coke','sugar','pork','beer','apple']
```

8. 移除列表元素

使用列表对象的 .pop（[index]）方法，可以移除列表中指定索引位置的一个元素（默认移除最后一个元素），返回该元素的值。例如：

```
>>> lst = ['coke','sugar','beer','apple','pork']
>>> lst.pop(1)              #移除列表中索引为1的元素
'sugar'

>>> lst                     #移除后
['coke','beer','apple','pork']
```

使用 del List [index] 命令，也可以删除列表中索引号为 index 的元素，列表长度减1。例如：

```
>>> lst = ['coke','sugar','beer','apple','pork']
>>> del lst[1]
>>> lst; len(lst)
['coke','beer','apple','pork']
4
```

9. 列表排序

使用列表的 .sort() 方法，可以对列表进行排序。

```
list.sort([key=None], [reverse=False])
```

其中，参数 key 指定排序的回调函数；参数 reverse 指定是否反序排序。例如：

```
>>> lst = ['apple','banana','pear','grape','pork']
>>> lst.sort()                   #升序排序
>>> lst.sort(reverse=True)       #降序排序
```

可灵活运用 .sort() 的参数 key 指定排序方法（函数），使其按照该排序方法（函数）所规定的规则进行排序。例如：

```
>>> def get2nd(n):        #定义排序方法函数
        return -n[1], n[0]
>>> lst = [[1,3],[4,3],[2,3],[1,5],[2,1]]
>>> lst.sort(key = get2nd)      #使用get2nd()所定义的排序方法
>>> lst
[[1, 5], [1, 3], [2, 3], [4, 3], [2, 1]]
```

其中，get2nd() 函数先后返回列表元素的第1个值的负数和第0个值，即令 .sort() 方法先按照第一个值进行逆序排序，在此基础上再按第二个值顺序排序。

10. 反序列表

使用列表对象的 .reverse() 方法，可以完成列表序列的反转。例如：

```
>>> lst = ['apple','banana','pear','grape','pork']
>>> lst.reverse()     #反转排列列表中的元素
>>> lst
```

```
['pork','grape','pear','banana','apple']
```

注意，reverse()仅仅是将列表元素按原顺序的逆序进行排列，并非按照内容的大小进行排序。

11. 合并列表（扩展列表元素）

用 list1 + list2 语句可将 list1 和 list2 中的元素进行合并产生一个新的列表，或者使用 list1. extend（list2）方法将列表 list2 中的所有元素添加到列表 list1 的尾部。完成合并后的列表长度为列表 list1 和列表 list2 的长度之和。例如：

```
>>> list1 = ['coke','sugar']
>>> list2 = ['beer','apple','pork']
>>> list1 + list2              #产生新的列表
['coke','sugar','beer','apple','pork']


>>> list1.extend(list2)        #添加到 list1 列表中
>>> list1
['coke','sugar','beer','apple','pork']
```

注意，不可使用 list1. append（list2）来达到上述目的，读者可以自己试写，比较差异。

12. 复制列表

使用. copy()方法，可以获得一个列表的拷贝。例如：

```
>>> s1 = [1, 2, 3]
>>> s2 = s1.copy()
>>> s2
[1, 2, 3]


>>> s1.append(4)      #s1 中添加一个元素 4
>>> s1; s2            #s2 没有随 s1 的变化而改变,与之相对照的是下面的示例
[1, 2, 3, 4]
[1, 2, 3]
```

要获得一个列表的拷贝，必须使用. copy()的方法，如果使用赋值的方法，得到的仅仅是类似指向原列表的一个指针。以下代码说明了使用赋值的方法的区别：

```
>>> s1 = [1, 2, 3]
>>> s2 = s1           #这时 s2 中内容为[1,2,3]
>>> s1.append(4)      #s1 添加一个元素,s1 的内容变为[1,2,3,4]
>>> s1; s2            #s2 也随 s1 相应改变了
[1, 2, 3, 4]
[1, 2, 3, 4]
```

对于一个可变的可迭代对象（如下面要介绍的集合 set、映射 dict），均必须使用. copy()的方法获得该对象的拷贝。

3.2.3　遍历列表

1. 遍历列表 for…in…

可以使用 for…in…语句遍历列表。例如：

```
>>> list1 = ['coke','sugar','beer','apple','pork']
>>> for i in list1:              #遍历列表元素
        print(i, end = '')       #不换行输出列表元素
coke sugar beer apple pork
```

这种方法也适用于其他可迭代序列的遍历操作。

2. 遍历列表 enumerate( )

可以使用 enumerate( ) 函数语句遍历列表，且可以迭代获得索引号和列表元素值，语法如下：

```
for index,value in enumerate(list):
```

例如：

```
>>> list1 = ['coke','sugar','beer','apple','pork']
>>> for idx, val in enumerate(list1):    #遍历列表元素
        print(idx, val)                  #输出列表元素索引号和值
0 coke
1 sugar
2 beer
3 apple
4 pork
```

这种方法也适用于其他可迭代序列的遍历操作。

3.3　元组

与列表一样，元组也是一种序列，不同的是元组不能被修改。元组由( )进行定界。元组有以下特点：一经定义，元组的内容不能改变；元组元素可以存储不同类型的数据，可以是字符串、数字，甚至是元组。

3.3.1　创建元组

1. 列举元素

可以通过列举元组元素或在定界符内罗列元素的方法创建元组。例如：

```
>>> tup = 1, 2, 3           #或  tup = (1, 2, 3)
>>> tup
(1, 2, 3)

>>> tup = (1,)             #定义元素个数为1的元组,必须加逗号',',以区别加了括号的数字
>>> tup
(1,)
```

注意，可以通过()括起来的由逗号分隔的一些值来创建元组；定义只含一个值的元组时，必须加逗号(,)；空元组可以用没有包含内容的()来表示。

2. tuple( )

tuple( ) 函数和列表的 list( ) 函数相似，可以缺省参数来定义空元组，也可以将给定参数所定义的可迭代对象转换为元组。例如：

```
>>> tuple([3,2,1])    #将列表转换为元组
(3, 2, 1)

>>> tuple("work")     #将字符串转换为单个字母构成的元组
('w','o','r','k')

>>> tuple((1,2,3))    #列举元素创建元组。注意不能使用 tuple(1,2,3)创建元组
(1, 2, 3)
```

3.3.2 访问元组

访问元组对象或其元素的方法，例如访问元素、获取长度、定位元素、统计元素等一系列不对元组及其元素进行改变的访问和操作，均与列表的相应操作相同。

有些会改变元组及其元素的访问和操作，可以通过变通的方法来进行，例如需要对元组元素进行排序时，可将元组转换成列表，并利用列表的排序函数 sort( )和反转排列函数 reverse( )进行处理，然后转换为元组。例如：

```
>>> tup = ('apple','coke','orange','turkey','bean','carrot')
>>> lst = list(tup)
>>> lst.sort()
>>> tup = tuple(lst)
>>> tup
('apple','bean','carrot','coke','orange','turkey')
```

3.4 集合

集合是由一组无序的、不重复的元素组成的序列，分为可变集合（set）和不可变集合（frozenset）。可变集合创建后可以添加元素、修改元素和删除元素、不可变集合一旦创建，则不能改变。集合以 ｛｝作为定界符。

3.4.1 创建集合

可以使用 set(object) 函数创建空集合或由其他可迭代序列对象（如列表、元组等）通过转换进行创建。例如：

```
>>> set([5,4,3,3,2,2,1,1,0])    #转换为集合时会消除重复元素
{0, 1, 2, 3, 4, 5}
```

```
>>> set(['jeff','wong','cnblogs']) #字符串集合,排列顺序是随机的
{'cnblogs','jeff','wong'}

>>> set(range(10))
{0, 1, 2, 3, 4, 5, 6, 7, 8, 9}
```

注意,由字符串所创建的集合,排列顺序是随机的。

使用 frozenset (object) 可以创建不可变空集合,或由其他可迭代序列对象 (如列表、元组等) 转换创建不可变集合。例如:

```
>>> frozenset('python')        #由字符串所创建的集合,排列顺序是随机的
frozenset({'t','n','y','p','h','o'})

>>> frozenset(range(10))
frozenset({0, 1, 2, 3, 4, 5, 6, 7, 8, 9})
```

3.4.2　访问集合

1. 获取集合的长度

可以使用 len( ) 函数获取集合的长度。

2. 访问集合元素

集合不支持按索引访问元素,只能通过遍历集合元素的方法对其进行访问。

3. 判断集合是否存在元素

可以使用 in 判断集合中是否存在指定元素。例如:

```
>>> s = set([1, 2, 3])
>>> 2 in s, 5 in s
(True, False)
```

4. 添加集合元素

不可变集合 (frozenset) 不能添加元素或做其他改变。对于可变集合,可以通过调用集合对象的 .add( ) 方法来添加元素。例如:

```
>>> s = set('python')
>>> s.add(0)
>>> s
{0,'t','n','y','p','h','o'}
```

通过调用集合对象的 .update( ) 方法,可以将另外一个集合的元素添加到指定集合中。例如:

```
>>> s = set([1,2,3])
>>> s.update([4,5,6])     #[4,5,6]首先被转换为集合{4,5,6},再添加
>>> s
{1, 2, 3, 4, 5, 6}
```

5. 删除集合元素

使用集合对象的 . remove( )方法可以删除指定的集合元素，或者使用集合对象的 . clear( )方法清空集合中的所有元素。例如：

```
>>> s = set([1, 2, 3])
>>> s. remove(1)
>>> s
{2, 3}

>>> s = set(['a','b','c','d','e'])
>>> s. remove('z')     #删除不存在的元素
Traceback (most recent call last):
  File "<pyshell#191 >", line 1, in <module >
    s. remove('z')     #删除不存在的元素
KeyError:'z'
```

这里，删除集合不存在的元素时，系统会抛出异常，可事先使用 in 方法检验集合中是否存在将要删除的元素。

6. 复制集合

与列表一样，集合也必须使用 . copy( ) 方法才能获得一个独立的对象副本，具体方法参考复制列表对象的介绍。

7. 子集、超集及集合关系

集合之间可以使用表 3-5 所示的关系判定操作符来进行相互之间包含关系的判定。

表 3-5　集合关系操作符和判定函数

操作符/判定函数	示例	说明
==	S1 == S2	判定 S1 是否等于 S2，返回 True/False
! =	S1 ! = S2	判定 S1 是否不等于 S2，返回 True/False
<	S1 < S2	判定 S1 是否为 S2 的真子集，返回 True/False
< =	S1 < = S2	判定 S1 是否为 S2 的子集，返回 True/False
>	S1 > S2	判定 S1 是否为 S2 的真超集，返回 True/False
> =	S1 > = S2	判定 S1 是否为 S2 的超集，返回 True/False
. issubset ( )	S1. issubset（S2)	判定 S1 是否为 S2 的子集或真子集，返回 True/False
. issuperset ( )	S1. issuperset（S2)	判定 S1 是否为 S2 的超集或真超集，返回 True/False
. isdisjoint ( )	S1. isdisjoint（S2)	判定 S1 是否与 S2 不相交，返回 True/False

3.4.3　集合的运算

1. 集合的交集

集合的交集由所有既属于集合 A 又属于集合 B 的元素组成。可使用 "&" 操作符或 . intersection( )方法计算两个集合的交集，语法如下：

```
s = s1 & s2
s = s1.intersection(s2)
```

例如：

```
>>> s1 = set([1, 2, 3])
>>> s2 = set([3, 4])
>>> s1 & s2
{3}
```

原集合内容不因交集操作而改变。

2. 集合的并集

两个集合进行"并"操作时，可以使用"｜"操作符或使用.union()方法来完成。例如：

```
>>> s1 = set([1, 2, 3])
>>> s2 = set([2, 3, 4])
>>> s1.union(s2)
{1, 2, 3, 4}
```

集合"并"操作返回两个集合的并集，不改变原有集合。

3. 集合的差集

集合的差集由所有属于集合 s1 但不属于集合 s2 的元素组成。可以使用"－"操作符或 .difference()方法计算得到两个集合的差集，语法为如下：

```
s = s1 - s2
s = s1.difference(s2)
```

例如：

```
>>> s1 = set([1, 2, 3])
>>> s2 = set([3, 4])
>>> s1 - s2
{1, 2}
```

3.5 映射（字典）

映射（字典）是 Python 中唯一内建的映射类型，是一组映射关系的集合，其中每个元素都是一个键-值对儿［而前面所介绍的集合，仅保存这里所说的"键"，同理，映射（字典）中的键是不能重复的］。

3.5.1 定义字典

1. 赋值定义

定义字典时，可以列举由键-值对儿组成的各个元素，并用 {} 括起来完成。键和值之间由冒号(:)分隔，元素间由逗号(,)分隔。

例如，使用表3-6中给出的映射关系构建字典。

```
>>> d = {'name':'小明','sex':'男','age':18,
'score':80} #构成键值对儿
>>> d
{'name':'小明','sex':'男','age': 18,'score':
80}
```

表3-6 映射（字典）的 key 与 value

键（key）	值（value）
name	小明
sex	男
age	18
score	80

2. dict（object）

可以使用构造函数 dict（object）创建字典，参数 object 可以是一组映射关系，或者是一组形如 key = value 的键 – 值对儿。例如：

```
>>> d = dict(name = '小明', sex = '男', age =18, score =80)  #用 '=' 构成键值对儿,或者:
>>> d = dict([('name','小明'), ('sex','男'), ('age',18), ('score',80)])
>>> d
{'name':'小明','sex':'男','age': 18,'score': 80}
```

后者根据元组构成映射关系，通过 dict( ) 完成创建。

3. 键的类型

字典的键可以是数字、字符串或者是元组，必须唯一。在 Python 中，数字、字符串和元组都被设计成不可变类型，而列表以及集合（set）都是可变的，所以列表和集合不能作为字典的键。例如：

```
>>> d = {}
>>> d['name'] = '小明'
>>> d[('model','cylinder','hpower')] = ['Toyota', 4, 500]
>>> d
{'name':'小明', ('model','cylinder','hpower'): ['Toyota', 4, 500]}

>>> d[set([123])] = 'abc'
Traceback (most recent call last):
  File "<pyshell#14 >", line 1, in <module >
    d[set([123])] = 'abc'
TypeError: unhashable type:'set'
```

其中，dict = {} 定义了一个空字典，其后的两条语句为该字典添加了两个字典元素。

4. 字典嵌套

字典项的值可以为 Python 定义的多种类型对象，甚至也可以是一个字典。例如，可以定义出一个嵌套的字典。

```
d = {'name':{'first':'Johney','last':'Lee'},'age':40}
```

3.5.2 访问字典

1. 获取字典长度

用 len( ) 函数可以获取字典长度（即键-值对儿元素的个数）。

2. 访问字典元素

可以通过 dict[key] 方法获取字典元素的值，其中 key 是元素的键。例如：

```
>>> d = {'name':{'first':'Johney','last':'Lee'},'age':40}
>>> d['name']['last']     #d['name']取得{'first':'Johney','last':'Lee'},进而
```
取得其中键'last'的值'Lee'
```
'Lee'
>>> d['age']     #取得 age 值
40
```

3. 添加字典元素

可以通过赋值在字典中添加元素，具体方法为：dict［key］= value。如果字典中不存在指定键，则会分配一个键–值对儿，字典添加一个新的元素项；如果字典中已存在指定键，则修改该键所对应的值。例如：

```
>>> d = {'name':'小明','sex':'男','age':18}
>>> d['score'] = 80
>>> d['age'] = d['age'] + 1
>>> d
{'name':'小明','sex':'男','age': 19,'score': 80 }
```

4. 合并两个字典

与集合一样，也可以使用 .update()方法将两个字典进行合并。

5. 判断字典是否存在元素

可以用成员运算符 in 判断字典中是否存在指定键的元素。注意，表达式 key in Dict 查找的是字典的键（key），而不是值（value）。

6. 删除字典元素

可以使用字典类的 .pop()方法删除指定键（key）的字典元素，语法如下：

```
dict. pop (key[,default])
```

函数返回被删除元素的值（value）。如果字典中没有指定的键，且未设置默认返回值 default，则会抛出异常，因此应事先判定字典中是否存在该键。例如：

```
>>> d = {'age':18,'name':'小明','score':80,'sex':'男'}
>>> d.pop('score')                #弹出以'score'为键的键值对儿，并返回对应的值
80

>>> d
{'age':18,'name':'小明','sex':'男'}

>>> d.pop('score', "not exists") #尝试弹出键为'score'的元素,不存在,返回默认值
'not exists'
```

7. 遍历字典元素

可以用关键字 for…in…语句遍历字典的键和值。其基本语法如下：

```
        for key in Dict.keys():              #遍历字典的键,随后可使用 Dict[key] 获得对应的 value
        for value in Dict.values():          #遍历字典的值,随后可使用各 value 值
        for key, value in Dict.items():      #遍历字典的键与值,随后可使用 key - value 对儿
```

例如:

```
    d = {'age':18,'name':'小明','score':80,'sex':'男'}
```

```
        for key in d.keys():                 #通过遍历 key,访问所有的键值对儿
            print(key, d[key])
```

```
        for value in d.values():             #仅遍历 value
            print(value)
```

```
        for key, value in d.items():         #遍历 key 和 value
            print(key, value)
```

8. 清空字典

可以使用 .clear() 方法清空字典,消除字典所有元素。

9. 复制字典

可以使用 .copy() 方法复制字典对象,具体方法可参考复制列表对象的相关内容。

3.6 数组

数据的一维组合称为数组 (ndarray)。Python 中使用的数组是在 numpy 扩展库中定义的一个数据结构类 ndarray,是一种高效的数组存储类型。数组类 ndarray 在对数据序列进行组织上,与列表类 list 相似 (比列表更为丰富),但要求数组的所有成员必须是同一种数据类型。在创建数组时,就确定了数组的类型。

使用 numpy 扩展库来构建一个 ndarray 对象之前,需要执行以下语句导入 numpy 扩展库。

```
    import numpy as np   #这时在使用其中的函数等时,需要以 np. 来表示 numpy。或者:
    from numpy import *  #导入 numpy 的所有库函数
```

3.6.1 创建数组

可以调用 numpy 扩展库中的 array() 函数来创建 ndarray 对象,函数原型如下:

```
    numpy.array(object, dtype=None, copy=True, order='K', subok=False, ndmin=0)
```

其中,参数 object 为构成数组的数据;参数 dtype 为数组数据类型 (数组元素的数据类型必须是单一的、一致的);参数 order 规定数组在内存中的布局;参数 ndmin 指定结果数组应具有的最小维度,可预先设定数组的维数。例如:

```
    >>> import numpy as np
    >>> arr1 = np.array((5, 4, 3, 2, 1), dtype='float64')
    >>> arr1
```

```
array([5.,4.,3.,2.,1.])
```

```
>>> arr3 = np.array((5, 4, 3, 2, 1), ndmin=3)      #创建三维数组
>>> arr3
array([[[5, 4, 3, 2, 1]]])
```

如果数组的元素也是一个数组，则称为二维数组。由二维的列表或元组可以产生一个二维数组。例如：

```
>>> arr = np.array([[1, 2, 3], [4, 5, 6], [7, 8, 9]])
>>> arr
array([[1, 2, 3],
       [4, 5, 6],
       [7, 8, 9]])
```

注意，这里创建的数组 arr，具有 3 个元素，每一个元素都是一个数组。

构建二维数组的方法很多，构成元素的类型也很灵活。例如：

```
>>> t1 = (1, 2, 3)
>>> t2 = (2, 3, 4)
>>> arr = np.array((t1, t2))
>>> arr
array([[1, 2, 3],
       [2, 3, 4]])
```

3.6.2　访问数组

1. 维数和各维阶数

使用 ndarray 类的 .ndim 属性获得数组的维数；使用 .shape 属性，可以获得以元组的形式表示的数组的各维的阶数。例如：

```
>>> arr1 = np.array([3, 6])                        #一维数组
>>> arr1.ndim; arr1.shape
1
(2,)

>>> arr2 = np.array([ [[1],[2]], [[3],[4]], [[5],[6]] ]) #三维数组
>>> arr2.ndim; arr2.shape                          #可得维数为3,各维阶数为
                                                   #(3, 2, 1)
3
(3, 2, 1)
```

2. 元素类型和个数

使用 ndarray 类的 .dtype 属性，获得数组元素的数据类型。数组的元素个数可由 ndarray 类的 size 属性获得。例如：

```
>>> arr = np.array(np.random.rand(2, 2))           #生成一个随机数数组
```

```
>>> arr
array([[0.9215393 , 0.43412927],
       [0.94762942, 0.21441442]]))
```

```
>>> arr.dtype                                    #查看数组元素的数据类型
dtype('float64')
```

```
>>> arr.size
4
```

3. 改变数组维数和阶数

通过 ndarray. reshape（shape，order = 'C'）方法，可以对数组进行更为复杂的维数和各维阶数上的变换。例如：

```
>>> arr = np. array([[[1, 2]], [[3, 4]], [[5, 6]]])
>>> arr. shape
(3, 1, 2)
```

```
>>> arr. reshape((2, 3))     #将数组变换为2行3列的二维数组
array([[1, 2, 3],
       [4, 5, 6]])
```

```
>>> arr. reshape(-1,)        #变换为一维数组。参数 -1 表示结果由数据个数确定
array([1, 2, 3, 4, 5, 6])
```

```
>>> arr. reshape(-1, 1)      #变换为 n 行 1 列,这里用 -1 表示结果由数据个数确定
array([[1],
       [2],
       [3],
       [4],
       [5],
       [6]])
```

4. 更改数据类型

可以使用 astype( )方法来修改数组数据的类型。例如：

```
>>> arr = np. array([[[1, 2]], [[3, 4]], [[5, 6]]], dtype = 'str')
>>> arr
array([[['1','2']],
       [['3','4']],
       [['5','6']]], dtype = '<U1')
```

```
>>> arr1 = arr. astype(float)     #或 arr1 = arr. astype('float32') 等
>>> arr1; arr1. dtype             #数据类型变为'float64'
```

```
array([[[1.,2.]],
        [[3.,4.]],
        [[5.,6.]]])
dtype('float64')
```

5. 访问数组数据

通过索引和切片方法，可以访问多维数组中任意连续的部分，通常会得到一个降维的子数组。例如使用 array[i]、array[i,:] 或 array[:,j:j+5,k]，可以分别访问一维数组的第 i 个元素（得到零维的标量数据）、二维数组的第 i 行元素（得到一维数据）或三维数组的第 j 到 j+5 列第 k 层的元素（得到二维数据）。例如：

```
>>> arr1 = np.array([[2,4],[5,7],[8,1]])    #二维数组
>>> arr1[0]                                  #得到一维数组,为原二维数组的第0行
array([2,4])

>>> arr1[0,:]                                #得到一维数组,为原二维数组第0行的各列
array([2,4])

>>> arr1[0:2,:]                              #仍得到二维数组,保留了原有的维度结构
array([[2,4],
       [5,7]])
```

3.6.3 数组的运算

1. 数值统计

产生数组对象后，可调用其方法（函数），完成数组元素的求和 .sum()、求平均值 .mean()、求最大值 .max()、求最小值 .min() 等运算（也可以调用 numpy.sum()、numpy.mean()、numpy.max()、numpy.min() 等函数完成对应计算），语法格式如下：

ndarray. **sum** (axis=None, dtype=None, out=None, keepdims=False, initial=0, where=True)

ndarray. **mean** (axis=None, dtype=None, out=None, keepdims=False)

ndarray. **max** (axis=None, out=None, keepdims=False, initial=<no value>, where=True)

ndarray. **min** (axis=None, out=None, keepdims=False, initial=<no value>, where=True)

在这些方法中，如果需要对 n 维数据的元素，按照不同的的维度分别进行求和等计算，可以将函数的参数 axis 指定为 0，1，…，n-1，使其沿着不同的轴向进行计算。运算的结果比原数组降低了一个维度；如果对数组中的所有元素进行计算，则 axis=None。例如：

```
>>> arr
array([[1,2],
       [3,4],
       [5,6]])
>>> arr.sum()          #或 np.sum(arr)
```

21

```
>>> arr.sum(axis =0)    #或  np.sum(arr, axis =0)，按列求和
array([ 9, 12])

>>> arr.sum(axis =1)    #或 np.sum(arr, axis =1)，按行求和
array([ 3,  7, 11])
```

使用numpy.argmin()和numpy.argmax()函数，可以检索出数组元素的最大值或最小值在数组中的位置。结合切片，可以求出某一行或某一列中最大值元素或最小值元素的位置。例如：

```
>>> arr
array([[1, 1, 4],
       [2, 3, 7],
       [4, 2, 9]])

>>> np.argmax(arr, 0)          #计算所有列的最大值对应在该列中的索引
array([2, 1, 2], dtype =int64)

>>> np.argmin(arr[1,:])        #计算第2行中最小值所在列的索引
0
```

2. 加、减、乘、除、二次方、倒数、负数、异或

利用算术运算符，可以完成两个数组对应元素之间的数值求和、相减、相乘、相除及求二次方、求倒数和求负数运算。例如：

```
>>> arr1 = np.array([4, 2, 5])
>>> arr2 = np.array([2, 4, 5])
>>> arr1 + arr2
array([ 6,  6,10])

>>> arr1 * arr2
array([ 8,  8, 25])

>>> arr1** 2
array([16,  4, 25], dtype =int32)

>>> 1/arr1
array([0.25, 0.5 , 0.2 ])

>>> - arr1
array([-4, -2, -5])
```

对于一些运算，如果两个数据维度不一致，则低维数据会自动进行维度的复制扩充，进而完成相应的运算。例如：

```
>>> x = np.array([1,2,3])                 #一维数组,shape = (3,)
>>> w = np.array([[1,2,3],[4,5,6]])       #二维数组,shape = (2,3)

>>> w * x
array([[1,  4,  9],
       [4, 10, 18]])
```

numpy 定义的数组之间的乘(∗)运算,表示数组相应位置上的元素分别相乘。上例中 w 中是二维,而 x 是一维,此时 x 会在第二个维度上自动扩充(即复制第一行的元素到第二行),等价于: >>> x = np.array([[1, 2, 3], [1, 2, 3]])。

Python 会智能选择维度进行扩充。例如:

```
>>> a = np.array([[1.,2.],[3.,4.],[5.,6.]])#二维数组,阶数为(3,2)
>>> b = np.array([1.,2.])                  #一维数组,阶数(2,)
>>> a + 1                                  #运算时1进行了扩充:np.array([[1,1],
                                           #[1,1],[1,1]])
array([[2.,3.],
       [4.,5.],
       [6.,7.]])

>>> a / b                                  #运算时数组 b 进行了扩充:np.array
                                           #([[1.,2.],[1.,2.],[1.,2.]])
array([[1.,1.],
       [3.,2.],
       [5.,3.]])
```

另外,如果变量 b 的阶数是(3,1),则对应元素进行运算。

```
>>> b = np.array([[1.],[2.],[3.]])        #二维数组,阶数为(3,1)
>>> a / b                                 #运算时数组 b 进行了扩充:np.array([[1.,1.],
                                          #[2.,2.],[3.,3.]])
array([[1.         , 2.         ],
       [1.5        , 2.         ],
       [1.66666667, 2.         ]])
```

可以看到,a 是 shape = (3, 2)数组,numpy.ndarray 的"/"操作是对应位置上的元素分别进行除操作。当 b 是 shape = (1, 2)数组时,b 为了跟 a 对齐会自动在 axis = 1 的方向上进行扩充;当 b 是 shape = (3, 1)数组时,b 为了跟 a 对齐会自动在 axis = 0 的方向上进行扩充。

数组的异或运算是数组各个元素分别执行异或运算,结果的维度和阶数不变。例如:

```
>>> a = np.array([11,13,17])     #11 = 0b1011,13 = 0b1101,17 = 0b10001
>>> a^2     #2 = 0b00010
array([ 9, 15, 19], dtype = int32)
```

在运算结果中,9 = 0b1001,15 = 0b1111,19 = 0b10011。

3. 转置

通过 .T 操作,可以对数组按矩阵的方式进行转置。一维数组转置后其 shape 不变;二维数组转置后，阶数是原阶数的逆序互换。例如：

```
>>> arr1.shape; arr1.T.shape    #一维数组转置后阶数不变
(2,)
(2,)

>>> arr2.shape; arr2.T.shape    #二维数组转置后,各维阶数互换
(1, 2)
(2, 1)
```

4. 指数运算

数组指数运算是数组的各个元素分别执行指数计算，结果的维度和阶数不变。例如：

```
>>> a = np.array([2, 5, 7])

>>> np.exp(a)
array([   7.3890561 ,  148.4131591 , 1096.63315843])
```

5. 点积、内积、外积

关于利用数组完成线性代数运算的内容，可参考第6.1节，其中包括利用数组完成点积、内积和外积等计算。

6. 合并

如果需要将两个数组，按照一定的方式进行合并，可以调用以下函数来完成。

```
numpy.concatenate((a1, a2, ...), axis=0, out=None)
```

其中，参数 a1，a2，…为进行合并的数组，其各维的阶数可以不同；参数 axis 指定按照行或列的维度进行合并。例如：

```
>>> a = np.array([[1, 2], [3, 4]])        #shape 为(2, 2)
>>> b = np.array([[5, 6]])                #shape 为(1, 2)
>>> np.concatenate((a, b), axis=0)        #沿列合并后,shape 为(3,2)
array([[1, 2],
       [3, 4],
       [5, 6]])

>>> np.concatenate((a, b.T), axis=1)      #沿行合并后,shape 为(2,3)
array([[1, 2, 5],
       [3, 4, 6]])

>>> np.concatenate((a, b), axis=None)  #axis=None,合并为一维(6,)数组
array([1, 2, 3, 4, 5, 6])
```

或者，在维度和阶数匹配的情况下，使用 numpy.vstack() 或 numpy.hstack() 函数来完成数组在不同方向的合并。例如：

```
>>> a = np.array([[1,2], [3,4]])
```

```
>>> b = np.array([[5,6], [7,8]])
>>> np.vstack((a, b))  #按列合并,即增加行数
array([[1, 2],
       [3, 4],
       [5, 6],
       [7, 8]])
>>> np.hstack((a, b))  #按行合并,即行数不变,扩展列数
array([[1, 2, 5, 6],
       [3, 4, 7, 8]])
```

3.6.4 生成特定值 ndarray 对象

可以使用 numpy.eye() 函数创建如单位矩阵的数组（即对角线为 1，其余为 0）；可以使用 numpy.diag() 函数创建如对角矩阵的数组（即对角线为指定值，其余为 0）。例如：

```
>>> np.eye(3)              #单位数组
array([[1., 0., 0.],
       [0., 1., 0.],
       [0., 0., 1.]])

>>> np.diag([1, 2, 3])  #对角数组
array([[1, 0, 0],
       [0, 2, 0],
       [0, 0, 3]])
```

可使用 numpy.zeros() 函数创建元素全为 0 的数组，使用 numpy.ones() 函数创建元素全为 1 的数组，函数原型如下：

```
numpy.zeros(shape, dtype = float, order = 'C')
numpy.ones(shape, dtype = None, order = 'C')
```

其中，参数 shape 指定所产生的数组的各维阶数；参数 dtype 指定数组元素的数据类型（默认为 float）。例如：

```
>>> np.zeros(3)
array([0., 0., 0.])

>>> np.ones((3, 3))
array([[1., 1., 1.],
       [1., 1., 1.],
       [1., 1., 1.]])
```

借助 numpy 扩展库的 random 模块可产生多种分布和形态的随机数数组，用于数据分析研究。详细内容可参考第 4.1 节。

3.7 矩阵

矩阵（matrix）同样是 numpy 扩展库中定义的一个数据结构，是一种高效的矩阵数据存储类

型，符合线性代数中矩阵的概念。

3.7.1 创建 matrix 对象

可以调用 numpy 扩展库中的 matrix( )方法来创建 matrix 对象，其原型如下：

```
numpy.matrix(data, dtype = None, copy = True)
```

其中，参数 data 为构成 matrix 对象的数据，可以是列表、元组、数组等；参数 dtype 定义数据的类型。例如：

```
>>> np.matrix(((1,2,3),(4,5,6)))                    #由元组数据创建矩阵
matrix([[1, 2, 3],
        [4, 5, 6]])


>>> np.matrix([[1,2,3],[4,5,6],[7,8,9]],dtype = float)   #由列表数据创建
matrix([[1., 2., 3.],
        [4., 5., 6.],
        [7., 8., 9.]])


>>> np.matrix(np.array([[1,2,3],[4,5,6],[7,8,9]]))    #由数组数据创建
matrix([[1, 2, 3],
        [4, 5, 6],
        [7, 8, 9]])


>>> np.matrix([np.array([1,2,3]),np.array([4,5,6])])   #由数组数据创建
matrix([[1, 2, 3],
        [4, 5, 6]])
```

注意，与数组（array）不同，矩阵（matrix）只能为二维的，由二维以上数据创建 matrix，则会报错。例如：

```
>>> dat = [[[1,2]],[[3,4]],[[5,6]]]
>>> np.array(dat)                     #可以得到一个三维的,阶数为(3,1,2)的数组对象
array([[[1, 2]],

       [[3, 4]],

       [[5, 6]]])


>>> np.matrix(dat)                    #创建矩阵,则会报错
......
ValueError: matrix must be 2 - dimensional
```

3.7.2 访问 matrix

与数组一样，可以通过矩阵（matrix）的 shape 属性、size 属性、dtype 属性、ndim 属性得到 matrix 对象的阶数、元素个数、数据类型、矩阵维数（始终为2）。

与数组一样，也可以通过 matrix.astype( )函数，对数据类型进行转换。

可以通过索引访问矩阵的单个元素，通过切片方式访问矩阵中的子矩阵。例如：

```
>>> mtx
matrix([[ 1,  2,  3,  4],
        [ 5,  6,  7,  8],
        [ 9, 10, 11, 12],
        [13, 14, 15, 16]])

>>> mtx[1,2]                    #访问第 1 行第 2 列元素
7

>>> mtx[1]                      #访问第 1 行子矩阵,也可以：mtx[1,:]
matrix([[5, 6, 7, 8]])

>>> mtx[0:2, 1:3]              #访问第 0、1 行、第 1、2 列构成的 2x2 矩阵
matrix([[2, 3],
        [6, 7]])
```

3.7.3　矩阵的运算

1. 数值统计与检索

矩阵的数值统计计算（例如求最大值、最小值、平均值等），以及检索矩阵元素的最大值或最小值在矩阵中的位置等方法，与数组类似，这里不再赘述。

2. 加、减、乘、除、倒数、负数、异或

矩阵对象的加、减、除、异或等运算，与数组对象的加、减、除、异或等运算相类似，同样是对应元素的加、减、除、异或等运算。当参与运算的矩阵对象阶数相同时，运算结果的阶数不变；当阶数不同时，低阶矩阵对象向高阶扩充，完成运算。

矩阵对象的倒数和负数运算，也与数组对象的运算相类似，由矩阵的单个元素完成运算。

矩阵的乘积（＊）运算与数组的乘运算有所不同，是按照线性代数的矩阵相乘的方法完成运算的，而不是像数组一样进行对应元素相乘。

3. 求逆和转置

求逆矩阵和求转置矩阵的语法分别如下：

numpy.matrix. **I** 　或　 numpy.matrix. **getI** ()

numpy.matrix. **T** 　或　 numpy.matrix. **getT** ()

例如：

```
>>> mtx = np.matrix(([1,2],[3,4]))
>>> mtx.I                                      #求逆矩阵
matrix([[-2. ,  1. ],
        [ 1.5, -0.5]])

>>> mtx.getT()                                 #求转置矩阵
matrix([[1, 3],
        [2, 4]])
```

4. 矩阵相乘和点积

numpy 扩展库对矩阵对象的乘号（*）进行了重载，可以直接使用乘号（*）完成矩阵相乘。例如：

```
>>> mtx1 = np.matrix((1,2,3))          #1x3 矩阵
>>> mtx2 = np.matrix([[1],[2],[3]])    #3x1 矩阵
>>> mtx1 * mtx2                        #得到1x1 矩阵
matrix([[14]])
```

其中，阶数为 (1, 3) 的矩阵乘以阶数为 (3, 1) 的矩阵，得到阶数为 (1, 1) 的矩阵。

矩阵与二维数组不同，矩阵构成的是线性代数意义上的二维矩阵。二维数组可以看作由一维数组构成的数组。例如，对于数组而言，$(1\quad 2\quad 3)$ 为一维数组，$\begin{pmatrix} 1 & 2 & 3 \\ 4 & 5 & 6 \\ 7 & 8 & 9 \end{pmatrix}$ 为二维数组，则

二者的乘积（*）运算的结果为：$(1\quad 2\quad 3) * \begin{pmatrix} 1 & 2 & 3 \\ 4 & 5 & 6 \\ 7 & 8 & 9 \end{pmatrix} = \begin{pmatrix} 1 & 4 & 9 \\ 4 & 10 & 18 \\ 7 & 16 & 27 \end{pmatrix}$，即将 $(1\quad 2\quad 3)$ 进行

维度和阶数扩充，成为 $\begin{pmatrix} 1 & 2 & 3 \\ 1 & 2 & 3 \\ 1 & 2 & 3 \end{pmatrix}$，再进行对应元素相乘；这与 $(1\quad 2\quad 3)$ 和 $\begin{pmatrix} 1 & 2 & 3 \\ 4 & 5 & 6 \\ 7 & 8 & 9 \end{pmatrix}$ 均为矩阵

时的乘积 $(1\quad 2\quad 3)\begin{pmatrix} 1 & 2 & 3 \\ 4 & 5 & 6 \\ 7 & 8 & 9 \end{pmatrix} = (30\quad 36\quad 42)$ 的结果不同（1×3 阶矩阵与 3×3 阶矩阵相乘得到

1×3 阶矩阵）。这一点在实际应用中应加以注意，避免用错。

矩阵对象的对应元素相乘，则必须调用 numpy. multiply() 方法来进行。例如：

```
>>> a = np.matrix([1,1])
>>> b = np.matrix([2,2])
>>> np.multiply(a, b)
matrix([[2, 2]])
```

使用时，要区分是要完成矩阵相乘，还是矩阵对应元素相乘。以下示例为矩阵与数值的对应元素相乘。

```
>>> b * 2
matrix([[4, 4]])
```

矩阵之间也可以使用 numpy. dot() 完成点积运算。通常情况下矩阵点积与乘积（*）所得到的运算结果相同。详细内容见第 6.1 节。

5. 合并

矩阵的合并见第 3.6.3 节中数组合并，同样适用于矩阵的不同形式的合并。

3.7.4　矩阵、列表、数组间的互相转换

numpy 扩展库中定义的数组、矩阵对象，与列表、元组等数据类型之间，可以方便地进行相

互转换。例如：

```
>>> matrix1 = np.matrix([[1,2],[3,2],[5,2]])      #创建一个矩阵
>>> matrix1.getA()                                #将矩阵转换成数组
array([[1, 2],
       [3, 2],
       [5, 2]])

>>> matrix1.tolist()                              #将矩阵转换成列表
[[1, 2], [3, 2], [5, 2]]

>>> arr1 = np.array(matrix1)                      #将矩阵转换成数组
```

3.8 系列

系列（Series）是一个带索引的数组。在 pandas 扩展库中，系列被声明为一个 Series 类。Series 数据对象的索引通常是从 0 开始的数值序列，或者是指定的标识，或者是日期时间序列等。通过索引，可以对与之相对应的数组元素随机访问。构建 Series 对象之前，需要执行以下语句导入 pandas 扩展库：import pandas as pd 。

3.8.1 创建 Series 对象

可以调用 pandas 扩展库中的 Series（）方法来创建 Series 对象，其原型如下：

pandas. **Series** (data = None, index = None, dtype = None, name = None, copy = False, fastpath = False)

其中，参数 data 为构成 Series 对象的数据；参数 index 为数据索引的内容，默认为 0, 1, …；参数 dtype 指定数据的类型（Series 的数据值必须是单一的、一致的）；参数 name 指定 Series 对象的名字。例如：

```
>>> pd.Series(data = [1,2,3,4,5], index = ['a','b','c','d','e'], name = 's',
dtype = float)      #指定 index、name 和 dtype
a    1.0
b    2.0
c    3.0
d    4.0
e    5.0
Name: s, dtype: float64
```

注意，这里的 data 可以是其他可迭代的数据结构对象，如列表、元组、字典（字典的 key 即为 Series 的 index，无需再专门为其指定 index）、字符串（如果要逐个迭代字符串的字符，可用 list()将其转换为列表后构建 Series 对象）、数组等。

例如，用字典构建 Series 对象。

```
>>> d = {'a':1,'b':2,'c':3,'d':4,'e':5}
```

```
>>> s = pd.Series(d, name = 'sDict', dtype = float)
a    1.0
b    2.0
c    3.0
d    4.0
e    5.0
Name: sDict, dtype: float64
```

3.8.2 访问 Series 对象

1. 访问对象结构

可以使用 Series 对象的 .name 和 .index 属性，访问和修改 Series 对象的名字和索引。例如：

```
>>>                                  #对于上例中的 Series 对象
>>> s.name = 'series'                #访问和修改 Series 对象的 name
>>> s.index = ['q','w','e','r','t']  #访问和修改 index
>>> s
q    1.0
w    2.0
e    3.0
r    4.0
t    5.0
Name: series, dtype: float64
```

2. 访问数据

可以使用 Series 对象的 .values 属性，访问和修改 Series 对象的数据。例如：

```
>>> s.values            #对于上例中的 Series 对象,访问其数据
array([1., 2., 3., 4., 5.])

>>> s.values[2] = 333   #修改特定数据
>>> s
q    1.0
w    2.0
e    333.0
r    4.0
t    5.0
Name: series, dtype: float64
```

注意，因为 values 是 Series 对象的属性，所以需要修改 Series 对象的整个值序列时，不可使用如 s.values = [11, 22, 33, 44, 55] 语句直接赋值。这时，可以使用以下语句。

```
>>> s.values[:] = [11, 22, 33, 44, 55]
>>> s
a    11.0
```

```
b    22.0
c    33.0
d    44.0
e    55.0
Name: series, dtype: float64
```

3.8.3　Series 对象的运算

1. 数学及统计运算

Series 对象的运算与数组一样，是对 Series 对象中的各个数据元素进行计算。例如：

```
>>>                      # 对于上例中的原始 Series 对象
>>> s * 11               #与数值相乘,即为与每个 Series 的数据元素相乘
a    11.0
b    22.0
c    33.0
d    44.0
e    55.0
Name: sDict, dtype: float64


>>> s * (1,2,3,4,5)      #与数组相乘,即为与每个 Series 的数据元素相乘
a     1.0
b     4.0
c     9.0
d    16.0
e    25.0
Name: sDict, dtype: float64


>>> s** 3                #或 s.pow(3)
a      1.0
b      8.0
c     27.0
d     64.0
e    125.0
Name: sDict, dtype: float64
```

使用 Series 对象的 .max()、.min()、.count()、.sum()和 .mean()等方法，可以方便地计算 Series 对象数据序列的最大值、最小值、计数、总和和均值等。例如：

```
>>> s.max(); s.min()     #计算最大值、最小值
5.0
1.0


>>> s.count(); s.sum()   #计算计数、总和
5
```

```
15.0

>>> s.mean(); s.std()     #计算均值、标准差
3.0
1.5811388300841898
```

2. 更改数据类型

除了使用.astype()方法来改变 Series 数据（类型为数组）的数据类型外，还可以使用 Series.apply()或 Series.map()方法来进行改变。例如：

```
>>> ser = pd.Series(['20210826','20210827','20210828','20210829'])
>>> ser
0    20210826
1    20210827
2    20210828
3    20210829
dtype: object


>>> ser_dt = ser.apply(pd.to_datetime)     #转换为 datetime 数据类型
>>> ser_dt
0    2021-08-26
1    2021-08-27
2    2021-08-28
3    2021-08-29
dtype: datetime64 [ns]


>>> ser_dt.map(lambda x:str(x))     #使用.map() 将 datetime 型转为 str 型
0    2021-08-26 00:00:00
1    2021-08-27 00:00:00
2    2021-08-28 00:00:00
3    2021-08-29 00:00:00
dtype: object
```

此外，还可以使用.apply()和.map()来方便地对数据按照一定规则进行映射和计算。

3.9 数据框架

数据框架（DataFrame）是在 pandas 扩展库中定义的一个二维表格型的数据结构，包含一组索引和多组有一定标识的 Series 数据对象作为数据列。DataFrame 的索引为各数据列的索引，同一数据列的数据类型须一致，而各数据列可以具有各不相同的数据类型。DataFrame 本质上是由多个具有相同 index 的 Series 对象构成的联合体，既可以按行进行检索和操作，也可以按列进行检索和操作。

3.9.1 创建 DataFrame 对象

可以调用 pandas.DataFrame()函数来创建 DataFrame 对象，函数原型如下：

```
pandas. DataFrame (data = None, index = None, columns = None, dtype = None, copy = False)
```

其中，参数 data 为数据；参数 index 为 DataFrame 对象的索引；参数 columns 为 DataFrame 对象的列标识。

可以运行该语句，创建一个空的（不包含任何数据）的 DataFrame。例如：

```
>>> df = pd. DataFrame()
>>> df
Empty DataFrame
Columns: []
Index: []
```

或者由其他类型或结构的数据对象来生成 DataFrame 对象（见表 3-7）。

表 3-7 由多种数据对象创建 DataFrame

函　　数	说　　明
DataFrame（由数组、列表或元组组成的字典）	每个序列会变成 DataFrame 的一列。所有序列的长度必须相同
DataFrame（由 Series 组成的字典）	每个 Series 会成为一列。如果没有显式指定索引，则各 Series 的索引会被合并成结果的行索引
DataFrame（由字典组成的字典）	各内层字典会成为一列。键会被合并成结果的行索引
DataFrame（二维数组）	数据矩阵，还可以传入行标和列标
DataFrame（字典或 Series 的列表）	各项将会成为 DataFrame 的一行。索引的并集会成为 DataFrame 的列标
DataFrame（由列表或元组组成的列表）	类似于二维数组
DataFrame（DataFrame）	沿用 DataFrame

例如，由多种类型的数据构成的字典，也可以创建 DataFrame。

```
>>> d = {'height' : np. array([1, 2, 3, 4, 5]),
        'weight' : [5, 4, 3, 2, 1],
        'age' : (15, 14, 16, 17, 13) } #定义多种类型数据构成的字典
>>> idx = ('KEVIN','SAM','PETER','HELEN','SMITH') #类型为元组
>>> df = pd. DataFrame(data = d, index = idx)   #创建 DataFrame
>>> df
      height  weight  age
KEVIN     1       5   15
SAM       2       4   14
PETER     3       3   16
HELEN     4       2   17
SMITH     5       1   13
```

这里，使用字典 d 中的 3 个 key 作为 3 个 columns 的标识，其各自的值作为数据内容，同时使用了列表 idx 中定义的 5 个项作为 DataFrame 对象的 index。

如果在创建 DataFrame 对象时不指定 columns 和 index，则使用默认序号值。例如：

```
>>> df = pd. DataFrame(np. random. randint(0,10,(4,5)))   #产生随机数
>>> df                                                    #未指定 columns 和 index
   0  1  2  3  4
```

```
0  0  3  5  3  6
1  7  9  0  1  3
2  7  3  3  4  9
3  4  3  3  3  2
```

这里使用 numpy. random. randint( ) 函数产生随机数二维数组来创建 DataFrame 对象。

3. 9. 2 访问 DataFrame

1. 访问 index 和 columns

由二维数组创建 DataFrame 对象时，如果没有指定 index 和 columns 的内容，则会为其编制默认编号，而 index 和 columns 的内容可以随时通过访问 DataFrame 对象的 . index 属性和 . columns 属性进行设置和更改。

【例3-2】 创建 DataFrame 数据，访问和修改 DataFrame 对象的 index 和 columns 的名字和内容。如果为 DataFrame 对象的 index 和 columns 分别进行命名，则会在输出数据时显示该名称。

```
>>> df = pd. DataFrame(np. random. randint(0,10,(5,5)))
>>> df
   0  1  2  3  4
0  5  0  3  3  7
1  9  3  5  2  4
2  7  6  8  8  1
3  6  7  7  8  1
4  5  9  8  9  4

>>> df. index = ('KEVIN','SAM','PETER','HELEN','SMITH')    #修改 index 内容
>>> df. index. rename('IDX', inplace = True)               #修改 index 的名字
>>> df. columns = ['code','number','value','level','score'] #修改 columns 内容
>>> df. columns. rename('COL', inplace = True)             #修改 columns 名字
>>> df
COL     code   number   value   level   score
IDX
KEVIN   5      0        3       3       7
SAM     9      3        5       2       4
PETER   7      6        8       8       1
HELEN   6      7        7       8       1
SMITH   5      9        8       9       4


>>> df. index                                             #查看 index,其类型为
                                                          #Index 可迭代对象
Index(['KEVIN','SAM','PETER','HELEN','SMITH'], dtype = 'object', name = 'IDX')


>>> df. columns                                           #查看 columns,其类型为
                                                          #Index 可迭代对象
```

```
Index(['code','number','value','level','score'], dtype = 'object', name = 'COL')
```

这里，为数据 index 加上了名字"IDX"；为 columns 加上了名字"COL"其中，参数 inplace 指定是否直接在原数据对象上进行修改，否则会生成一个副本。

2. 访问数据

可以通过 DataFrame 对象的 index、columns 或使用 .loc( ) 和 .iloc( ) 属性来访问特定行、列或区域的数据。

（1）按 index 访问数据。按照 index，通过切片或满足特定条件的方式，来访问数据的不同行。例如，对于例 3-2 中得到的数据，访问其特定行的数据。

```
>>> df[1:4]                    #访问 index 序号为 1~3 的数据
COL    code   number   value   level   score
IDX
SAM      9      3        5       2       4
PETER    7      6        8       8       1
HELEN    6      7        7       8       1


>>> df[df['value'] >3]         #访问符合一定条件的数据
COL    code   number   value   level   score
IDX
SAM      9      3        5       2       4
PETER    7      6        8       8       1
HELEN    6      7        7       8       1
SMITH    5      9        8       9       4
```

其中，因为 df['value'] >3 的结果为 array（[False, True, True, True, True]），则对于 df [df['value'] >3]等同于 df [[False, True, True, True, True]]，所以得出例中的结果。

值得一提的是，对于时序数据，当 index 为 DateTime 类型（可以使用 pandas. to_datetime( ) 函数，将 index 转换为 DataTime 类型），则可以非常方便地使用 df['2010'] 或 df['2010 – 10'] 来访问特定年份或月份的数据（不必用" > = '2010 – 01 – 01' and < = '2010 – 12 – 31'"来框定）。

（2）按 columns 访问数据。可以对 DataFrame 数据，通过多种方法访问特定系列（列）的数据。例如，对于例 3-2 中得到的数据，访问特定行和特定列的数据。

```
>>> df['value']                #或 df.value,直接使用对象的 value 属性访问数据列
IDX
KEVIN    3
SAM      5
PETER    8
HELEN    7
SMITH    8
Name: value, dtype: int32


>>> df[['code','number','value']]#访问特定多列数据
```

```
            code    number    value
    KEVIN    5        0         3
    SAM      9        3         5
    PETER    7        6         8
    HELEN    6        7         7
    SMITH    5        9         8
```

```
>>> df[1:4][['number','value']]      #访问特定行和特定列所确定的数据
    COL     number   value
    IDX
    SAM       3        5
    PETER     6        8
    HELEN     7        7
```

注意，访问多列数据时，如果 columns 不是有序的数值序列（如 [0，1，2，3，4]），则不能对 columns 进行切片，而只能将需访问的列名组织为列表的形式来进行指定。例如上面的代码中，虽然 df [['code'，'number'，'value']] 中的 columns 名称是连续顺序排列的，但不可写成 df ['code'：'value']。

（3）.loc[ ] 访问。可以使用 DataFrame.loc 属性按照索引标识来访问特定行、列或区域（某些行和某些列的交叉区域）的数据，函数原型如下：

```
pandas.DataFrame.loc[rows[,cols]]
```

其中，参数 rows 指定所要输出的行的 index 标识；参数 cols 指定所要输出的列的 columns，如果缺省，则输出所有列。得到的结果为 DataFrame 对象。

例如，对于例 3-2 中得到的数据，可以通过 index 和 columns 标识来访问数据。

```
>>> df.loc[['SMITH','SAM']]        #访问 df 的 index 为'SMITH','SAM'
                                   #的 2 行数据
    COL     code   number   value   level   score
    IDX
    SMITH    5       9        8       9       4
    SAM      9       3        5       2       4
```

```
>>> df.loc['SAM':'HELEN']          #使用 index 的切片,访问多行数据
    COL     code   number   value   level   score
    IDX
    SAM      9       3        5       2       4
    PETER    7       6        8       8       1
    HELEN    6       7        7       8       1
```

```
>>> df.loc[['SMITH','SAM'],['level','number']]   #访问 2 行 2 列的数据
    COL     level   number
    IDX
    SMITH     9       9
```

```
SAM        2        3
```

（4）.iloc[ ]访问。可以统一使用 DataFrame.iloc[ ] 以序数的方式，访问特定行、列或区域（某些行和某些列的交叉区域）的数据，而不论 DataFrame 对象的 index 或 columns 为标识名称还是序数。.iloc[ ]的参数可以是整数、切片、整数序列、布尔序列或回调函数等。

例如，对于例 3-2 中得到的数据，使用.iloc[ ]访问 DataFrame 对象 df 的特定数据。

```
>>> df.iloc[:2]          #访问第 0、1 行数据
COL    code   number   value   level   score
IDX
KEVIN    5       0        3       3       7
SAM      9       3        5       2       4


>>> df.iloc[:2, 1:4]    #访问第 0、1 行与第 1 到 4 - 1 列交叉区域的数据
COL    number   value   level
IDX
KEVIN     0        3       3
SAM       3        5       2
```

3. 更改数据类型

DataFrame 的每一列均为一个 pandas.Series 数据，因此也可以使用.astype( )、.apply( )或.map( )方法，来修改 DataFrame 各数据系列的数据类型，或进行一定的映射和计算。例如，对于例 3-2 得到的数据，更改数据类型。

```
>>> df1 = df.astype('float')                        #将所有数据的类型修改为 float 类型
>>> df1
COL    code   number   value   level   score
IDX
KEVIN  5.0     0.0      3.0     3.0     7.0
SAM    9.0     3.0      5.0     2.0     4.0
PETER  7.0     6.0      8.0     8.0     1.0
HELEN  6.0     7.0      7.0     8.0     1.0
SMITH  5.0     9.0      8.0     9.0     4.0


>>> df1['number'] = pd.to_datetime (df1 ['number'])    #转换为 datetime 类型
>>> df.apply (pd.to_numeric)                        #将数据转换为 numeric 类型
```

4. 重设 index

可使用 DataFrame.reset_index( )函数，重设 DataFrame 数据的 index，即为其添加或替换为（设置参数 drop = True）以 0 开始的序号。使用.set_index ( ) 函数，可以将 DataFrame 的指定数据系列设为 index。例如，对于例 3-2 得到的数据，重设 index。

```
>>> df.reset_index (drop = True)
    code   number   value   level   score
0    5       0        3       3       7
```

```
1       9       3       5       2       4
2       7       6       8       8       1
3       6       7       7       8       1
4       5       9       8       9       4


>>> df.set_index ('number')
        code    value   level   score
number
0           5       3       3       7
3           9       5       2       4
6           7       8       8       1
7           6       7       8       1
9           5       8       9       4
```

5. 更改数据

(1) 更改数据值。使用上面介绍的方法，对 DataFrame 对象的数据进行访问时，也可以通过赋值语句对数据内容进行修改。

例如，对于例 3-2 中得到的数据，对数据值进行更改。

```
>>> df.iloc[:2,1] = [-1,-2]    #更改第 0、1 行与第 1 列交叉区域的数据
>>> df.values[3] = range(5)    #修改第 4 整行数据,注意与 df.value[3]的区别
>>> df
COL     code    number  value   level   score
IDX
KEVIN   5       -1      3       3       7
SAM     9       -2      5       2       4
PETER   7       6       8       8       1
HELEN   0       1       2       3       4
SMITH   5       9       8       9       4
```

其中，第 2 行也可写成 df.values[3,:] = range (5)。

(2) 批量更改数据值。为 DataFrame 对象的每个元素加一个数值，或者为各行或各列分别加一个数值，可以使用 DataFrame 对象的 .add()方法，语法如下：

```
pandas.DataFrame.add (other, axis = 'columns', level = None, fill_value = None)
```

注意，该方法返回更改后的一个新的 DataFrame 对象，原 DataFrame 对象保持不变。

例如，对于例 3-2 中得到的数据，对数据值进行更改。

```
>>> df.add((1000,2000,3000,4000,5000),axis = 'index')#或 axis = 0 按行加
COL     code    number  value   level   score
IDX
KEVIN   1005    1000    1003    1003    1007
SAM     2009    2003    2005    2002    2004
PETER   3007    3006    3008    3008    3001
HELEN   4006    4007    4007    4008    4001
```

```
SMITH  5005    5009   5008   5009   5004
```

```
>>> #如果所有元素都增加相同的值,例如100,则可以写成:df.add(100)
```

```
>>> df.add((df<5)*1000)    #对符合一定条件的数据元素
COL    code  number  value  level  score
IDX
KEVIN   5    1000    1003   1003     7
SAM     9    1003     5     1002   1004
PETER   7     6       8      8     1001
HELEN   6     7       7      8     1001
SMITH   5     9       8      9     1004
```

类似地,可使用.substract( )、.multiply( )、.divde( )、.mod( )、.pow( )等,对数据元素进行其他运算。

(3)添加和更改整列数据。为 DataFrame 对象添加新的数据列时,与字典类型相类似,可以简单地通过为原数据中不存在的 columns 标识(列)赋值来创建一个新列。

例如,对于例 3-2 中得到的数据,为数据添加新的列。

```
>>> df[8] = (-1,-2,-3,-4,-5)    #添加列数据,元组的长度要与列中的数值个数相符
>>> df['8']                     #查看 columns 标识为'8'的列,出错。应使用 df[8]
>>> df['new'] = ['a','b','c','d','e']  #添加特定标识的列数据
>>> df
COL    code  number  value  level  score  8  new
IDX
KEVIN   5    -1      3      3      7    -1   a
SAM     9    -2      5      2      4    -2   b
PETER   7     6      8      8      1    -3   c
HELEN   0     1      2      3      4    -4   d
SMITH   5     9      8      9      4    -5   e
```

(4)删除数据。删除指定轴上的指定项数据时,可以使用 DataFrame 对象的.drop( )方法,其原型如下:

```
pandas.DataFrame.drop(labels = None, axis = 0, index = None, columns = None,
level = None, inplace = False, errors = 'raise')
```

其中,参数 labels 为 index 或 columns 标识;参数 axis 指定按行或列删除;参数 index 指定删除的行;参数 columns 指定删除的列;参数 inplace 指定是否直接对原数据对象进行修改。

例如,对于例 3-2 中得到的数据,删除其中特定数据。

```
>>> df.drop(['SAM','HELEN'])                #删除若干行,默认 axis = 0
COL    code  number  value  level  score
IDX
KEVIN   5    0       3      3      7
PETER   7    6       8      8      1
```

```
SMITH      5      9      8      9      4
```

```
>>> df.drop(['code','number'], axis =1)        #删除若干列
COL    value  level  score
IDX
KEVIN      3      3      7
SAM        5      2      4
PETER      8      8      1
HELEN      7      8      1
SMITH      8      9      4
```

也可以使用 del 命令删除相应内容。例如：

```
>>> del df['code']
>>> df
COL    number  value  level  score
IDX
KEVIN      0      3      3      7
SAM        3      5      2      4
PETER      6      8      8      1
HELEN      7      7      8      1
SMITH      9      8      9      4
```

注意，执行 del 后，原 df 会发生相应改变，这与使用 DataFrame 的 drop()方法的"删除"结果有所不同。

3.9.3　整理数据

1. 删除重复数据行

可使用 DataFrame 对象的 drop_duplicates()方法删除数据中的重复行，其原型如下：

```
pandas. DataFrame. drop_duplicates (subset = None, keep = 'first', inplace =
False)
```

其中，参数 subset 为对比重复项的列的集合（例如 subset = ['level','score'] 是指如果 DataFrame 对象中的 level 列和 score 列的数据相同，则对重复数据进行删除）；参数 keep 规定删除后保留的数据行，可以是 {'first'，'last'，False}，分别表示保留首个重复行、保留最后一个重复行、删除所有重复行。

2. 数据排序

可使用 DataFrame 对象的 .sort_index()方法对数据根据 index 进行排序，使用 .sort_values() 方法对数值进行排序，原型如下：

```
pandas. DataFrame. sort_index (axis =0, level =None, ascending =True, inplace =
False, kind = 'quicksort', na_position = 'last', sort_remaining =True, ignore_in-
dex =False, key =None)
    pandas. DataFrame. sort_values (by, axis =0, ascending =True, inplace =False,
```

```
kind = 'quicksort', na_position = 'last', ignore_index = False, key = None)
```

其中，参数 by 指定排序序列集合；参数 axis 指定按行或按列进行排序；参数 key 为排序准则或算法，可以是一个回调函数；参数 ascending 设置按升序或降序排序；参数 na_position 规定 NaN 排序的位置；参数 kind 规定排序方法。

例如，对于【例3-2】中得到的数据 df，对数据按照 index 和数值进行排序。

```
>>> df. sort_index (ascending = False)        #按 index 降序排序
COL      code   number   value   level   score
IDX
SMITH      5       9        8       9       4
SAM        9       3        5       2       4
PETER      7       6        8       8       1
KEVIN      5       0        3       3       7
HELEN      6       7        7       8       1

>>> df. sort_values ( ['score', 'number'])  #先按 score, 再按 number 排序
COL      code   number   value   level   score
IDX
PETER      7       6        8       8       1
HELEN      6       7        7       8       1
SAM        9       3        5       2       4
SMITH      5       9        8       9       4
KEVIN      5       0        3       3       7
```

3. 数据合并

DataFrame 数据合并的算法与数据库中两张表之间的内联结、左联结、右联结和全联结相似。可使用的函数如下：

```
pandas. DataFrame. merge (right, how = 'inner', on = None, left_on = None, right_on =
None, left_index = False, right_index = False, sort = False, suffixes = ('_x','_y'),
copy = True, indicator = False, validate = None)
pandas. merge (left, right, how = 'inner', on = None, left_on = None, right_on =
None, left_index = False, right_index = False, sort = False, suffixes = ('_x','_y'),
copy = True, indicator = False, validate = None)
```

其中，参数 left、right 分别为进行合并的左、右数据；参数 how 为合并方法，可以是 ｛'left'，'right'，'outer'，'inner'｝，分别为左合并、右合并、全合并和内合并；参数 on、left_on、right_on 为合并时进行关联的数据项；参数 suffixes 为合并后新产生的列标识的后缀；参数 left_index、right_index 指定是否使用 left 或 right 的 index 作为合并时的关联。

例如：以 "key" 为关键字进行内合并时。

```
>>> df1 = pd. DataFrame({'key':['b','b','a','a','c'],'value':[0,1,2,4,3]})
>>> df2 = pd. DataFrame({'key':['a','b','d'],'value':[0,1,2]})
>>> pd. merge(df1, df2, how = 'inner', on = 'key')
```

```
    key  value_x  value_y
0   b       0        1
1   b       1        1
2   a       2        0
3   a       4        0
```

如果以"key"为关键字进行左合并，即列出 df1 中的所有项，以及 df2 中能够与其在"key"上相匹配的数据（因其没有 key = 'c'，所以为空 NaN）时，可以设置 how = 'left'。

```
>>> pd.merge(df1, df2, how = 'left', on = 'key')
    key  value_x  value_y
0   b       0       1.0
1   b       1       1.0
2   a       2       0.0
3   a       4       0.0
4   c       3       NaN
```

右合并与左合并相类似，只需设置 how = 'right' 即可。

以"key"为关键字进行全合并，即 df1、df2 中的所有"key"及对应的数据均出现时，可以写成：

```
>>> pd.merge(df1, df2, how = 'outer', on = 'key')
    key  value_x  value_y
0   b      0.0      1.0
1   b      1.0      1.0
2   a      2.0      0.0
3   a      4.0      0.0
4   c      3.0      NaN
5   d      NaN      2.0
```

此外，还可以 index 为关键字进行各种模式的合并。例如：

```
>>> pd.merge(df1, df2, how = 'outer', left_index = True, right_index = True)
    key_x  value_x key_y  value_y
0   b        0      a       0.0
1   b        1      b       1.0
2   a        2      d       2.0
3   a        4     NaN      NaN
4   c        3     NaN      NaN
```

3.9.4　汇总统计

1. 查看数据信息 info( )

调用 pandas. DataFrame. info( ) 函数，可以查看数据的基本信息。例如，对于例 3-2 中的数据 df，查看数据信息。

```
>>> df.info()
<class'pandas. core. frame. DataFrame' >
Index: 5 entries, KEVIN to SMITH
Data columns (total 5 columns):
 #   Column   Non - Null Count   Dtype
--- ------  -------------- -----
0   code     5 non - null      int32
1   number   5 non - null      int32
2   value    5 non - null      int32
3   level    5 non - null      int32
4   score    5 non - null      int32
dtypes: int32(5)
memory usage: 140. 0 + bytes
```

这里给出了数据的类型、index 的信息、columns 的信息、缺失值信息、数据类型等信息。

2. 描述统计

可以使用 DataFrame 对象的 . count( ) 、. sum( ) 、. min( ) 、. max( ) 、. mean( )等方法，对 DataFrame 对象进行描述性统计。用法与 Series 对象的相似，区别在于 DataFrame 可以由参数 axis 来控制是按行还是按列进行统计。例如，. mean( )方法的函数原型如下：

pandas. DataFrame. **mean** (axis = None, skipna = None, level = None, numeric_only = None, ** kwargs)

其中，参数 axis 指定按行还是按列进行计数；参数 skipna 指定是否跳过 NaN 数据；参数 level 指定多重索引情况下的计数级别；参数 numeric_only 指定是否对非数值项进行计数。

例如，对例 3-2 中得到的 DataFrame 对象 df 进行计数统计。

```
>>> df.mean()            #默认按列求均值
COL
code      6. 4
number    5. 0
value     6. 2
level     6. 0
score     3. 4
dtype: float64


>>> df.mean(axis = 1)     #按行求均值
IDX
KEVIN    3. 6
SAM      4. 6
PETER    6. 0
HELEN    5. 8
SMITH    7. 0
dtype: float64
```

```
>>> df['number'].mean()    #对指定列求均值
5.0
```

求最大值、最小值、总值、计数、标准差等，与此相似。

可使用 DataFrame 对象定义的 .idxmax( ) 或 .idxmin( ) 方法，查看各列数据中最大值或最小值所在的 index 行，或查看各行数据中最大值或最小值所在的列，函数原型如下：

```
pandas.DataFrame.idxmax (axis = 0, skipna = True)
pandas.DataFrame.idxmin (axis = 0, skipna = True)
```

例如，对例 3-2 中得到的 DataFrame 对象 df 进行计数。

```
>>> df.idxmax(axis = 1)        #查看各行数据中最大值所在的列
IDX
KEVIN     score
SAM        code
PETER     value
HELEN     level
SMITH     number
dtype: object
```

3. 分类汇总 groupby( )

分类汇总是对数据按照某一属性或某一标准进行分类，在此基础上对各类别相关数据分别进行计数、求和、求平均数、求个数、求最大值、求最小值等方法的汇总。

使用 pandas.DataFrame 对象进行分类汇总时，首先调用其 .groupby( ) 函数对数据进行分类，获得分类数据对象，然后对分类数据对象调用 .count( ) 和 .mean( ) 等函数进行相应的汇总统计。

例如，对于例 3-2 中得到的数据 df 进行分类汇总。

```
>>> gp_score = df.groupby ('score')    #按'score'进行分组
>>> gp_score.mean ()                   #统计分类汇总均值
COL    code   number   value   level
score
1      6.5    6.5      7.5     8.0
4      7.0    6.0      6.5     5.5
7      5.0    0.0      3.0     3.0
```

对分类汇总的进一步介绍、应用和示例见第 9.1.2 节。

3.9.5 数据导入和保存

调用 DataFrame 对象的方法，可以方便地从 excel、csv、文本等格式的文件中读取数据，并组织成 DataFrame 数据对象；或者将 DataFrame 数据对象中的数据内容写入 excel、csv、文本等格式的文件中。实现方法详见第 4.2.4 节和第 4.2.6 节等相关内容。

单元练习

1. 编写程序，逐个读入 N 个整数（以读入 "." 表示输入结束），求这组数值的算术和、算术平均值和标准差。标准差的计算公式为 $\sigma = \sqrt{\dfrac{1}{N}\sum_{i=1}^{N}(x_i-\mu)^2}$ ，其中，N 为数值的个数；μ 为这组数值的算术平均值。

2. 编写程序，输入一串正整数，并使用折半递归的方法求它们的和。例如：

输入一串正整数：3，4，5，2，3，1，4，2，1，2，4，9，3

和为：43

3. 编写一个 revString(s) 函数，将一串英文句子反序输出。其中参数 s 为原字符串，函数返回反序后的字符串。例如：

输入：There's only one corner of the universe you can be sure of improving, and that's your own self.

输出：. fles nwo ruoy s'taht dna , gnivorpmi fo erus eb nac uoy esrevinu eht fo renroc eno ylno s'erehT

4. 编写程序，根据给定的调查统计结果：

编号	a	b	c	d	e	f	g	h	i	j	k	l	m	n	o	p	q	r	s	t	u	v	w	x	y	z
喝茶		√	√	√				√	√	√	√	√	√			√									√	√
喝咖啡	√			√		√	√			√	√			√	√			√		√			√	√		√

计算并输出如下所示的喝茶和喝咖啡样本统计相依表。

```
      | coffee|/coffee|
   -------------------------------
   tea|     5|     7|    12
  /tea|     8|     6|    14
   -------------------------------
      |    13|    13|    26
```

5. 编写程序，输入一个整数，输出其对应的中文数字串。例如：

输入整数：-2653

中文数字串：负贰陆伍叁

6. 编写程序，实现输入省份，能够输出该省份的城市列表；给出城市，能够反查所属省份。可以使用表 3-8 中所列的部分省市列表来完成。

表3-8   部分省份城市列表

省份	城市					
广东省	广州市	东莞市	中山市	深圳市		
河南省	郑州市	南阳市	新乡市	周口市		
江苏省	苏州市	徐州市	盐城市	无锡市	南京市	镇江市
山东省	济南市	青岛市	临沂市			

例如，输入：山东省

输出：济南市 青岛市 临沂市

再例如，输入：南京市

输出：江苏省

7. 编写程序，完成以下内容。

(1) 将字符串 "k1:1|k2:2|k3:3|k4:4"，处理成 Python 字典。

```
>>> d
{'k1':1,'k2':2,'k3':3,'k4':4}
```

(2) 将由 (1) 得到的字典，组织成索引名为 "value" 的 1 行的 DataFrame 数据 df。

```
>>> df
      k1  k2  k3  k4
value  1   2   3   4
```

(3) 求由 (2) 得到的 df 数据 value 序列的均值，得 2.5。

8. 编写程序，生成一个包含 50 个在 0 到 100 之间的随机整数的列表（提示：可使用 numpy. random. randint()函数来产生），然后删除其中所有奇数（提示：可考虑从后向前删除）。

9. 找一段英文，编写程序，对文中所出现单词的频次进行统计，并按照单词频次从高到低输出频次统计表。统计时，需区分大小写。

第 **4** 章

数据生成和采集

使用 Python 进行具有领域应用背景的数据分析和数据处理工作，并非仅仅是各种算法的运用，而是一个反复处理的过程，是一个复杂的工程。其中，数据的采集和整理对数据处理有着决定性的作用。合理地、正确地选择和应用数据生成、数据采集、数据清理、数据转换和数据编码等方法，对于后续的数据分析和处理的结果与成效至关重要。本章就实验数据的载入和生成，数据库数据的查询和操作，网络数据的爬取和采集等进行介绍，主要涉及 Python 的 pandas 扩展库、sklearn 扩展库、scipy 扩展库、网络数据采集和内容解析扩展库中的相关内容。

4.1 数据生成和载入

在进行数据分析和数据挖掘学习过程中，往往需要产生一些符合一定规范要求的数据进行算法分析和检验。在 Python 丰富的扩展库中，提供了多种产生数据的模块和函数，可以产生例如等差、等比序列数据，也可以产生服从一定概率分布的随机数据，还可以根据内置数据产生多种用于不同数据分析算法的实验性数据。利用这些方法和数据，可以非常方便地生成所需数据，完成相应的分析工作。

4.1.1 产生数据序列

1. 等差序列

调用 numpy. linspace( )函数，可以产生一组一定个数的等差序列数据。函数原型如下：

> numpy. **linspace** (start,stop,num =50,endpoint = True,retstep = False,dtype = None)

其中，参数 start 和 stop 指定所产生的序列的起始点和结束点（如果参数 endpoint = False，则序列不包括 stop 值）；参数 num 指定生成的样本数；参数 dtype 指定产生的数据的类型；参数 retstep 设置返回结果中是否含步长（如设为 True，则返回（samples，step））。

例如，产生 1 到 117 之间的一个 30 个数值的等差整数序列。

> ```
> >>> np. linspace(1,117,30,retstep = True,dtype = 'int')
> (array([1,5,9,13,17,21,25,29,33,37,41,45,49,53,57,61,65,69,73,77,81,85,89,
> 93,97,101,105,109,113,117]),4.0)
> ```

注意，例句中设置了 retstep = True 参数，则所返回结果的数据类型为 < class 'tuple' >，其中第 0 个元素为等差序列数组，第 1 个元素为步长，使用时应加以区分。

调用 numpy. arange( )函数，可以产生一定步长的等差序列数据，该函数的原型如下：

```
numpy.arange([start,]stop[,step,],dtype=None)
```

其中，参数 start、stop 和 step 分别为所产生的序列的起始值、终止值和步长。所产生的序列值在半开区间［start，stop）内。返回值的类型为 numpy.ndarray。

2. 等比序列

调用 numpy 扩展库的 logspace( )函数（类似的还有 geomspace( )函数），可以产生一组指数等差即等比序列数据。函数原型如下：

```
numpy.logspace(start,stop,num=50,endpoint=True,base=10.0,dtype=None)
```

所产生的序列的第一个值为参数 base 的 start 次方，最后一个值为参数 base 的 stop 次方（受到参数 endpoint 的影响）。

例如，产生起始值为 3，终止值为 6561（$6561=3^8$）的 8 个数的等比序列。

```
>>> np.logspace(np.log10(3),np.log10(6561),num=8,dtype=int)
array([  3,  9,  27,  81,  242,  729,2187,6561])
```

3. 重复模式序列

调用 numpy 扩展库的 repeat( )函数，可以产生一组按一定模式重复的序列数据。函数原型如下：

```
numpy.repeat(a,repeats,axis=None)
```

其中，参数 a 为原始数据；参数 repeats 为 a 中各对应元素重复的次数；参数 axis 定义进行重复的维度。例如：

```
>>> x=np.array([[1,2],[3,4]])
>>> np.repeat(x,[1,2],axis=0)
array([[1,2],
       [3,4],
       [3,4]])

>>> np.repeat(x,[1,2],axis=1)
array([[1,2,2],
       [3,4,4]])
```

4. 日期时间序列

调用 pandas 扩展库中的 date_range( )函数，可以产生一组日期时间序列数据。该函数的原型如下：

```
pandas.date_range(start=None,end=None,periods=None,freq='D',tz=None,
normalize=False,name=None,closed=None,** kwargs)
```

参数说明见表 4-1。

表 4-1   pandas. date_range( ) 参数说明

参数名称	说明
start，end	时间序列的起始和结束时间
periods	序列的长度
freq	时间序列步长，常用的有年（Y）、月（M）、日（D）、时（H）、分（T）、秒（S）等，如 5 小时为 5H 等
tz	时区（如 'Asia/Hong_Kong' 或 'Asia/Tokyo' 等）
normalize	是否将 start/end 规范化为午夜
name	生成的 DatetimeIndex 的名称
closed	左右日期区间是否闭合。默认 None 表示左右均为闭区间，"left" 表示左闭右开，"right" 表示左开右闭

例如：

```
>>> pd. date_range(start = '2020/1/1',periods = 6,tz = 'Asia/Tokyo',freq = '12H')
DatetimeIndex(
['2020 - 01 - 01 00:00:00 + 09:00', '2020 - 01 - 01 12:00:00 + 09:00',
 '2020 - 01 - 02 00:00:00 + 09:00', '2020 - 01 - 02 12:00:00 + 09:00',
 '2020 - 01 - 03 00:00:00 + 09:00', '2020_01 - 03 12:00:00 + 09:00'],
dtype = 'datetime64[ns,Asia/Tokyo]',freq = '12H')
```

4.1.2   产生随机数据

1. 产生均匀分布的随机数

使用 numpy. random. random( ) 或 . rand( ) 函数，可产生 [0.0，1.0）内均匀分布的随机数。函数原型如下：

```
numpy. random. random (size = None)
numpy. random. rand (d0,d1,...,dn)
```

其中，参数 size 设置所产生的数据的维度和阶数；参数 d0、d1 等指定各维度的阶数。函数返回阶数为 size 或（d0，d1，…，dn）的 n 维随机数数组。例如：

```
>>> import numpy as np
>>> np. random. random()           #产生 1 个 [0.0,1.0) 内的随机数
0.26272112632095024

>>> np. random. random(5)          #产生 5 个 [0.0,1.0) 内的随机数
array([0.08537478,0.13288933,0.69327061,0.55428997,0.11965466])

>>> np. random. rand(2,3,2)        #产生一组 (2,3,2) 的 [0.0,1.0) 内的随机数
array([[[0.0425627,0.89963188],
        [0.46743513,0.44547545],
        [0.30414501,0.99347446]],
```

```
[[0.45485683,0.80355337],
 [0.64476026,0.31495327],
 [0.35775078,0.79298066]]])
```

此外，使用 numpy. random. random_integers( )或 numpy. random. randint( )函数，也可产生一定维数的整数随机数。函数原型如下：

> numpy. random. **random_integers** (low,high = None,size = None)
> numpy. random. **randint** (low,high = None,size = None,dtype = int)

其中，参数 low、high 为随机数分布区间。

使用 scipy. stats. uniform. rvs( )函数，可产生一定区域内均匀分布随机数。例如：

> stats. uniform. rvs(loc = (-5,10),scale = (10,30),size = (1000,2))

可以产生两组各 1000 个样本的均匀分布的随机数序列，其中一组分布下界为 - 5，宽度为 10；另一组的分布下界为 10，宽度为 30（即分别在 [- 5，5）和 [10，40）区间内）。其中，参数 loc 为区间下限；scale 为区间宽度。

2. 产生正态分布的随机数

使用 numpy. random. randn( )或 numpy. random. normal( )函数，可以产生服从一定均值和方差正态分布的随机数。函数原型如下：

> numpy. random. **randn** (d0,d1,...,dn)
> numpy. random. **normal** (loc = 0.0,scale = 1.0,size = None)

randn( )函数返回从标准正态分布样本中抽取的样本数据，参数 d0，d1，…，dn 为所产生的数据各维度的阶数。normal( )函数返回服从以参数 loc 为均值，参数 scale 为标准差的正态分布数据。

使用 scipy 扩展库中定义的 stats. norm. rvs( )函数，可产生多组分别服从不同均值和方差的正态分布的随机序列。函数原型如下：

> scipy. stats. norm. **rvs** (loc = 0,scale = 1,size = 1,random_state = None)

其中，参数 loc 为所产生的正态分布随机序列的各均值；参数 scale 为各标准差；参数 size 为随机序列的阶数；参数 random_ state 为随机数状态。例如：

> stats. norm. rvs(loc = (5,25),scale = (2,5),size = (1000,2))

产生均值分别在 5，25，标准差分别为 2，5 的两组 1000 个样本的正态分布随机数序列。

3. 产生其他分布随机数

在 scipy. stats 中，定义了多种较为常见的概率分布模型，除了前面提到的正态分布，还有伯努利分布（bernoulli）、泊松分布（passion）、α 分布（alpha）、β 分布（beta）、γ 分布（gamma）、指数分布（expon）等。例如泊松分布，可以使用 scipy. stats. poisson. rvs（mu，loc，size），产生服从泊松分布的随机数序列，其中参数 mu 为泊松分布函数 $P(X = k) = \dfrac{\mu^k}{k!}e^{-\mu}$，$k = 0，1，\cdots$ 中的 μ。

如果需要产生自定义分布的随机数，则可以参考第 5.2.5 节中的接受-拒绝采样的方法来实现。

4. 每次运行产生相同的随机数

如果需要使每次运行产生的随机数（序列）相同，则可以调用 numpy. random. seed( ) 或 numpy. random. RandomState( ) 来锚定随机数序列。例如：

```
>>> np. random. seed(123)
>>> [np. random. random() for i in range(4)]
[0.6964691855978616,0.28613933495037946,0.2268514535642031,0.5513147690828912]
```

```
>>> np. random. seed(123)        #锚定随机数序列
>>> np. random. rand(2,2)        #产生出同样的随机数序列
array([[0.69646919,0.28613933],
       [0.22685145,0.55131477]])
```

会产生相同的随机数（序列），便于对算法和结果进行比较和分析。

在一些与随机状态相关的函数中，例如产生正态分布随机数的 scipy. stats. norm. **rvs**( ) 函数，和产生用于分类分析的随机数据集的 sklearn. datasets. make_classification( ) 函数等，则是给出了参数 random_state 来控制随机序列的产生。将该参数设为特定值，同样可以起到锚定随机序列的作用。

4.1.3 排列组合产生数据

当需要对数据进行排列组合时，可以使用 itertools 扩展库中的相应函数来完成。

1. 排列

使用以下函数，可产生给定元素排列的可迭代对象。函数原型如下：

```
itertools. permutations (iterable, r = None)
```

其中，参数 iterable 为一个可迭代的对象（如列表、元组、字符串等）；参数 r 定义进行排列的元素个数。

例如：

```
import itertools
perm = itertools. permutations([{'a':1},2,'b',['c','d']],r = 2)
for i in perm:
    print(i)
```

可以产生由字典 {'a': 1}、数值2、字符串'b'和列表 ['c', 'd'] 构成的，由参数 r = 2 规定的二项式排列结果：

```
({'a':1},2)
({'a':1},'b')
({'a':1},['c','d'])
(2,{'a':1})
(2,'b')
(2,['c','d'])
('b',{'a':1})
```

```
('b',2)
('b',['c','d'])
(['c','d'],{'a':1})
(['c','d'],2)
(['c','d'],'b')
```

2. 组合

调用以下函数，可产生给定元素进行组合得到的可迭代对象。函数原型如下：

itertools. **combinations** (iterable,r)

例如：

```
import itertools
comb = itertools. combinations([{'a':1},2,'b',['c','d']],r = 3)
for i in comb:
    print(i)
```

可以产生由字典｛'a'：1｝、数值2、字符串'b'和列表［'c'，'d'］构成的，由参数 r = 3 规定的三项式组合结果：

```
({'a':1},2,  ['c','d'])
({'a':1},'b',['c','d'])
(2,       'b',['c','d'])
```

如果要产生允许元素重复的组合，则可以使用 itertools. combinations_with_replacement（iterable，r）函数。

4.1.4　载入 sklearn 实验数据集

在 scikit-learn 扩展库中，嵌入了一些小规模的实验数据集，并随 sklearn 扩展库安装到了本地文件夹。使用者可以通过调用相应的函数，不需要外部网络的支持，就可以载入这些实验数据。

1. load_boston( )波士顿房价数据集

调用以下函数，可以载入美国波士顿房价数据集。

sklearn. datasets. **load_boston** (* ,return_X_y = False)

其中，参数 return_X_y 设置是返回（data，target）两项数据序列，还是返回 sklearn. utils. Bunch 对象（该对象中可以定义数据的 feature_names、DESCR、data 和 target 等属性）。该数据集的特征变量个数为 13（含因变量），样本个数为 506，可用于回归分析。

【例 4-1】　调用 sklearn. datasets. load_boston( )载入波士顿房价数据集，并组织为 pandas. DataFrame 数据结构进行保存（示例代码见文件 load_boston. py）。

```
from sklearn. datasets import load_boston

data_boston = load_boston(return_X_y = False)
print(data_boston. feature_names)       #输出特征名称
```

```
print(data_boston.DESCR)                                      #输出数据集的描述
print(data_boston.data)                                       #输出数据,含 506 个实例,13 个特征
print(data_boston.target)                                     #输出房价数据

import pandas as pd
df = pd.DataFrame(data_boston.data,columns = data_boston.feature_names)
df['MEDV'] = data_boston.target
df.to_csv('saved_boston_data.csv',index_label = '_ID')
```

运行程序，可以看到数据集中包括了房屋的面积、税收、环境因素和所在社区的犯罪率等特征指标。

2. load_breast_cancer()乳腺肿瘤数据集

调用以下函数，可以载入美国威斯康星州乳腺肿瘤数据集。

> sklearn.datasets.**load_breast_cancer** (* ,return_X_y = False,as_frame = False)

其中，参数 as_frame 设置是否将 data 和 target 以 pandas.DataFrame（或 pandas.Series）数据对象的形式返回（须设置 return_X_y = True）。数据集中包括了 2 种类型的乳腺肿瘤（恶性和良性，在返回值的 target 中分别用 0、1 代表）的 30 项乳腺肿瘤特征指标。该数据集可用于分类分析（示例代码见文件 load_breast_cancer.py）。

3. load_diabetes()糖尿病数据集

调用以下函数，可以载入糖尿病患者病情数据集。

> sklearn.datasets.**load_diabetes** (* ,return_X_y = False,as_frame = False)

数据集包括由 10 个属性（包括年龄、性别、体重和若干项血液指标等）定义的 442 位糖尿病患者病情发展的定量相对测量值（在返回值的 target 中用数值来表示），可用于回归分析（示例代码见文件 load_diabetes.py）。

4. load_digits()数字数据集

调用以下函数，可以载入手写体数字图像数据集。

> sklearn.datasets.**load_digits** (n_class =10,return_X_y = False)

其中，参数 n_class 设置所产生的数字的范围（n_class = 5，则只载入数字 0、1、2、3、4 的数据）。该数据集可用于手写数字识别分类分析。

【例 4-2】 调用 sklearn.datasets.load_digits() 函数载入手写数字图像数据集（示例代码见文件 load_digits.py）。在示例代码中，添加语句 plt.gray()，可将手写数字显示为灰度图像，如图 4-1 所示。

5. load_files()文本数据

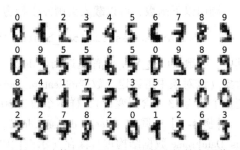

图 4-1 使用 load_digits() 载入的数字图像

调用以下函数，可以从本地指定文件夹（及子文件夹），整批获取文件数据，并根据二级文件夹名称进行标记分类。函数原型如下：

```
sklearn. datasets. load_files (container_path, *, description = None, categories
= None, load_content = True, shuffle = True, encoding = None, decode_error = 'strict',
random_state = 0)
```

函数参数说明见表4-2。

表 4-2 sklearn. datasets. load_files( )参数说明

参数名称	说明
container_path	所载入的文件夹路径
description	数据集说明
categories	所载入的数据的类别（子文件夹名称），如果为默认值 None，则载入所有类别的数据
load_content	是否载入各文件的内容，默认值为 True（如果载入，则返回值的数据结构中会出现 'data' 元素，保存载入的数据）
shuffle	是否对数据进行随机洗牌
encoding	文本编码方式（非文本数据则为 None）
decode_error	对 byte 序列编码出现异常时的处置方式，可以是 ｛'strict'，'ignore'，'replace'｝

函数返回一个包含 data、target、traget_names、DESCR 和 filenames 元素的数据对象。

【例 4-3】 在素材库的 data 文件夹下的 geom、sin 和 cos 文件夹中，分别存放了相应类别的数据文件（每个类别有两个数据文件）。调用 sklearn. datasets. load_files( )函数，载入这些文件的内容，并根据其中数据绘制相应图形。核心代码如下：

```
import struct

f_data = datasets. load_files(r'. \ data',
                    description = 'data files',
                    load_content = True) #载入数据

fig = plt. figure(figsize = (12,5), dpi = 500)
for i, (data, fname, target) in enumerate (zip (f_data. data, f_data. filenames,
f_data. target)):
    data = struct. unpack('i'* int(len(data)/4), data)
    data = np. array(data). reshape(100,2)
    ax = plt. subplot(231 + i, title = fname)
    ax. plot(data[:,0], data[:,1])
    ax. text(0, (target% 2)* 50, 'target = % d'% target, color = 'red'))
```

完整代码见文件 load_files. py。运行程序，绘制出的图形如图 4-2 所示。

在示例代码文件 load_files_images. py 中，给出了批量载入素材文件夹 . \images 下共 64 幅图像文件并进行显示的示例。

6. load_iris( )鸢尾花数据集

调用以下函数，可以载入鸢尾花数据集。

```
sklearn. datasets. load_iris (*, return_X_y = False)
```

鸢尾花数据集包括了3种不同类别的鸢尾花（即 Setosa、Versicolour 和 Virginica，在返回值的 target 中分别用 0、1 和 2 来代表）的花萼长、宽和花瓣长、宽的数据。该数据集可用于分类分析（示例代码见文件 load_iris. py）。

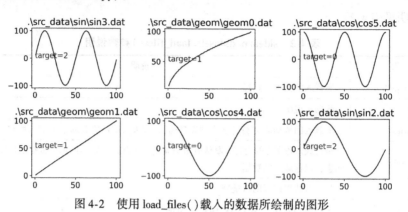

图 4-2　使用 load_files( ) 载入的数据所绘制的图形

7. load_linnerud( )体能训练数据集

调用以下函数，可以载入一组兰纳胡德（Linnerud）体能训练数据。

> sklearn. datasets. **load_linnerud** (* ,return_X_y = False,as_frame = False)

数据集包括 Chins、Situps 和 Jumps 共 3 个属性特征，及 Weight、Waist 和 Pulse 共 3 个分类特征。该数据集可用于多标签分类分析（示例代码见文件 load_linnerud. py）。

8. load_wine( )红酒数据集

调用以下函数，可以载入红酒指标数据集。

> sklearn. datasets. **load_wine** (* ,return_X_y = False,as_frame = False)

该数据集包含具有 13 个属性特征和 1 个分类特征（分为 0，1，2 类）的 178 个样本数据，可用于分类分析（示例代码见 load_ wine. py）。

9. load_svmlight_file( )、load_svmlight_files( )稀疏数据集

调用以下函数，将 svmlight/libsvm 格式定义的数据，载入为稀疏 CRS 矩阵格式数据，该格式适用于 svmlight 和 libsvm 命令行编程。函数原型如下：

> sklearn. datasets. **load_svmlight_file** (f, * ,n_features = None,dtype = < class '
> numpy. float64' >,multilabel = False,zero_based = 'auto',query_id = False,offset =
> 0,length = -1)

参数说明见表 4-3。

表 4-3　sklearn. datasets. load_svmlight_file( )参数说明

参数名称	说　明
f	数据文件名或文件句柄。如果是". gz"或". bz2"文件，则载入时完成解压缩
n_features	载入的数据特征的个数。如果为 None，则根据数据内容进行判断。可用于从多个文件中载入特定子集数据

（续）

参数名称	说　明
dtype	数据类型，默认值为 np. float64
multilabel	是否为多分类标签数据
zero_based	是否数据中的列号是以 0 开始（还是以 1 开始）。默认值为"auto"，将根据数据内容进行启发式判定
query_id	是否读取 qid 数据
offset	读入时跳过的字节数
length	读取长度。默认值为 –1，否则将读取（offset + length）字节的数据

函数返回特征数据 X、分类标签数据 y 和 qid 数据（当 query_id 设为 True 时）。
svmlight/libsvm 数据格式定义如下：

```
label1[,label2,[…]][qid:value]index1:value1[index2:value2[…]]
……
label1[,label2,[…]][qid:value]index1:value1[index2:value2[…]]
```

其中，label 为分类标签；index 为属性的顺序索引，为升序整数值；value 为属性值，通常为实数，如果为 0，可以省略该 index：value 项，因此适合表达稀疏矩阵数据。

批量载入数据时，可以使用 load_svmlight_files( ) 函数，需以列表等可迭代的数据结构提供多个文件名，返回值也以（X1，y1，qid1，X2，y2，qid2，…）的形式返回。

示例代码见 load_svmlight_file. py。运行程序，可以分别载入 data. svmlib 文件和以带 qid 方式载入 data_with_qid. svmlib 文件中的内容。

10. load_sample_images( )载入图片

安装 scipy 扩展库后，会在… \ Python38 \ Lib \ site-packages \ sklearn \ datasets \ images 文件夹下自带若干个图像文件（例如，scipy1. 5. 2 会自带 china. jpg 和 flower. jpg 两个图像文件）。调用 load_sample_image( )并指定文件名，可以方便地载入对应文件的图像数据（示例代码见文件 load_image. py）。调用 load_sample_images( )，可批量载入上述文件夹下的所有图像文件的数据（示例代码见文件 load_images. py）

11. 获取各类数据集

从 sklearn. datasets，还可以获取不同领域不同方面的各类数据集（见表 4-4）。

表 4-4 获取大数据集的函数、说明及示例

函数原型	说　明
fetch_20newsgroups（data_home = None，subset = 'train'，categories = None，shuffle = True，random_state = 42，remove = ( )，download_if_missing = True）	获取 20 个分类的新闻文本及类别分类数据。示例代码见文件 fetch_20newsgroups. py
fetch_20newsgroups_vectorized（subset = 'train'，remove = ( )，data_home = None）	获取 20 个分类的新闻文本向量数据及类别分类数据，向量数据以稀疏矩阵的形式组织。示例代码见文件 fetch_20newsgroups_vectorized. py

（续）

函数原型	说　明
fetch_california_housing（data_home = None, download_if_missing = True）	获取美国加利福尼亚州的房屋价格评估数据。示例代码见文件 fetch_california_housing. py
fetch_covtype（data_home = None, download_if_missing = True, random_state = None, shuffle = False）	获取美国 30 × 30 个区块森林覆盖类型（Forest covertypes）数据集，可用于多类别分类分析。示例代码见文件 fetch_covtype. py
fetch_kddcup99（subset = None, data_home = None, shuffle = False, random_state = None, percent10 = True, download_if_missing = True）	获取 kddcup99 数据集，可用于分类分析。示例代码见文件 fetch_kddcup99. py
fetch_lfw_pairs（subset = 'train', data_home = None, funneled = True, resize = 0. 5, color = False, slice_ = （slice （70, 195, None）, slice （78, 172, None）），download_if_ missing = True）	获取户外脸部检测数据库（Labeled Faces in the Wild（LFW）），包含 13000 多幅单色或彩色脸部图像，可用于非限定脸部识别研究。示例代码见文件 fetch_lfw_pairs. py
fetch_lfw_people（data_home = None, funneled = True, resize = 0. 5, min_faces_per_person = 0, color = False, slice_ = （slice （70, 195, None）, slice （78, 172, None）），download_if_missing = True）	获取户外脸部检测数据库（Labeled Faces in the Wild（LFW）），包含 7600 多幅脸部单色或彩色图像，可用于非限定性或限定性脸部识别研究。示例代码见文件 fetch_lfw_people. py
fetch_olivetti_faces（data_home = None, shuffle = False, random_state = 0, download_if_missing = True）	获取 Olivetti 脸部图像数据集。示例代码见文件 fetch_olivetti_faces. py
fetch_rcv1（data_home = None, subset = 'all', download_if_missing = True, random_state = None, shuffle = False）	获取路透社新闻语料库（Reuters Corpus）第 1 卷数据集，为多分类标签数据集，可用于分类分析。示例代码见文件 fetch_rcv1. py
fetch_species_distributions（data_home = None, download_if_missing = True）	获取南美洲哺乳类动物的地理分布数据。示例代码见文件 fetch_species_distributions. py

这些数据需要从网络下载，部分数据为图像数据，体量比较大，需耐心等待。

4.1.5　载入 statsmodels 实验数据集

在 statsmodels 扩展库中，也嵌入了一些小规模实验数据集，并随 statsmodels 扩展库安装到了本地文件夹。使用者可以通过调用相应的函数，不需要外部网络的支持，就可以载入这些实验数据。

可以使用以下的示例代码，载入实验数据集。

```
from statsmodels. api import datasets
data_loader = datasets. statecrime. load_pandas()#2009 年美国各州犯罪数据
```

```
for key in data_loader.keys():
    print(key,data_loader[key],sep=":\n",end='\n\n')
```

实验数据集包括多种数据，可以使用 dir（datasets）语句进行查看，其中包括：1996 年美国全国选举研究数据（anes96）、癌症患者数据（cancer）、比尔·格林的信用评分数据（ccard）、中国 8 个城市吸烟与肺癌统计数据（china_smoking）与每周大气二氧化碳数据（co2）等。

4.1.6 产生算法数据集

在 sklearn 扩展库中，通过调用相应的函数，可以产生多种用于数据分析和数据挖掘的实验数据。

1. 分类分析数据

（1）make_classification（）函数。产生通常用于分类算法的实验数据，函数原型为如下

sklearn.datasets.**make_classification**(n_samples = 100,n_features = 20,n_informative = 2,n_redundant = 2,n_repeated = 0,n_classes = 2,n_clusters_per_class = 2,weights = None,flip_y = 0.01,class_sep = 1.0,hypercube = True,shift = 0.0,scale = 1.0,shuffle = True,random_state = None)

参数说明见表 4-5。

表 4-5 make_classification（）函数参数说明

参数名称	说 明
n_samples	所产生的样本数量
n_features	特征个数
n_informative	信息特征的数量
n_redundant	冗余特征的数量
n_repeated	重复特征的数量，随机从 n_informative 和 n_redundant 中提取
n_classes	分类类别数
n_clusters_per_class	每一分类类别中，数据簇的个数
flip_y	样本标签随机分配的比例
class_sep	各类别样本的分散程度
hypercube	簇心在超立方体顶点上，还是在随机超多面体的顶点上
shift	为数据各特征变量所增加的偏移量
scale	为数据各特征变量进行缩放的倍数

注意，参数 n_features 的值可以超出 n_informative + n_redundant + n_repeated，超出的特征为无用特征。

【例 4-4】 产生一组分类分析实验数据，并绘制数据的散点图，进行数据的探索（示例代码见文件 make_classification.py）。

```
from sklearn import datasets

data,classes = datasets.make_classification(
```

```
n_samples =100,                                    #样本个数
n_features =4,n_informative =2,                     #特征数量、信息特征数量
n_redundant =1,n_repeated =1,                       #冗余、重复特征数量
n_classes =2,n_clusters_per_class =1,               #分类数量和每一类别数据簇个数
random_state =2345)
```

运行程序，可以产生出 4 组特征数据及 1 组类别标签数据。通过绘制如图 4-3 所示的不同特征数据的关系图，能明显显示出其中的 1 组重复特征（B 和 b，散点呈对角）和 1 组冗余特征的散点图。

（2）make_gaussian_quantiles( ) 函数。产生按照高斯分位点区分的不同数据，函数原型如下：

sklearn. datasets. **make_gaussian_quantiles** (mean = None,cov =1.0,n_samples = 100,n_features =2,n_classes =3, shuffle =True, random_state =None)

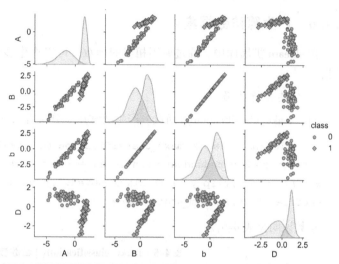

图 4-3　使用 make_classification( )产生的数据集特性

其中，参数 mean 为多维正态分布的均值，默认为（0，0，…）；参数 cov 为与单位矩阵的因数，积即为所产生的对称正态分布数据的协方差矩阵；参数 shuffle 设置是否对数据打乱洗牌。

例如，设置适当的参数可产生 4 个分类的高斯分位二维数据，数据分布如图 4-4 所示。从图中可以看出，数据呈正态分布（示例代码见文件 make_gaussian_quantiles. py）。

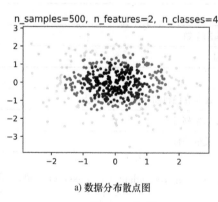

a) 数据分布散点图

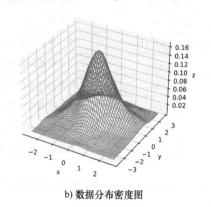

b) 数据分布密度图

图 4-4　使用 make_gaussian_quantiles( )产生的数据集

（3）make_hastie_10_2( )函数。产生 Hastie 算法的二元分类数据，函数原型如下：

sklearn. datasets. **make_hastie_10_2** (n_samples =12000,random_state =None)

函数产生一组具有 10 个特征变量，样本数为 n_samples，且服从标准正态分布的数据，而分

类变量的取值满足 $y = \begin{cases} 1, & \text{当 } \sum_{i=0}^{9} x_i^2 > 9.34 \\ -1, & \text{否则} \end{cases}$。产生的数据的分布情况如图 4-5 所示（示例代码见文件 make_hastie. py）。

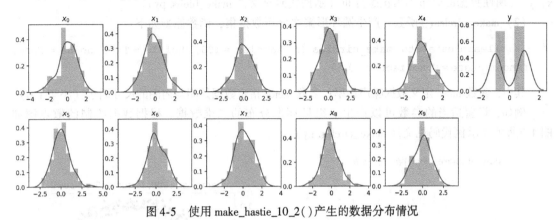

图 4-5　使用 make_hastie_10_2( )产生的数据分布情况

（4）make_multilabel_classification( )函数。产生用于分类分析的，多特征、多分类标签的样本数据，函数原型如下：

```
sklearn. datasets. make_multilabel_classification (n_samples = 100, n_features
= 20, n_classes = 5, n_labels = 2, length = 50, allow_unlabeled = True, sparse = False,
return_indicator = 'dense', return_distributions = False, random_state = None)
```

参数说明见表 4-6。

表 4-6　make_multilabel_classification( )函数参数说明

参数名称	说　　明
n_labels	各样本标签数量的平均数（准确地说，各样本标签数服从以 n_labels 为期望值的泊松分布，但受到接受–拒绝采样方法下的 n_classes 的限制）
length	泊松分布期望值，由此得出样本特征的总和
allow_unlabeled	是否允许一些样本不属于任何一类
sparse	返回结果是否为稀疏的特征矩阵
return_indicator	返回值 y 的形式，可以是 {'dense', 'sparse', False}，分别表示二进制编码、稀疏矩阵和标签列表
return_distributions	是否返回类先验概率值及各特征值的类条件概率值

函数返回值分别为样本特征数据 X、样本分类数据 Y、类先验概率值 p_c 和类条件概率概率值 p_w_c（示例代码文件见 make_multilabel_classification. py）。

2. 聚类分析数据

（1）make_blobs( )函数。产生用于聚类算法的各向同性的正态分布数据集，函数原型如下：

```
sklearn. datasets. make_blobs (n_samples = 100, n_features = 2, centers = None,
cluster_std = 1.0, center_box = ( -10.0, 10.0), shuffle = True, random_state = None)
```

其中，参数 centers 为簇的个数；参数 cluster_std 为簇数据的标准差；参数 center_box 为散点散落范围。

例如，产生 5 个中心点的三维（n_features = 3）数据，散点图如图 4-6 所示，各类别数据的 x，y，z 属性数据的分布均为正态分布（示例代码见文件 make_blobs.py）。

（2）make_circles( )函数。产生圆环形聚类分析数据集，函数原型如下：

    sklearn. datasets. **make_circles** (n_samples = 100, shuffle = True, noise = None, random_state = None, factor = 0.8)

其中，参数 noise 定义数据噪声比率；参数 factor 指定数据外圈与内圈的尺寸因子（小于 1.0）。

例如，设置适当的参数可以产生一组呈环形分布的二维数据。根据数据绘制的散点图如图 4-7 所示（示例代码见文件 make_circles.py）。

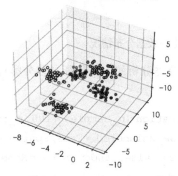

datasets.make_blobs()散点图, 5个簇

图 4-6 使用 make_blobs( )产生的数据集

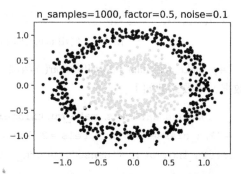

n_samples=1000, factor=0.5, noise=0.1

图 4-7 使用 make_circles( )产生的数据集

（3）make_moons( )函数。产生一组分布呈两个互嵌的月牙形二维数据，函数原型如下：

    sklearn. datasets. **make_moons** (n_samples = 100, shuffle = True, noise = None, random_state = None)

例如，设置适当的参数可以产生如图 4-8 所示的二维数据集（示例代码见文件 make_moons.py）。

（4）make_biclusters( )函数。产生用于双向聚类（例如谱系共聚类法（Spectral Co-Clustering algorithm））分析所需的数据集，函数原型如下：

    sklearn. datasets. **make_biclusters** (shape, n_clusters, noise = 0.0, minval = 10, maxval = 100, shuffle = True, random_state = None)

其中，参数 shape 为所产生的二维数据的阶数；参数 minval、maxval 分别为数据的最小值和最大值。

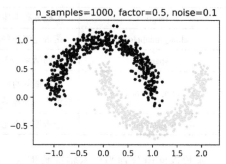

n_samples=1000, factor=0.5, noise=0.1

图 4-8 使用 make_moons( )产生的数据集

例如，设置合适的参数可以产生一组如图 4-9 所示的双向聚类分析实验数据（示例代码见文件 make_biclusters.py）。

（5）make_checkerboard( )函数。与 make_biclusters( )相似，产生双向聚类数据，函数原型如下：

sklearn.datasets.**make_checkerboard**(shape,n_clusters,noise=0.0,minval=10, maxval=100,shuffle=True,random_state=None)

运行代码文件 make_checkerboard.py 中的示例程序，可以产生一组双向聚类分析实验数据，数据的热力图如图 4-10 所示。

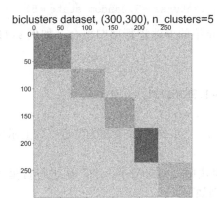

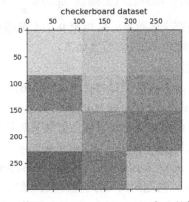

图 4-9　使用 make_biclusters( ) 产生的数据集　　图 4-10　使用 make_checkerboard( ) 产生的数据集

3. 回归分析数据

（1）make_regression( ) 函数。产生多自变量-多因变量回归分析所需的数据，函数原型如下：

sklearn.datasets.**make_regression**(n_samples=100,n_features=100,n_informative=10,n_targets=1,bias=0.0,effective_rank=None,tail_strength=0.5,noise=0.0,shuffle=True,coef=False,random_state=None)

其中，参数 n_targets 定义输出数据的维数；参数 bias 为各因变量序列的偏移值；参数 coef 定义是否返回模型的回归系数。

例如，产生 2 个自变量和 3 个因变量的线性回归分析数据集。

```
from sklearn import datasets
#产生数据
X,y=datasets.make_regression(n_samples=200,n_features=2,
                 n_targets=3,n_informative=1,bias=(-150,150,550),
                 noise=5,random_state=10)
```

完整示例代码见文件 make_regression.py。执行代码，可以得到如图 4-11 所示的回归数据。

（2）make_sparse_uncorrelated( ) 函数。产生多自变量-单因变量回归分析所需的数据，函数原型如下：

sklearn.datasets.**make_sparse_uncorrelated**(n_samples=100,n_features=10,random_state=None)

函数返回 n_features 组自变量和 1 组因变量数据（n_features≥4），其中前 4 个自变量与因变量之间呈以下线性相关关系：$y = x_0 + 2x_1 - 2x_2 - 1.5x_3 + \varepsilon$，$\varepsilon \in N(0, 1)$。

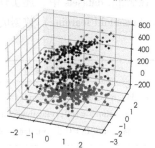

图 4-11　线性回归分析数据集

例如，产生 5 个因变量数据。

```
from sklearn import datasets
```

#产生样本数据

```
X,y = datasets.make_sparse_uncorrelated(n_features = 5,random_state = 5)
```

对所产生的数据，采用第 9.2.1 节线性回归中所介绍的方法进行回归拟合（如例 9-11 所示），得到的回归模型系数如下：

模型系数：

$$coef = \begin{bmatrix} 0.9273484 & 2.08684461 & -2.01412003 & -1.38301131 & -0.03126203 \end{bmatrix}$$

intercept = 0.03389451467083994

对照前面介绍的因变量自变量关系系数 $\{1, 2, -2, -1.5\}$，二者较为接近。以上示例的代码见文件 make_sparse_uncorrelated.py。

（3）make_friedmanX( ) 函数。在 sklearn.datasets 模块中，共定义了 3 个产生进行费里德曼（Friedman）问题的回归分析数据的函数，函数原型分别如下：

sklearn.datasets.**make_friedman1** (n_samples = 100,n_features = 10,noise = 0.0,random_state = None)

产生满足 $y = 10\sin(\pi x_0 x_1) + 20(x_2 - 0.5)^2 + 10 x_3 + 5 x_4 + \varepsilon$, $\varepsilon \in N(0, 1)$ 关系的一组多自变量-单因变量数据。

sklearn.datasets.**make_friedman2** (n_samples = 100,noise = 0.0,random_state = None)

产生满足 $y = \sqrt{x_0^2 + \left(x_1 x_2 - \dfrac{1}{x_1 x_3}\right)^2} + \varepsilon$, $\varepsilon \in N(0, 1)$ 关系的一组 4 个自变量-单因变量数据。

sklearn.datasets.**make_friedman3** (n_samples = 100,noise = 0.0,random_state = None)

产生满足 $y = \operatorname{atan}\left(\dfrac{x_1 x_2 - \dfrac{1}{x_1 x_3}}{x_0}\right) + \varepsilon$, $\varepsilon \in N(0, 1)$ 关系的一组 4 个自变量-单因变量数据。

分别调用上述函数产生数据（示例代码见文件 make_friedman.py），可以产生如图 4-12 所示的数据分布和 ε 的分布图。

4. 其他数据

在 scipy.datasets 中，还实现了产生可降维（decomposition）数据的函数（见表 4-7）和流形学习（manifold learning）数据的函数（见表 4-8）。

表 4-7 产生可降维数据的函数

函数原型	说　明
make_low_rank_matrix (n_samples = 100, n_features = 100, effective_rank = 10, tail_strength = 0.5, random_state = None)	产生低秩矩阵数据，可用于奇异值分解和降维分析。示例代码见文件 make_low_rank_matrix.py

（续）

函数原型	说　明
make_sparse_coded_signal （n_samples，n_components，n_features，n_nonzero_coefs，random_state = None）	产生稀疏编码信号，示例代码见文件 make_sparse_coded_signal. py
make_sparse_spd_matrix （dim = 1，alpha = 0.95，norm_diag = False，smallest_coef = 0.1，largest_coef = 0.9，random_state = None）	产生对称正定稀疏矩阵数据
make_spd_matrix （n_dim，random_state = None）	产生对称正定矩阵数据

表4-8　产生流形学习数据的函数

函数原型	说　明
make_s_curve （n_samples = 100，noise = 0.0，random_state = None）	产生一组 S-curve 形曲面数据，可研究降维等处理方法。图形如图 4-13 所示。示例代码见文件 make_s_curve. py
make_swiss_roll （n_samples = 100，noise = 0.0，random_state = None）	产生一组 swiss-roll 形曲面数据，可研究聚类等处理方法。图形如图 4-14 所示。示例代码见文件 make_swiss_roll. py

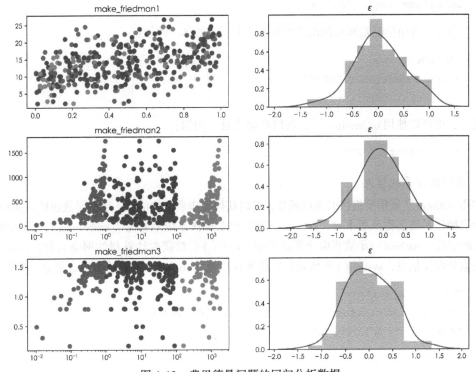

图 4-12　费里德曼问题的回归分析数据

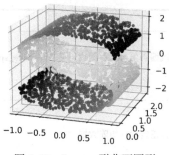

图 4-13　S-curve 形曲面图形

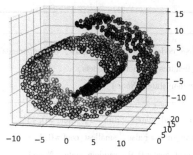

图 4-14　swiss-roll 形曲面图形

4.2　数据文件访问

Python 语言结合丰富的扩展库，可以完成对计算机系统、计算机文件系统的管理和控制，也可以方便地对多种常见文档进行读取和操作，大大提升办公自动化的效率。

4.2.1　系统操作

1. 获取操作系统环境变量

调用 os 扩展库的 getenv( ) 函数，可以获取系统中用户变量或系统变量的设置内容。

```
os. getenv (key,default = None)
```

其中，参数 key 为用户配置和系统配置的环境变量项[注]名称。例如：

```
>>> import os
>>> os. getenv ('HOMEPATH')
'\\Users\\Administrator'
```

此外，也可以使用 os. environ[ ]，获取环境变量。例如：

```
>>> os. environ ['PATH']
```

2. 获取操作系统信息

调用 platform 扩展库所提供的各项函数，可以获得操作系统的信息。这些函数包括：platform( ) 函数获取操作系统名称及版本号，version( ) 函数获取操作系统版本号，architecture( ) 函数获取操作系统的位数，machine( ) 函数获取计算机类型，node( ) 函数获取计算机的网络名称，processor( ) 函数获取处理器信息，system( ) 函数获取操作系统信息，uname( ) 函数获取综合信息。例如：

```
>>> import platform
>>> platform. platform()      #获取操作系统名称及版本号
'Windows - 7 - 6.1.7601 - SP1'
```

⊖ 环境变量项，可以通过桌面—鼠标右键—属性—高级系统设置—高级—环境变量，打开"环境变量"对话框进行查看和设置。

此外，在 sys 扩展库中，也提供了多项能够报告操作系统和 Python 系统各种信息的属性或函数，可以在 import sys 后，使用 dir（sys）来查看这些属性或函数。

4.2.2 文件系统操作

在 os 扩展库中，提供了多种对文件系统进行操作的函数，可以对文件夹或对文件进行诸如创建、移动、重命名等操作。在 import os 后，通过执行 dir（os）和 dir（os. path）语句可以查看 os 扩展库的模块和函数的名称。

1. 获取当前工作路径

调用 os. getcwd()函数可获得当前的工作路径，注意当前路径并不是指脚本所在的路径，而是所运行脚本的路径（二者经常会是一致的）。例如：

```
>>> import os
>>> print(os. getcwd())
C: \ Users \ Administrator \ AppData \ Local \ Programs \ Python \ Python38
```

如果将上述两条语句内容写入 Python 程序文件 cwd. py，并保存在 E:\code 文件夹下，运行 Windows 的命令行窗口并进入 E:\code 文件夹，输入：

```
E: \ code >python pwd. py
```

则输出 python 源程序所在文件夹路径，即

```
E: \ code
```

2. 改变当前路径

调用 os. chdir（path）函数可以显式地改变当前工作路径，其中参数 path 为要改变的目标路径。例如：

```
>>> import os
>>> os. chdir('E: \\temp')          #将当前路径改到 E:\temp
```

其中，路径字符串中 " \ " 为转义符，会与其后的字符一起表示一个不同的含义（见表2-1）。可以在字符串前加上 "r"，使 " \ " 表示原义。例如：

```
>>> os. chdir(r'E: \ temp')          #将当前路径改到 E:\temp
```

3. 创建文件夹

可以调用 os. mkdir（path）函数创建由参数 path 指定的文件夹，其中参数 path 为要创建文件夹的路径。例如：

```
>>> os. mkdir(r'E: \ book \ temp')     #在 E: \ book 下创建 temp 文件夹
```

可以调用 os. path. exists（path）函数来判断一个文件或文件夹是否存在，其中参数 path 为路径或带路径的文件名；返回值为 True 或 False。

4. 重命名文件

调用 os. rename（src, dst, ＊）函数，可以为文件重命名，其中参数 src 为原文件名，参数 dst 为新文件名。

例如，通过以下重命名的方法，可以将文件 C：\temp\code\t.py 移动到 C：\temp 文件夹下，并将文件名改为 new.py。

```
>>> os.rename(r'C:\temp\code\t.py',r'C:\temp\new.py')
```

5. 删除文件或文件夹

使用 os.remove（path）函数，可以删除文件；使用 os.rmdir（path）函数，可以删除文件夹，其中参数 path 为要删除的（包含路径的）文件名或要删除的文件夹路径。例如：

```
>>> os.rmdir(r'E:\book\temp')          #删除 E:\book\temp 文件夹
```

注意，使用这种方法删除文件夹时，该文件夹必须为空才能成功删除，否则报错。

6. 判断是文件夹还是文件

可以使用 os.path.isfile（path）函数判断一个路径是否为一个文件名，参数 path 为要进行判断的路径，如果是则返回 True，否则返回 False。例如：

```
>>> os.path.isfile(r'E:\book\tmp')     #判断是否为文件
False                                  #表示 E:\book\tmp 不是文件
```

可以使用 os.path.isdir（path）函数判断一个路径是否为一个文件夹，参数 path 为要进行判断的路径，如果是则返回 True，否则返回 False。例如：

```
>>> os.path.isdir(r'E:\bk\tmp')        #判断 E:\bk\tmp 是否为文件夹
True                                   #表示 E:\bk\tmp 是文件夹
```

7. 获得文件夹中的内容

调用 os.listdir（path）函数，可以获得路径 path 所指定的文件夹中的内容（包括文件夹和文件），并返回一个列表。例如：

```
>>> os.listdir(os.getcwd())            #获得当前路径中的内容
['dde.pyd', 'license.txt', 'Pythonwin.exe', 'scintilla.dll', 'win32ui.pyd',
'win32uiole.pyd', 'pywin']
```

进一步地，可以对返回的列表中的内容，通过 os.path.isdir（）和 os.path.isfile（）逐个判断是文件或是文件夹，从而进行后续的处理。

8. 返回绝对路径

通过调用 os.path.abspath（path）函数可以得到一个路径的绝对路径，其中参数 path 为一个相对路径，运算时 path 与当前路径相结合，生成一个规范完整的绝对路径，并返回。例如：

```
>>> os.getcwd()                        #查看当前工作目录
'E:\\Files\\Docs'

>>> os.path.abspath('.\\..\\..')       #返回当前路径的上 2 级路径
'E:\\'
```

9. 分解为路径和文件名

通过 os.path.split（path）函数可以得到参数 path 所指定的路径中所蕴含的路径和文件名。

该方法同时返回所解析得到的路径和文件名，以元组表示。例如：

```
>>> os. path. split(r'E:\Files\Docs\Python\source. py') #分解绝对路径
('E:\\Files\\Docs\\Python','source. py')

>>> os. path. split(r'.\Python\source. py')              #分解相对路径,结果也是
                                                         #相对路径
('.\\Python','source. py')

>>> os. path. split(r'E:\Files\Docs\Python')             #当路径中的'Python'为
                                                         #文件夹
('E:\\Files\\Docs','Python')
```

最后一条语句表明，os. path. split()函数仅仅是对参数中所给定的字符串从语义上进行划分，并不对所产生的结果是否为文件名进行检验，因此在调用前，应先对参数 path 所给定的路径，使用 os. path. isfile()进行检验，并根据情况进行使用。

10. 拼接文件夹和文件名为完整路径

通过 os. path. join（path1，path2，...）函数，可以将路径和文件名（或文件夹名）拼接成一个完整路径（带文件名）。参数 path1，path2，... 等为进行拼接的路径。例如：

```
>>> os. path. join(r'E:\Files\Docs','Python')                    #拼接路径和文件夹
'E:\\Files\\Docs\\Python'

>>> os. path. join(r'E:\Files\Docs\Python','source. py')         #拼接路径和文件名
'E:\\Files\\Docs\\Python\\source. py'

>>> os. path. join(r'E:\Files\Docs\Python',r'E:\Files\Docs\C') #拼接重叠路径
'E:\\Files\\Docs\\C'
```

11. 遍历文件夹及文件

调用以下函数，可以遍历指定文件夹下的所有子文件夹及其中的文件。

```
os. walk (top,topdown = True,onerror = None,followlinks = False)
```

其中，参数 top 为起始文件夹；参数 topdown 设置是否自顶向下遍历 top 的子文件夹；参数 onerror 指定异常处理函数；参数 followlinks 指定是否处理文件夹中的快捷方式。函数迭代产生并返回 top 下各文件夹的 dirpath（字符串）、dirnames（列表）和 filenames（列表）。可使用 os. path. join (dirpath，filenames) 函数将文件夹和文件名拼接为一个从 top 开始的完整路径。

【例 4-5】 使用 os. walk()函数遍历一个文件夹下的所有文件夹和文件，并计算其中文件的大小总和（示例代码见文件 os_walk. py）。

```
import os
from os. path import join,getsize
for root,dirs,files in os. walk('. '):
    print(os. path. abspath(root),end = '\n  ')
```

```
print(sum(getsize(join(root,name))for name in files),end="")
print("字节,",len(files),"个文件")
if 'CVS' in dirs:              #可以在迭代遍历的过程中,改变文件夹列表的内容
    dirs.remove('CVS')        #不访问 CVS 文件夹
```

另外一个遍历特定路径下的所有文件及文件夹（包括子文件夹中的内容）的方法是：使用 os. listdir( )函数取得该路径中所有内容并遍历处理，如果是文件，则进行相应处理；如果是文件夹，则递归遍历。其伪代码如下：

```
procdure enum_dir(path):
    用 os. listdir(path)取得 path 路径下的所有内容(文件及文件夹),存为 root
    for each item in root:
        if item 是文件:
            输出 item
        else     // item 是文件夹
            enum_dir(path+item)
```

【例 4-6】 使用 os. listdir( )函数，遍历当前文件夹下的所有文件夹和文件，并按照一定的层次输出（完整代码见文件 list_directory. py）。

```
global lv

#定义递归调用函数,遍历整个文件夹
def list_dir (path,fd):
    global lv
    root=os. listdir (path)
    for index,value in enumerate(root):
        newpath=path+ ' \\' +value
        print(newpath)
        if os. path. isfile(newpath):
            fp. write('% s% s \n'% ('  ' * lv,value))
        elif os. path. isdir(newpath):
            fp. write('% s+% s \n'% ('  ' * (lv-1),newpath))
            lv+ =1
            list_dir (newpath,fp)     #递归调用
            lv- =1

lv=1
cwd=os. getcwd()

#将遍历得到的内容保存到文本文件中
with open("saved_file_list. txt","w",encoding= 'utf-8')as fp:
    list_dir(cwd,fp)
    fp. close()
```

4.2.3 文本文件读写

1. 标准 I/O 读写

（1）打开和关闭文本文件。读写文本文件，需先由 Python 标准库中定义的 open( ) 函数，以文本或字节串的方式打开该文件，创建一个流对象，然后对其进行读或写，最终关闭该文件。open( ) 函数的原型如下：

open (file,mode = ' r ' , buffering = - 1 , encoding = None , errors = None , newline = None , closefd = True , opener = None)

主要参数说明见表4-9。

表 4-9　open( ) 函数主要参数说明

参数	说　　明
file	文件名
mode	打开文件的模式，具体定义见表4-10
buffering	设置读写缓存方式：0 = 不缓存；1 = 缓存；n = 缓存区的大小；- 1 = 使用系统默认大小的缓存
encoding	文件读写文本的编码方式（例如 ' utf - 8 ' 或 ' gb2312 ')
errors	指定如何处理编码错误，可以是 {None, 'strict', 'replace', 'ignore'} 等
newline	指定换行符，可以是 {None, '', '\ n', '\ r', '\ r\ n'}

表 4-10　open( ) 的 mode 参数说明

模式	描述
r	以只读方式打开文件
w	打开文件，只用于写入。如果文件存在，则打开文件，删除原有内容，开头开始写入；如果该文件不存在，则创建新文件
x	新建一个文件并写入，如果该文件已存在，则会报错
a	打开文件，用于追加。如果文件已存在，文件指针将会放在文件的结尾，即写入内容将被加到已有内容之后；如果该文件不存在，则创建新文件进行写入
b	二进制模式，一般用于非文本文件，如图像文件等
t	文本模式
+	打开一个文件进行更新（可读可写）

除表4-10中所列，还可以将 r、w、a 分别与 b、+ 进行组合，以不同目的和模式打开文件，例如 wb + 表示以二进制格式打开文件用于读写。

在表4-11中，汇总了不同的文件操作目的与参数 mode 的控制字符间的关系。

如果打开失败，则会抛出一个 OSError 异常。

文件操作完成后，应使用以下代码将文件缓存中的内容保存到文件中，关闭文件对象。

```
file.close()
```

表 4-11　参数 mode 与文件操作控制表

模式	r	r +	w	w +	a	a +
读	✓	✓		✓		✓
写		✓	✓	✓	✓	✓
创建			✓	✓	✓	✓
覆盖			✓	✓		
指针在开始	✓	✓	✓	✓		
指针在结尾					✓	✓

（2）文件指针定位。在 Python 中，可调用以下函数得到文件指针的当前位置和移动文件指针的位置，以便读写文件中不同位置的内容。

```
file. tell ()
file. seek (cookie, whence = 0)
```

其中，参数 cookie 为文件指针的移动量；参数 whence 为文件指针移动的参考点：0 = 起始位置，1 = 当前位置，2 = 文件末尾（这时移动量为负值）。例如：

```
>>> file = open ('a. txt', 'r')
>>> file. tell ()
0

>>> file. seek (20,0)
20

>>> file. tell ()
20
```

（3）读取文本文件。读取文本文件的过程是：①打开文件；②读取文件内容；③关闭文件。

【例 4-7】 读取素材文本文件 text_file. txt 中内容，并输出。

读取文本文件内容的代码如下（代码见文件 read_text_file. py）：

```
file = open ('text_file. txt')
sText = file. read ()
print (sText)
file. close ()
```

输出结果如下：

```
Life is short, you need Python.
Simple is better than complex.
```

另外，还可以使用 f. readline ( ) 来逐行读取文本文件中的内容，或使用 f. readlines ( ) 来读取文本文件中的所有行，得到以每一行文本作为一个元素的列表。

【例4-8】 逐行读取文本文件的内容。代码如下：

```
file = open('text_file.txt')

while True:
    sLine = file.readline()      #读取一行，行末以'\n'结尾
    print(sLine,end = '')
    if not sLine:
        break
file.close()
```

或更为简捷地：

```
for i in open('test.txt','r'):
    print(i,end = '')
```

输出结果如下：

```
Life is short,you need Python.
Simple is better than complex.
```

注意，用 readline() 读取时，会将文本文件中的换行符读入为'\n'。

（4）创建文本文件。创建文本文件的过程是：①以'w'的模式打开文件；②写入文件；③关闭文件。

【例4-9】 将特定内容写入文本文件。代码如下：

```
file = open('test.txt','w')
file.write('Hello,Python! ')
file.write('This is to write. ')
file.close()
```

运行程序，会生成 test.txt 文本文件，打开后可以看到如图 4-15 所示的内容。

可以看出，使用 write() 函数写文件时，不会自动产生换行。如果需要逐行写入，则要专门加入换行符'\n'。

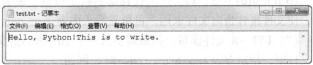

图 4-15 向文本文件中写入的内容

（5）写入文本文件。将要写入的内容添加到现有文件的现有内容之后，其过程是：①以'a'（即 append）的模式打开文件，文件指针指向文件末尾；②写入文件，写入的内容将添加到已有内容之后；③关闭文件。

【例4-10】 将素材文件 text_file.txt（其中内容见例4-7）另存为 test.txt。通过程序再写入两行内容，代码如下：

```
file = open('test.txt','a')

file.write('\n')
file.write('Hello,Python! \n')
```

```
file.write('This is to write. ')

file.close()
```

运行程序，文件 test. txt 中的内容如
图 4-16 所示。

（6）覆盖文本文件。如果需要覆盖
现有文件的部分内容，其过程是：①打
开文件。以 'r + ' 的模式打开文件，这
时文件指针指向文件起始位置，文件既
可写入，也可读取；②写入文件；③关闭文件。

图 4-16　向文本文件添加的内容

【例 4-11】　将素材文件 text_file. txt（其中内容见例 4-7）另存为 test. txt。向 test. txt 文件中
写入内容，并覆盖部分原有内容。

执行以下代码：

```
file = open('test. txt','r + ')
file.write('Hello,Python! \n')
file.write('This is to write. ')
file.close()
```

则文本文件中的内容变为：

Hello,Python!
This is to write. Simple is better than complex.

原有内容的对应内容（31 个字符）被 'Hello, Python! \nThis is to write. '（31 个字符）覆盖
改写。

如果不希望原有内容被覆盖，或从文件的某个位置开始覆盖，则可以使用如 "文件指针定
位" 小节介绍的方法，将文件指针移动到指定位置，或者使用 file. readlins（）函数将原有内容读
出，使文件指针指向文件末尾，再覆盖写入内容。

（7）UTF - 8 文件读写。如果需要从一个 utf8 编码的文本文件中读出各行文本，则需要在打
开文件时，指定参数 encoding = 'utf - 8'。例如：

```
file = open('utf8. txt',encoding = 'utf - 8')
```

否则在打开一个中文文本文件并尝试读取其中文本时，会抛出 UnicodeDecodeError 异常。另外，
可以使用 codecs 扩展库，读取不同编码的文本（示例代码见文件 codecs_read_utf8. py）。

2. 结构化文件读写

可以使用 numpy 和 pandas 扩展库中的相应函数，从结构化的文本文件中读取数据，并以
numpy. ndarray 或 pandas. DataFrame 等结构来组织数据。

调用 numpy. loadtxt（）函数，可以读入文本文件中的内容，并将其组织成 numpy. ndarray 数据
类型的数据。函数原型如下：

```
numpy. loadtxt (fname,dtype = < class 'float' >,comments = '#',delimiter = None,
converters = None,skiprows = 0,usecols = None,unpack = False,ndmin = 0,encoding = '
bytes',max_rows = None)
```

参数说明见表4-12。

表4-12 numpy. loadtxt( )参数说明

参数	说　　明
fname	文件名
dtype	数据的类型
comments	注释行的标志字符
delimiter	数据字段之间的分隔符，默认值为空格
converters	特定数据列用指定函数进行处理，例如 converters = {0：datestr2num} 是指第 0 列数据使用函数 datestr2num( )进行处理
skiprows	跳过的行数
usecols	被读入的列
unpack	是否将返回值按列组织为列表
ndmin	读入数据的最小维数
encoding	文件内容的编码类型
max_rows	读入数据的行数

【例4-12】 从文本文件 formatted_txt. txt 中，读入结构化的数据（文件中的第 3 行数据前加上了"#"，标注为注释行）（示例代码见文件 numpy_loadtxt. py）。

```
import numpy as np

#指定文件中数据的类型和格式
dtype = {'names':('No','A','B','C','D','E'),
        'formats':('i4','f4','f4','f4','S4','f4')}
#读入文件
data = np. loadtxt('formatted_txt. txt',dtype = dtype,delimiter = ',',
                    skiprows = 2,unpack = False,ndmin = 1)
print(type(data))
print(data)
```

运行结果如下：

```
<class'numpy. ndarray'>
[( 0,0.6245,0.3794,0.8425,b'abc',0.1594)
( 1,0.7457,0.0984,0.9985,b'def',0.9969)
( 3,0.2306,0.0339,0.1626,b'ert',0.3253)
( 4,0.2366,0.9498,0.8405,b'dfg',0.6747)
  ......
(19,0.1717,0.2245,0.6653,b'ert',0.3342)]
```

其中，数据的第 2 行因被标注为注释行，未被读入。

从存在缺失值的结构化文本文件读入数据时，可以使用 numpy. genfromtxt( )等函数，通过特定设置，妥善处理缺失值。

需要将数据写入文本文件时，可以调用 numpy. savetxt( )函数，将组织成 numpy. ndarray 数据类型的数据写入文本文件。函数原型如下：

numpy. **savetxt** (fname,X,fmt='%.18e',delimiter=' ',newline='\n',header='',footer='',comments='#',encoding=None)

参数说明见表4-13。

4.2.4　CSV 文件读写

读写 CSV (Comma Separated Value) 格式的文件，可以使用 csv 扩展库或 pandas 扩展库中的读写函数来完成，也可以使用4.2.3 节所介绍的方法来读写结构化的数据（需设置表4-12 中的参数 delimiter = ','）。

csv 模块是对 CSV 文件进行读写的专门模块。进行读写时，需要创建 reader 和 writer 对象，来完成对 CSV 文件的读写。

【例 4-13】　将数据写入 CSV 文件（完整代码见文件 csv_write. py）。

表 4-13　numpy. savetxt( )参数说明

参数	说　明
fname	文件名
X	写入文件的数据
fmt	数据写入文件的格式
delimiter	数据字段之间的分隔符
newline	数据行之间的分隔符
header	首行的内容（字符串）
footer	写入文件数据后下一行（尾行）的内容（字符串）
comments	注释行的标志字符
encoding	文件内容的编码类型

```python
import csv

#将数据写入到 csv 文件
f = open('saved_wreport.csv','w',newline='')
csv_writer = csv. writer(f)
for row in data:
    csv_writer. writerow(row)
f. close()
```

上面代码中的写入语句也可以写成：

```python
csv_writer. writerows(data)
```

【例 4-14】　从运行例 4-13 代码生成的 CSV 文件中，读入数据（代码见文件 csv_read. py）。

```python
import csv

#将数据从 report. csv 文件中读出
try:
    f = open('saved_wreport.csv','r')
except FileNotFoundError as e:
    print(e)
else:
    csv_reader = csv. reader(f)
```

```
    for row in csv_reader:
        print(row)
    f.close()
```

这里，使用 try-except 结构处理打开特定文件失败的情况。

对于 pandas 扩展库，可调用 pandas. read_csv( ) 函数，将 CSV 文件中的内容，读入到一个 pandas. DataFrame 数据变量中。函数原型如下：

pandas. **read_csv** (filepath_or_buffer,sep = ',',delimiter = None,header = 'infer', names = None,index_col = None,usecols = None,squeeze = False,prefix = None,mangle_ dupe_cols = True,dtype = None,engine = None,converters = None,true_values = None, false_values = None,skipinitialspace = False,skiprows = None,skipfooter = 0,nrows = None,na_values = None,keep_default_na = True,na_filter = True,verbose = False,skip_ blank_lines = True,parse_dates = False,infer_datetime_format = False,keep_date_col = False,date_parser = None,dayfirst = False,compression = 'infer',thousands = None, decimal = '. ',lineterminator = None,quotechar = '"',quoting = 0,doublequote = True, escapechar = None, comment = None, encoding = None, delim_whitespace = False, float_ precision = None,…)

参数说明见表4-14。

表 4-14　pandas. read_csv( ) 参数说明

参数	说 明
filepath_or_buffer	文件名或文件 buffer
sep，delimiter，delim_whitespace	规定 CSV 文件中数据字段的分隔符
header	CSV 文件中数据的标题行所在的行号（0 表示第一行）
names	DataFrame 的列名（如果 CSV 文件的数据表中没有标题行）
index_col	读入的 DataFrame 数据的 index 在 CSV 文件中的列号
usecols	CSV 文件中被读入的列
squeeze	只有一列数据时，是否返回为 pandas. Series 数据
prefix	未指定 header 时，DataFrame 的列自动编号的前缀符号
mangle_dupe_cols	设置是否将重复的标题行的列名自动编号
dtype	每列数据的数据类型
engine	读入时所用的解析引擎，为 'C' 或 'python'
converters	对读入的数据列进行转换的函数，以字典定义，其 key 为列名或者列序
true_values，false_values	读入时被解析为 True 和 False 的值
skipinitialspace	是否忽略分隔符后的空格
skiprows	读入时跳过的行号（从 0 开始）
skipfooter	读入时跳过的后几行行数
nrows	需要读取的行数（从文件头开始算起）
na_values，na_filter，keep_default_na	如何处理和标明读取内容中的缺失值（N/A）

(续)

参数	说　　明
skip_blank_lines	读入时是否跳过空行
parse_dates，date_parser，infer_datetime_format，keep_date_col，dayfirst	指定如何处理日期时间类型的数据
compression	是否读取的是压缩文件
thousands，decimal	千分位和小数点的格式
lineterminator	行分隔符
quotechar	读入数据字段的定界符，定界符内的 delimiter 将被忽略
quoting，escapechar，doublequote	控制 CSV 中的引号常量
comment	注释行的标志字符
encoding	文件内容的编码类型

如果读取的文件名包含中文字符且读入时出错，则可以设置参数 engine = 'python'；如果文件内容中包含中文字符且读入出错，则可以根据文档编码的情况，设置参数 encoding = 'utf - 8 '或 encoding = 'gb2312'等来解决。

调用 pandas. DataFrame. **to_csv**( )函数，可以将一个 DataFrame 变量中的内容写入到 CSV 文件中。例如：

```
import pandas as pd
df = pd. DataFrame(data)
df. to_csv('sample. csv')
```

4.2.5　JSON 文件读写

JSON（JavaScript Object Notation）是一种轻量级的数据交换格式，具有便于阅读、自我描述性好、层级结构简单、不使用保留字、读写速度快和便于生成及解析等特点。这使 JSON 成为理想的数据交换语言，逐渐代替了传统的 xml 数据格式，成为目前较为流行的一种数据格式。

1. json 扩展库

Python 的 json 扩展库实现了 JSON 文件的读写。调用 json. load( )函数，可从 JSON 数据文件中载入 JSON 数据；调用 json. loads( )函数，可将字符串数据载入为 JSON 格式数据，完成从文件读入文本并转化为 JSON 数据的操作；调用 json. dump( )函数，可将 JSON 数据写入 JSON 数据文件；调用 json. dumps( )函数，可将 JSON 数据转换为字符串数据，完成将 JSON 数据转换为字符串并写入文本文件的操作。

【例 4-15】　将数据写入 JSON 文件，再读出（示例代码见文件 json_load. py）。

```
import json

#定义符合 JSON 格式数据
```

```
data = {'name':{'first':'Johney','last':'Lee'},'age':40}

#将数据写入 JSON 文件
f_json = open('saved_d.json','w')
json.dump(data,f_json)
f_json.close()

#从 JSON 文件中载入数据
try:
    f = open ('saved_d.json', 'r')
    dp = json.load (f)
except json.decoder.JSONDecodeError as e:
    print (e)
else:
    f.close()
    print (dp)
```

使用 json.load( )载入数据时，会对数据进行解析，如果解析失败，则会抛出 json.decoder. JSONDecodeError 异常。

2. pandas 扩展库

通过 pandas 扩展库，可以将 DataFrame 数据保存为 JSON 数据文件，或者将 JSON 文件中的内容读入为 DataFrame 数据。完成保存为 JSON 数据文件的函数的原型如下：

pandas.DataFrame.**to_json** (path_or_buf = None,orient = None,date_format = None, double_precision = 10,force_ascii = True,date_unit = 'ms',default_handler = None, lines = False,compression = 'infer',index = True,indent = None)

参数说明见表 4-15。

表 4-15　DataFrame.to_json( )参数说明

参数	说　　明
path_or_buf	JSON 文件名或文件句柄，缺省则仅返回字符串
orient	输出格式，取值及对应的输出格式分别如下： 'split'：　{'index'：[index]，'columns'：[columns]，'data'：[values]} 'records'：[{column：value}，…，{column：value}] 'index'：　{index：{column：value}} 'columns'：{column：{index：value}} 'values'：　数据数组 'table'：　{'schema'：{schema}，'data'：[{data}]}。
date_format	日期转换的类型，可以是 {None，'epoch'，'iso'}
double_precision	浮点值精度
force_ascii	是否将字符串转换为 ASCII 编码
date_unit	变为标准编码的时间单位，可以是 {'s'，'ms'，'us'，'ns'}

（续）

参数	说　　明
default_handler	当无法处理时，指定 JSON 对象处理所使用的回调函数，该函数输入为单个文本对象，输出为可序列化的 JSON 对象
lines	设置当 orient = 'records' 时，是否在每一条记录后换行
compression	指定输出文件的压缩方式，可以是｛'infer'，'gzip'，'bz2'，'zip'，'xz'，None｝，可根据输出文件名的扩展名推断压缩方式
index	设置是否在 JSON 字符串中包括 index 值（仅当 orient = 'split' 或 'table' 时，才支持 index = False）
indent	每一记录缩进的空格数

当未指定参数 path_or_buf 时，函数返回 JSON 字符串，否则返回 None。

【例 4-16】　以不同的格式，将 DataFrame 数据输出到 JSON 文件中（示例代码见文件 pandas_to_json. py）。

```
import pandas as pd

df = pd. DataFrame( {"height":[1.5,2.0,1.3,1.4,1.5],
                    "weight":[31,54,45,26,47]},
                    index = ('Helen','Kevin','Peter','Sam','Smith'))

#将数据以不同格式,写入 JSON 文件
orients = {'columns','index','records','split','table','values'}
for ori in orients:
    df. to_json("saved_file(orient = '% s').json"% ori,orient = ori)
```

打开所产生的文件，可以查看以不同格式输出的 JSON 文件。

将 JSON 文件读入为 DataFrame 数据时，可调用 pd. read_json( ) 函数。例如：

```
orients = {'columns','index','records','values'}
for ori in orients:
    filename = "saved_file(orient = '% s').json"% ori
    df = pd. read_json(filename)
    print(filename)
print(df,end = ' \ n \ n')
```

4. 2. 6　MS Excel 文件读写

实现 MS Excel 文档读写的扩展库有很多，例如 pandas、xlwt、xlrd、xlsxwriter 和 openpyxl 等扩展库均提供了 MS Excel 文档的读或写功能。

1. xlrd 扩展库（读取文件）

xlrd 扩展库仅用于 Excel 文档的读取。读取 Excel 文件的过程为：打开 Excel 工作簿，获得某工作表，再逐行读取工作表行数据，逐个读取行数据中的单元格数据。

【例 4-17】 读取例 4-18 中创建的九九乘法表中的内容（示例代码见文件 xlrd_readTable9x9. py）。

```
import xlrd

excelFile = 'saved_Tab9x9.xls'
data = xlrd.open_workbook(excelFile)     #打开工作簿
sheet = data.sheets()[0]                 #取得第 0 个工作表

#读取工作表中的数据
for i in range(sheet.nrows):
    rowValues = sheet.row_values(i)      #某一行数据
    print()
    for item in rowValues:
        print(item, end='\t')
```

读取工作表中行数据和单元格数据的操作有不同的方法。

(1) 获取工作表。可以通过索引顺序或名称获取。例如：

```
sheet = data.sheets()[0]                  #通过索引顺序获取，或
sheet = data.sheet_by_index(0)            #通过索引顺序获取，或
sheet = data.sheet_by_name(u'Sheet1')     #通过名称获取
```

(2) 获取行数和列数。例如：

```
nrows = sheet.nrows                       #获取工作表有效数据的行数
ncols = sheet.ncols                       #获取工作表有效数据的列数
```

(3) 获取整行和整列的值（数组）。例如：

```
sheet.row_values(i)                       #获取整行数据
sheet.col_values(i)                       #获取整列数据
for i in range(nrows):                    #根据数据行的数量，按索引遍历
    print(sheet.row_values(i))
```

(4) 获取单元格。可以使用行号和列号，获取特定单元格。例如：

```
cell_C4 = sheet.cell(3,2).value           #根据行、列序号获取单元格数据
cell_A1 = sheet.row(0)[0].value           #根据行或列的索引,获取单元格
```

(5) 修改文件缓存中的数据。例如：

```
row,col = 0,0
ctype = 1                                 #0 = empty,1 = str,2 = number,3 = date,
                                          #4 = boolean,5 = error
value = '单元格的值'
xf = 0                                    #扩展格式
sheet.put_cell(row,col,ctype,value,xf)
```

2. xlwt 扩展库（创建文件）

使用 xlwt 扩展库，可以完成 Excel 文档的创建和写入。创建 Excel 文档时，首先调用 xlwt. Workbook（）函数创建工作簿对象，随后调用 add_sheet（）方法添加工作表对象 sheet，再调用 sheet. write（）填写单元格内容，完成后将工作簿保存为指定文件名。

【例4-18】 创建一个 Excel 文档，文档名为 Tab9x9. xls，内容为数字的九九乘法表（示例代码见文件 xlwt_WriteTab9x9. py）。

```
import xlwt

wkbk = xlwt. Workbook()                #新建一个 excel 文件
sheet = wkbk. add_sheet('sheet1')      #新建一个 sheet

#创建格式对象
xf1 = xlwt. easyxf('''
              font:bold True,color red;
              align:wrap on,vert centre,horiz center
              ''')              #字体为粗体、红色、自动换行、垂直居中、水平居中
xf2 = xlwt. easyxf('''
              font:bold False,color blue;
              align:wrap off,vert centre,horiz left
              ''')              #字体为非粗体、蓝色、不自动换行、垂直居中、
                                #水平居左

#写入数据, sheet. write(行,列,值,格式)
for i in range(1,10):
    sheet. write(i,0,i,xf1)
    sheet. write(0,i,i,xf1)
    for j in range(1,10):
        sheet. write(i,j,'% d x % d = % d'% (i,j,i* j),xf2)

wkbk. save('saved_Tab9x9. xls')         #保存文件
```

运行程序。打开所创建的文档，可以看到设定格式标题和算式的九九乘法表。

说明：

（1）默认情况下，不允许在一次 add_sheet（）后，重复向一个单元格写数据。如果需要重复向一个单元格写数据，应进行以下设置。

```
sheet = wbk. add_sheet('sheet1',cell_overwrite_ok = True)
```

（2）在调用 write（）向单元格写入时，可同时设置单元格的格式。方法是先定义单元格格式：

```
xf = xlwt. easyxf('font:bold 1,color red')          #字体为粗体,红色。或:
xf = xlwt. easyxf('pattern:pattern solid,fore_colour yellow;font:bold on;')
                                          #单元格背景色为黄色,字体为粗体
```

然后使用所定义的格式来写入单元格。

```
sheet.write(row,col,value,xf)
```

这里，easyxf( )所解析的格式字符串的内容非常丰富（见表4-16）。

3. xlsxwriter 扩展库

使用 xlsxwriter 扩展库，可以完成对 Excel 文件的写入。过程为：调用 Workbook( ) 函数创建 Excel 工作簿对象 workbook，再调用 workbook. add_worksheet( ) 方法添加工作表 sheet，进而调用 sheet. write( )、sheet. insert_image( ) 等方法填写各单元格的内容。

【例4-19】 创建 Excel 文档，添加一个名为"图片"的工作表，并在其中 A1、B1 和 B2、C2 单元格分别写入内容并插入图像（完整代码见文件 xlswriter_write. py）。

表 4-16 xlwt. easyxf( ) 所定义的 Excel 单元格格式关键字

关键字	子关键字	取值
font	bold	True 或 False
	color	red，green，blue，yellow，orange，pink，black，brown，white，violet，rose 等限定的几种
	name	Arial 等
	height	整数值，例如 200
	num_format_str	例如 num_format_str = '#, ##0. 00 '
align	horiz	center，left 或 right
	wrap	on

```
import xlsxwriter

#创建一个 Excel 工作簿并添加一个工作表
workbook = xlsxwriter. Workbook('saved_pic_cells. xlsx')
worksheet = workbook. add_worksheet('图片')

#在单元格中插入文本和图片,对图片进行缩放
cell_format = workbook. add_format({'bold':True,'italic':True,
                                    'font_color':'red',
                                    'align':'top'})
worksheet. write('A1',"一出好戏",cell_format)
worksheet. insert_image('B1','. \img \img1. jpg',
                        {'x_scale':0.5,'y_scale':0.5})

#在单元格的 offset 位置插入图片
worksheet. write(1,1,'Little Forest')
worksheet. insert_image('C2','. \img \img2. jpg',
                        {'x_scale':0.5,'y_scale':0.5,
                         'x_offset':5,'y_offset':5,
                         'align':'center'})

#关闭并保存工作簿
workbook. close()
```

可以打开 saved_pic_cells. xlsx 文件，查看填写结果。

4. pandas 扩展库

使用 pandas 定义的 read_excel( )函数，可以从 Excel 文档中读入数据，并将数据组织成 pandas. DataFrame 数据结构。函数原型如下：

```
pandas. read_excel (io, sheet_name = 0, header = 0, names = None, index_col = None,
usecols = None, squeeze = False, dtype = None, engine = None, converters = None, true_
values = None, false_values = None, skiprows = None, nrows = None, na_values = None,
keep_default_na = True, na_filter = True, verbose = False, parse_dates = False, date_
parser = None, thousands = None, comment = None, skipfooter = 0, convert_float = True,
mangle_dupe_cols = True)
```

其中，参数 io 为 Excel 文件名；参数 sheet_name 为读入数据所在的工作表名；参数 verbose 设置是否输出 N/A 值的数量；参数 convert_float 设置是否将浮点整数值（Excel 中以浮点数保存整数值）转为整型（例如将 1.0 转为 1）。其他参数说明参考表 4-14。

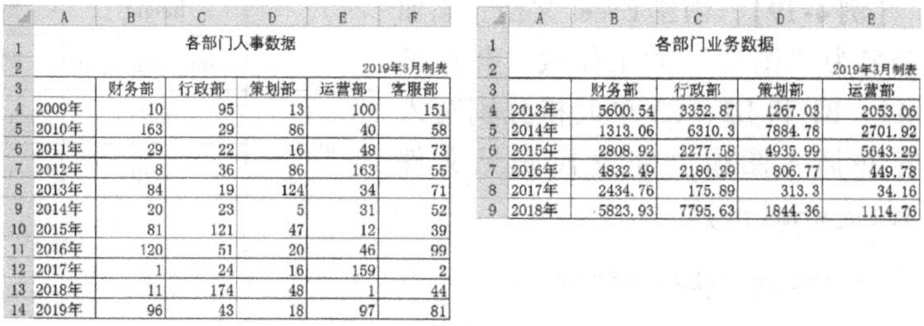

【例 4-20】 从 Excel 文档 ent_data. xlsx 中读出内容（内容如图 4-17 所示），并存放在 DataFrame 数据结构中（完整代码见文件 pandas_read_excel. py）。

图 4-17　示例文档 ent_data. xlsx 中的内容

```
df = pd. read_excel('ent_data. xlsx', sheet_name = '人事数据',
                header = 2, index_col = 0, nrows = 5)
print(df)


n = [None, 'A', 'B', 'C', 'D']    #元素个数要与文档中的数据列数相符
df = pd. read_excel('ent_data. xlsx', sheet_name = '业务数据',
                header = 2, index_col = 0, names = n)
print(df)
```

代码中的第二个读入示例中，自定义了读入后 pandas. DataFrame 数据的 columns，注意其中的首个元素为 DataFrame 数据 index 的 name，且后续元素的个数要与数据的结构相匹配。运行程序后，输出如下：

```
        财务部  行政部  策划部  运营部  客服部
2009 年    10     95     13     100    151
2010 年   163     29     86      40     58
2011 年    29     22     16      48     73
2012 年     8     36     86     163     55
2013 年    84     19    124      34     71
            A        B        C        D
2013 年  5600.54  3352.87  1267.03  2053.06
2014 年  1313.06  6310.30  7884.78  2701.92
```

```
2015 年    2808.92    2277.58    4935.99    5643.29
2016 年    4832.49    2180.29     806.77     449.78
2017 年    2434.76     175.89     313.30      34.16
2018 年    5823.93    7795.63    1844.36    1114.76
```

使用 pandas 定义的 DataFrame. to_excel( )函数，可以将 pandas. DataFrame 数据写入到 MS Excel 文档中，函数原型如下：

pandas. DataFrame. **to_excel** (excel_writer, sheet_name = 'Sheet1', na_rep = '', float_format = None, columns = None, header = True, index = True, index_label = None, startrow = 0, startcol = 0, engine = None, merge_cells = True, encoding = None, inf_rep = 'inf', verbose = True, freeze_panes = None)

参数说明见表 4-17。

表 4-17　pandas. DataFrame. to_excel( )参数说明

参　数	说　明
excel_writer	Excel 文件名
sheet_name	写入数据的工作表的名称
na_rep, inf_rep	数据中的 N/A 和 INF 写入后的表示方法
float_format	浮点数写入的数据格式
columns	写入数据的标题行，如果不指定，则使用 DataFrame 数据的 columns
header	是否为写入数据加标题行。如果为 True，则根据参数 columns 执行，如果是字符串列表，则使用该列表
index	是否写入 DataFrame 数据的 index
index_label	写入文件的 index 的标题行内容
startrow, startcol	写入表单的起始单元格的行和列

【例 4-21】 产生一组随机数（100 × 80 个），并将其写入 Excel 文档（完整代码见文件 pandas_to_excel. py）。

```
df = pd. DataFrame (np. random. rand (20,8))          #产生随机数据对象
#将数据写入 Excel 文档
df. to_excel(excel_writer = 'saved_file. xlsx', sheet_name = 'quotes',
             float_format = '% .4f',          #保留 4 位小数
             header = list ('ABCDEFGH'),       #定义标题行内容
             index_label = 'No',               #指定 index 的标题行内容
             startrow = 2)                      #从第 3 行开始写入
```

注意，使用 to_excel( )写入文件时，会覆盖该文件内容。如果需要将多组数据写入到 Excel 的不同工作表中，则要创建 pandas. ExcelWriter 对象，分别写入。

5. openpyxl 扩展库

openpyxl 是一款较为综合的处理 Excel 文档的扩展库，能够同时读取和修改 Excel 文档，对 Excel 文档内的单元格进行读写，也可以对单元格样式等内容进行详细设置，支持图表插入和打

印设置等。使用 openpyxl，可以读写和处理数据量较大的 xltm、xltx、xlsm、xlsx 等多种类型的文件，在跨平台处理大量数据上，也具有其他模块无法比拟的优势。因此，openpyxl 成为处理 Excel 复杂问题的首选库函数。

使用 openpyxl，最重要的是要掌握其所定义的 3 个对象，即：Workbook、Worksheet、Cell。调用各个对象所定义的多种方法，即可完成对 Excel 文档的操作。

4.3　数据库访问

访问数据库，从中获取完成数据分析和数据挖掘所需的数据，是数据采集的一个重要手段。从数据库中，可以采集到受三范式约束的结构化的数据，较为齐整、规范，具有良好的数据应用基础。

4.3.1　访问 MySQL 数据库

可以使用 pymysql 扩展库中定义的对象和函数，来访问 MySQL 数据库。访问数据库的过程是：

（1）建立与数据库的连接。调用 pymysql. connect( )建立数据库连接，该函数原型如下：

pymysql. **connect** (host = None, user = None, password = '', database = None, port = 0, unix_socket = None, charset = '', sql_mode = None, read_default_file = None, conv = None, use_unicode = None, client_flag = 0, cursorclass = < class 'pymysql. cursors. Cursor' >, init_command = None, connect_timeout = 10, ssl = None, read_default_group = None, compress = None, named_pipe = None, autocommit = False, db = None, passwd = None, local_infile = False, max_allowed_packet = 16777216, defer_connect = False, auth_plugin_map = None, read_timeout = None, write_timeout = None, bind_address = None, binary_prefix = False, program_name = None, server_public_key = None)

其中，参数 host 指定数据库服务器；参数 user、password 指定数据库用户名和密码；参数 database 为所连接的数据库；多项 * _timeout 参数指定多种数据库操作的超时时间；参数 charset 指定连接字符集；参数 port 指定数据库服务器的连接端口；参数 autocommit 设置是否为自动提交模式。

（2）获取数据库 cursor 并执行 SQL 语句。

（3）获取数据结果。

【例 4-22】　连接数据库，并访问数据库数据，完成数据库表和表数据的操作（示例代码见文件 access_mysql. py）。

```
import pymysql

conn = pymysql. connect(host = "127. 0. 0. 1",
                        user = "admin", password = "1234",
                        database = "testDB")    #获取连接

with conn. cursor()as cursor:
    sql1 = 'SELECT count (* ) FROM persons'
```

```
            sql2 = 'SELECT* FROM persons LIMIT 5'
            cursor.execute (sql1)
            rows = cursor.getchall()
            cursor.execute (sql2)
            head = cursor.getchall()

    print (rows)
    print (head)
```

4.3.2 访问 SQLServer 数据库

可以使用 pymssql 扩展库，通过连接数据库并执行 SQL 语句或调用特定的接口函数，完成对数据库的操作。

1. 连接数据库并访问数据

调用 pymssql.connect() 函数，可以创建一个数据库连接对象，通过参数 server 来指定数据库服务器；参数 as_dict 设置是否以字典而非元组的方式返回行数据；参数 appname 设置连接数据库的应用；参数 conn_properties 为当连接建立时发送到服务器的 SQL 查询；参数 autocommit 设置是否为自动提交模式。

【例 4-23】 连接数据库，并访问数据库数据，完成数据库表和表数据的操作（示例代码见文件 access_sqlserver.py）。

```
    import pymssql

    server = "187.32.43.13"              #连接服务器地址
    user = "root"                        #连接账号
    password = "1234"                    #连接密码
    conn = pymssql.connect(server,user,password,"default_name")#获取连接
    cursor = conn.cursor()               #获取 cursor

    #创建表
    cursor.execute("""
    IF OBJECT_ID('persons','U') IS NOT NULL
        DROP TABLE persons
    CREATE TABLE persons(
        id INT NOT NULL,
        name VARCHAR(100),
        salesrep VARCHAR(100),
        PRIMARY KEY(id))
    """)

    #插入多行数据
    cursor.executemany(
        "INSERT INTO persons VALUES(% d,% s,% s)",
```

```
            [(1,'John Smith','John Doe'),
            (2,'Jane Doe','Joe Dog'),
            (3,'Mike T.','Sarah H.')])
#如果未将 autocommit 参数设置为 true,则必须调用 commit()来确保提交数据
conn.commit()

#查询数据
cursor.execute('SELECT* FROM persons WHERE salesrep=%s','John Doe')

#遍历数据(存放到元组中)方式1
row = cursor.fetchone()
while row:
    print("ID=%d,Name=%s"% (row[0],row[1]))
    row = cursor.fetchone()

#遍历数据(存放到元组中)方式2
for row in cursor:
    print('row=%r'% (row,))


conn.close()
```

任何时候，在一个连接下，正在执行的数据库操作只会出现一个 cursor 对象。

2. 调用数据库存储过程

在 pymssql 扩展库中，提供了使用 rpc 接口调用存储过程的功能。示例代码如下：

```
with pymssql.connect(server,user,password,"tempdb") as conn:
    with conn.cursor(as_dict=True) as cursor:
        cursor.execute("""
        CREATE PROCEDURE FindPerson
            @ name VARCHAR(100)
        AS BEGIN
            SELECT* FROM persons WHERE name=@ name
        END
        """)
        cursor.callproc('FindPerson',('Jane Doe',))
        for row in cursor:
            print("ID=%d,Name=%s"% (row['id'],row['name']))
```

更多内容，可以参考 pymssql 扩展库的官网：http://www.pymssql.org。

4.4　网络数据采集

网络数据采集就是通常所说的网络爬取数据，分为以下两个步骤。

(1) 获取网页全部内容。网页分为静态网页和动态网页，前者在显示时一次性完成加载，

爬取这类网页数据时，可以直接获取；后者则是采取了 Ajax 异步加载技术或 JavaScript 动态渲染技术，网页的 HTML 文本中不含有页面内容，这种情况下需要 Python 程序与 Web 服务端进行交互以获取所需数据。

（2）解析网页文本，从中提取所需内容。对所取得的页面数据，也就是 HTML 文本，逐层逐块解析，提取所需内容。

4.4.1　获取网页内容

有多种扩展库可以完成网页内容获取。

1. requests 扩展库

可以使用 requests 扩展库中所实现的函数，来向某个网站或网页提出访问请求，并获得响应。更多信息，可以访问 www.python-requests.org。requests 所定义的主要函数见表4-18。

其中 get（）是最为有用和方便的访问页面的方法。

使用 requests.request（）或 requests.get（）函数，可以向网页发出访问请求，并获得返回的一个 response 对象，在这个 response 对象中，包含了页面的 HTML 文本。

表4-18　requests 所定义的主要函数

函数名	说　　明
request（）	构造一个请求，是以下各函数方法的基础
get（）	向网页提出访问请求，对应 HTTP 的 GET 命令
head（）	获取网页的头信息
post（）	提交 POST 请求
put（）	提交 PUT 请求
patch（）	提交 PATCH 请求
delete（）	向网页提交删除请求，对应 HTTP 协议的 DELETE 命令

【例4-24】　爬取百度网站（http：//www.baidu.com）网页内容。

```
>>> import requests

>>> url = 'http://www.baidu.com'
>>> resp = requests.get(url)        #向 Web 服务器发出网页请求

>>> resp.status_code               #通过状态码查看网页请求是否成功
200

>>> resp
<Response[200]>

>>> resp.text                      #查看网页请求所返回的 HTML 文本
<! DOCTYPE html>
<! - -STATUS OK - ->
<html>
<head>
  <meta content = "text/html;charset = utf -8" http - equiv = "content - type"/>
  <meta content = "IE = Edge" http - equiv = "X - UA - Compatible"/>
  <meta content = "always" name = "referrer"/>
  < link href = "http://s1.bdstatic.com/r/www/cache/bdorz/baidu.min.css" rel =
```

```
    "stylesheet" type = "text/css"/ >
        < title >
        çTM3/4å°¦ä,ä<Ϊ1/4Œé1/2å°±çŸ¥é"

        </title >
    ……(略,以上格式略有调整,以便于查看)
```

注意:

(1) 向网页发出请求并获得 response 后,应查看 response 的 status_code 来判断是否操作成功,如果成功,返回的 status_code 码应为 200。可以通过例 4-24 中所列的两种方式查看。

(2) 返回的网页的 HTML 文本存放在 response. text 属性中。从示例中可以发现,其中有乱码,需要为返回的内容设置正确的编码格式。设置汉字编码方式如下:

```
>>> resp. encoding = 'utf - 8'
```

或

```
>>> resp. encoding = resp. apparent_encoding
```

response. apparent_ encoding 为从返回的 HTML 文本判断得出的汉字的编码方式。

(3) 网页请求过程中产生的异常,可以通过显式地调用 response. raise_for_status( )来触发异常并捕获处理。例如:

```
import requests
import urllib
import socket
import http

url = 'http://movie. douban. com'

header = {
    'Accept-Encoding':'gzip,deflate,br',
    'Accept-Language':'zh-CN,zh;q = 0. 9',
    'Connection':'keep-alive',
    'Host':url. replace('http://',''),
    'Upgrade-Insecure-Requests':'1',
    'User-Agent':'Mozilla/5. 0'
}

try:
    resp = requests. get(url,headers = header,timeout =100)
    resp. raise_for_status()
    resp. encoding = resp. apparent_encoding
except urllib. request. HTTPError as e:
    print('1:',e)
except urllib. request. URLError as e:
    print('2:',e)
```

```
except socket. timeout as e:
    print('3:',e)
except socket. error as e:
    print('4:',e)
except http. client. BadStatusLine as e:
    print('5:',e)
except http. client. IncompleteRead as e:
    print('6:',e)
```

2. urllib 扩展库

使用 urllib 扩展库，也可以获取网页数据并进行解析。urllib 收集了多个涉及 URL 的模块，主要包括以下几个部分：

（1）urllib. request，获取网页数据，即发送一个 GET 请求到指定页面，并得到 HTTP 响应。

（2）urllib. error，包含 urllib. request 抛出的异常。

（3）urllib. parse，用于解析 URL。

（4）urllib. robotparser，用于解析 robots. txt 文件。

获取网页数据时，可使用 urllib. request 模块中的函数。其中定义了适用于在各种复杂情况下打开 URL（主要为 HTTP）所需使用的函数和类，例如基本认证、摘要认证、重定向、cookies 等。其中最主要的方法为 urlopen( )，函数原型如下：

```
urllib. request. urlopen (url, data = None, [timeout,] * , cafile = None, capath =
None, cadefault = False, context = None)
```

该方法返回一个 http. client. HTTPResponse 对象。进一步地，可以调用该对象的 read( )方法获取网页数据。

【例 4-25】 使用 urllib. request 的 urlopen( )方法获取百度网页（http：//www. baidu. com）内容。

```
import urllib. request

#获取网页内容
url = 'http://www. baidu. com'
response = urllib. request. urlopen(url)
print('status code = ', response. getcode(), ' \n')
content = response. read(). decode()
print (content)
```

3. 突破网站反爬限制

有些网页设置了对非浏览器访问的限制措施，如果编写程序进行访问并获取数据，会产生异常。

【例 4-26】 爬取 http：//www. amazon. com，该网站对非浏览器访问设置了限制措施。

```
>>> import requests

>>> url = 'http://www. amazon. com'
```

```
>>> resp = requests. get (url)
>>> resp. status_code
503

>>> resp. text
<! - -
        To discuss automated access to Amazon data please contact api-services-
    support@ amazon. com.
        For information about migrating to our APIs refer to our Marketplace A-
    PIs at https://developer. amazonservices. com/ref = rm_5_sv, or our Product
    Advertising API at https://affiliate-program. amazon. com/gp/advertising/
    api/detail/main. html/ref = rm_5_ac for advertising use cases.
- - >
<! DOCTYPE doctype html >
<html >
<head >
    <meta charset = "utf - 8"/>
    <meta content = "ie = edge" http - equiv = "x - ua - compatible"/>
    <meta content = "width = device - width, initial - scale = 1, shrink - to - fit =
no" name = "viewport"/>
```
……（略，以上格式略有调整，以便查看）

从 resp. status_code 的值 503 可以看出访问失败，从获取的内容也可以看出并没有得到正确的网页数据。这是因为 www. amazon. com 网站拒绝了来自非浏览器（也就是爬虫程序）的访问。

浏览器等的访问在其访问协议中带有一组 Request Headers 参数。这组参数可以通过打开 google chrome 浏览器，按 F12 键并单击 Network 菜单，再访问网页，打开第一个请求数据进行查看，如图 4-18 所示。

避开 www. amazon. com 网站对来自非浏览器访问的拒绝设置，可以仿照浏览器访问，定义一个符合要求的 Request Headers，再利用 requests. get( ) 进行访问。

【例 4-27】 爬取亚马逊网页，为了避开其对非浏览器访问的拒绝设置，定义一个符合要求的 Request Headers（代码见文件 requests_get_amazon. py）。

```
import requests

url = 'http://www. amazon. com'
header = {
    'Accept':'* /* ',
    'Accept-Encoding':'gzip,deflate,br',
    'Accept-Language':'zh - CN, zh; q = 0. 9',
    'Connection':'keep - alive',
    'User - Agent':'Mozilla/5. 0'
    }
```

```
resp = requests. get (url, headers = header, timeout = 10)
print ('status_code = ', resp. status_code)

resp. encoding = resp. apparent_encoding
print (resp. text [:1000])      #输出部分返回的 HTML 文本
```

从输出结果可以看出，访问成功。

图 4-18　查看 Request Headers 内容

4. 遵守网络爬取公约

在例4-27 中，虽然使用设置 Request Headers 的方法，可以绕过网站对爬虫访问的限制，但在网络世界，也有相应的道德规范，以及对网站所有者知识产权的保护条款，大家应当遵守。

一些对网络资源产权比较重视的网站，会在自己的网站上规定对其进行网络爬取的限制条件。这个规定会统一存放在网站根目录的 robots. txt 文件中。

例如，输入 https：//www. taobao. com/robots. txt，可以看到以下内容。

```
User - agent:  Baiduspider
Allow:  /article
Allow:  /oshtml
Disallow:  /product/
Disallow:  /
......
......
User-Agent:  360Spider
Allow:  /article
Allow:  /oshtml
Disallow:  /
```

```
User-Agent: Yisouspider
Allow: /article
Allow: /oshtml
Disallow: /
......
......
```

从中可以看出，www. taobao. com 网站规定：对于 Baiduspider 爬取工具，仅允许其爬取/article 或/oshtml 网站路径下的内容；对于 360Spider 爬取工具，允许其爬取/article 或/oshtml 网站路径下的内容。

4.4.2 解析网站内容

多个扩展库都实现了网页内容的解析，其中较为常用的有 BeautifulSoup、lxml、urllib 等扩展库。其中，urllib. parse 模块定义了 URL 的标准接口，实现 URL 的各种抽取方法，可以完成 URL 的解析、合并、编码和解码等任务。

1. BeautifulSoup 扩展库

BeautifulSoup 扩展库实现了对 HTML 文本进行解析。安装 BeautifulSoup 扩展库，可以在 DOS 环境下运行安装命令：

```
C:>pip install beautifulsoup4
```

或下载 wheel 文件来安装该模块。安装完成后，本机上就有一个名为 bs4 的扩展库，其中包括 BeautifulSoup。可以执行如下语句导入 BeautifulSoup 类模块。

```
>>> from bs4 import BeautifulSoup
```

其构造函数原型如下：

```
bs4.BeautifulSoup(markup = '',features = None,builder = None,parse_only = None,
    from_encoding = None,exclude_encodings = None,element_classes = None,** kwargs)
```

其中，参数 markup 为被解析的文本；参数 features 设置解析器属性，例如 {'lxml', 'lxml-xml', 'html. parser', 'html5lib'}。函数返回经解析后的 HTML 文本。

【**例 4-28**】 爬取并解析百度网站（http://www. baidu. com）首页（代码见文件 requests_bs4_baidu. py）。

```
import requests
from bs4 import BeautifulSoup

#获取网页内容
url = 'http://www. baidu. com'
resp = requests. get(url,timeout = 10)
resp. encoding = resp. apparent_encoding

#解析网页内容
html = BeautifulSoup(resp. text,'html. parser')
```

```
body = html. body                        #获取 <body> 单元的内容
div_u1 = body. find('div',{'id':'u1'})   #获取 id = u1 的 <div> 单元的内容
print(div_u1. prettify())                #以较为规则易读的格式输出该 <div> 单元的
                                         #内容


#获取 id = u1 <div> 单元内容中,所有 <a> 单元的内容
tag_a = div_u1. find_all('a')
for i in range(len(tag_a)):
    print(tag_a[i]. text,'\t',tag_a[i]['href'])
                                         #输出 <a> 的文字及链接
```

利用 BeautifulSoup( )对获得的 response 文本进行解析,解析出文本中的不同对象,如例中利用 html = BeautifulSoup（resp. text, 'html. parser'）解析后,使用解析结果中的 html. body、html. div 等对象内容,取得 html 中的 <body> 和 <div> 部分。

另外,可以使用 . find( )或 . find_all( )方法,解析出某个 Tag 的内容,如例 4-29 所示。

【例 4-29】　爬取"我爱我家"房产（租房）中介网（https：//nj. 5i5j. com/zufang）中的房源信息（完整代码见文件 requests_bs4_5i5j. py）。

```
url = 'https://nj. 5i5j. com/zufang'
r = requests. get(url,timeout = 10)
r. encoding = r. apparent_encoding
soup = BeautifulSoup(r. text,'html. parser')
body = soup. body

#获取所有 <div class = 'listImg' ... >
div_lstimg = body. find_all('div',{'class':'listImg'})
for i in range(len(div_lstimg)):
    class_lazy = div_lstimg[i]. find('img',{'class':'lazy'})

    attrs = class_lazy. attrs
    if 'data - src' in attrs. keys():
        pic_url = class_lazy. attrs['data-src']   #获取图片的 url
    else:
        pic_url = class_lazy. attrs['src']        #获取图片的 url

    r_pic = requests. get(pic_url)                #根据图片 url 取得图片像素数据
    filename = pic_url. split('/')[-1]            #解析出图片文件名
    with open('d:\\' + filename,'wb')as f:       #把图片保存到文件夹
        f. write(r_pic. content)
    print(i,':Pic file % s saved'% filename)

#获取所有 <div class = 'listCon' ... >
class_listcon = body. find_all('div',{'class':'listCon'})
for i in range(len(class_listcon)):
```

```
class_listtit=class_listcon[i].find('h3')
a=class_listtit.find('a')
print(i,':',a.text)


p_list=class_listcon[i].find_all('p')
for p1 in p_list:
    p1_text=p1.text.split('·')
    for j in range(len(p1_text)):
        print('\t',p1_text[j].replace(' ',''))
    print()
```

这里分为两个部分，第一部分从<div class='listImg'>中提取图片的URL，再根据URL取得图片并保存在磁盘上；第二部分是对<div class='listCon'>进行解析，从中提取房屋的介绍文字并列出。

2. lxml 扩展库

lxml 扩展库是一个支持对 HTML 和 XML 进行解析的解析库，支持 XPath[⊖]解析方式，解析效率高。

XPath 的选择功能十分强大，提供了非常简明的路径选择表达式，还提供了超过 100 多个函数，用于字符串、数值、时间的匹配以及单元、序列的处理等。几乎所有想要定位的单元，都可以用 XPath 来选择。

XPath 于 1999 年 11 月 16 日成为 W3C 标准，供 XSLT、XPointer 以及其他 XML 解析软件使用，更多的文档可以访问其官方网站：https：//www.w3.org/TR/xpath。

（1）解析网页内容的过程。利用 lxml 扩展库爬取网站数据时的过程如下：

1）利用 requests 获取网页内容。

2）调用 etree.HTML( )方法，将网页内容解析并转化为一个 lxml.etree 对象，其中的树结构包含网页中的各个单元。

3）调用 lxml.etree.xpath( )方法，按照一定路径规则，取得特定部分的内容 Element（这个 Element 也是一个树结构）。

4）对 Element 迭代进行步骤 3）的操作，进行更深层次的解析，直到取得所需内容。

XPath 常用规则见表 4-19。

<div align="center">表 4-19　XPath 常用规则</div>

表达式	说　　明
nodename	选取此单元的所有子单元
/	从当前单元选取直接子单元
//	从当前单元选取所有子、孙单元
.	选取当前单元
..	选取当前单元的父单元
@	选取属性

⊖　XPath，全称 XML Path Language，即 XML 路径语言。它是一门在 XML 文档中查找信息的语言，最初是用来搜寻 XML 文档的，同样适用于 HTML 文档的搜索。

（续）

表达式	说　　明
*	通配符，选择所有元素单元与元素名
@ *	选取所有属性
［@ attrib］	选取具有给定属性的所有元素
［@ attrib = 'value'］	选取给定属性具有给定值的所有元素
［tag］	选取所有具有指定元素的直接子单元
［tag = 'text'］	选取所有具有指定元素并且文本内容是 'text' 的单元
text( )	选取文本
contains( )	包含特定属性和文本

【例 4-30】　用 lxml 扩展库解析网页的超文本代码（代码见文件 lxml_etree. py）。

```
from lxml import etree

def print_tag(e):
    s = etree. tostring(e, encoding = 'utf - 8')      #转为字符串，以便输出
    print(s. decode('utf - 8'), end = ' \ n')        #解码输出

#指定网页超文本代码，其中，< li class = "item - 2" > 缺少结束标记 </ li >
text = '''
< div >
    < ul > < li class = "item - 0" >
            < a href = "link1. html" >链接 1 文字 </ a >
            < a href = "link2. html" >链接 2 文字 </ a >          </ li >
        < li class = "item - 1" >
            < a href = "link3. html" >链接 3 文字 </ a >          </ li >
        < li class = "item - 2" >
            < a href = "link4. html" >链接 4 文字 </ a >
            < a href = "link5. html" >链接 5 文字 </ a >
    </ ul >
</ div >
'''

html = etree. HTML(text) #生成一个 XPath 解析对象，修复缺失的 HTML 文本节点
s = etree. tostring(html, encoding = 'utf - 8')       #转为字符串，以便输出
print('** * 修复 HTML 文本节点，修复后:')
print_tag(html)

#读取其中的 < ul > 单元
ul = html. xpath('//ul')
#输出该该单元内容
print(' \ n** * 读取 < ul > 单元，结果为:')
```

```
for e in ul:
    print_tag(e)

#读取 <ul >单元中的 <li >单元
print('** * 读取 <ul >单元中的 <li >单元,其中第 2 个内容为:')
li = ul[0].xpath('//li')
print_tag(li[1])
#输出第二个 <li >中的各属性值
print(" \t 其中,各属性为:")
print(li[1].xpath('a/@ href'),li[1].xpath('a/text()'))
```

运行结果如下:

```
*** 修复 HTML 文本节点,修复后:
<html > <body > <div >
    <ul > <li class = "item - 0" >
            <a href = "link1. html" >链接 1 文字 </a >
            <a href = "link2. html" >链接 2 文字 </a >         </li >
        <li class = "item - 1" >
            <a href = "link3. html" >链接 3 文字 </a >         </li >
        <li class = "item - 2" >
            <a href = "link4. html" >链接 4 文字 </a >
            <a href = "link5. html" >链接 5 文字 </a >
    </li > </ul >
</div >
</body > </html >


*** 读取 <ul >单元,结果为:
<ul > <li class = "item - 0" >
            <a href = "link1. html" >链接 1 文字 </a >
            <a href = "link2. html" >链接 2 文字 </a >         </li >
        <li class = "item - 1" >
            <a href = "link3. html" >链接 3 文字 </a >         </li >
        <li class = "item - 2" >
            <a href = "link4. html" >链接 4 文字 </a >
            <a href = "link5. html" >链接 5 文字 </a >
    </li > </ul >


*** 读取 <ul >单元中的 <li >单元,其中第 2 个内容为:
<li class = "item - 1" >
            <a href = "link3. html" >链接 3 文字 </a >         </li >
```

其中, 各属性为:

```
['link3. html'] ['链接 3 文字']
```

或者，由 HTML 对象，沿着多层路径，直接定位所需结果。

```
#读取 html 中的各项 <li> 单元中链接的 URL 和文字内容
print('** * 读取 <li>单元中的 URL 和文本,结果为:')
href = html.xpath('//ul/li/a/@ href')    #获取与 href 匹配的属性值
txt = html.xpath('//ul/li/a/text()')     #获取 <a></a>之间的文本
print (href)
print (txt)
```

（2）模糊匹配。可以使用表 4-19 中的 contains( )函数来进行模糊匹配。对于例 4-30 中的示例，可以写成以下语句，来获取包含 class 标签和带有 <a> 文本的 <li> 单元下 <a> 单元的文本。

```
#读取 html 中的 <ul> 单元中的特定 <li> 单元,内容为
print(html.xpath('//ul/li[contains(@ class,"item -1")]/a/@ href'),
    html.xpath('//ul/li[contains(@ class,"item -1")]/a/text()'))
```

（3）多属性匹配。当根据多个属性确定一个单元时，需要同时匹配多个属性，可以运用 and 运算符来连接使用。

```
from lxml import etree

text1 = '''
<div>
    <ul>
        <li class = "aaa" name = "item"> <a href = "link1.html">第一个</a></li>
        <li class = "aaa" name = "fore"> <a href = "link2.html">second item</a>
        </li>
    </ul>
</div>
'''

html = etree.HTML(text1,etree.HTMLParser())
result = html.xpath ('//li [@ class =" aaa" and @ name =" fore"] /a/text () ')
result1 = html.xpath ('//li [contains (@ class," aaa") and @ name =" fore"] /
a/text () ')

print (result)
print (result1)
```

运行结果如下：

```
['second item']
['second item']
```

可以使用的运算符见表 4-20。

表 4-20　多属性匹配运算关系

运算符	说明	实例	运算符	说明	实例
or	或	age = 19 or age = 20	div	除法	8 div 4
and	与	age > 19 and age < 21	=	等于	age = 19
mod	取余	5 mod 2	! =	不等于	age! = 19
|	单元的并集合	//book | //cd	<	小于	age < 19
+	加	6 + 4	< =	小于或等于	age < = 19
-	减	6 - 4	>	大于	age > 19
*	乘	6 * 4	> =	大于或等于	age > = 19

【例 4-31】　爬取百度首页并利用 lxml 扩展库进行解析。用 XPath 方法获取某组 Element 的内容，进行属性名匹配，获取 http：//www. baidu. com 网页左上角的标题部分的内容（代码见文件 requests_lxml. py）。

```
import requests
from lxml import etree

url = 'http://www. baidu. com'
resp = requests. get(url,timeout = 10)
print('status_code = ',resp. status_code)

resp. encoding = resp. apparent_encoding

#初始化生成一个 XPath 解析对象
html = etree. HTML(resp. text,etree. HTMLParser())
#获取 < div id = "u1" > 节的内容,得到一个 Element
div_u1 = html. xpath("//div[@ id = 'u1']")
for item in div_u1:     #对于 < div id = "u1" > 中的每一项(本例中仅一项)
    title = item. xpath('//div/a/text()')
    href = item. xpath('//div/a/@ href')

#组织成 DataFrame
import pandas as pd
df = pd. DataFrame({'TITLE':title,'URL':href})
print(df)
```

注意，如果代码含有多个 < div > 单元，而仅需解析其中部分 < div > 单元，则可以使用以下几种办法来选取特定的 < div > 单元。

```
#获取所有 div 单元下 a 单元的 text 内容
res = html. xpath('//div[contains(@ class,"aaa")]/a/text()')

#获取第一个 div 单元下 a 单元的 text 内容
```

```
res = html. xpath ('//div [1] [contains (@ class,"aaa")]/a/text ()')
```

```
#获取最后一个 div 单元下 a 单元的 text 内容
res = html. xpath ('//div [last ()]/a/text ()')
```

```
#获取特定位置的
res = html. xpath ('//div [position () > 2 and position () < 4] [contains (@ class,"
aaa")]/a/text ()')
```

```
#获取倒数第三个的
result4 = html. xpath ('//li [last () -2] [contains (@ class,"aaa")]/a/text ()')
```

需要一次性获取大量 HTML 单元和内容时，可以使用如下方法。

```
html = etree. HTML (text1,etree. HTMLParser ())
rst0 = html. xpath ('//li [1]/ancestor::* ')        #获取所有祖先单元
rst1 = html. xpath ('//li [1]/ancestor::div')       #获取 div 祖先单元
rst2 = html. xpath ('//li [1]/attribute::* ')        #获取所有属性值
rst3 = html. xpath ('//li [1]/child::* ')            #获取所有直接子单元
rst4 = html. xpath ('//li [1]/descendant::a')       #获取所有子孙单元的 a 单元
rst5 = html. xpath ('//li [1]/following::* ')         #获取当前子节之后的所有单元
rst6 = html. xpath ('//li [1]/following-sibling::* ') #获取当前单元的所有同级单元
```

3. 正则表达式匹配

正则表达式（regular expression）描述了一种字符串匹配的模式（pattern），可以用来检查一个串是否含有某种子串，将匹配的子串替换或者从某个串中取出符合某个条件的子串等。例如：

o + ps　　可以匹配 ops、oops、ooops、oooops 等，其中 + 号代表前面的字符必须至少出现一次（1 次或多次）。

bla * h　　可以匹配 blh、blah、blaah、blaaah、blaaaah 等，* 号代表字符可以不出现，也可以出现一次或者多次（0 次、1 次或多次）。

colou? r　可以匹配 color 或者 colour,? 号代表前面的字符最多只可以出现一次（0 次或1 次）。

利用正则表达式的匹配特性，可以在解析网页内容时设置 HTML 文本的匹配模式，来查找并解析符合该匹配模式的文本内容，并提取相应的文本。

【例 4-32】　爬取 1905 影评网网页（https：//www. 1905. com/news/zixun）上的影片介绍信息，通过正则表达式匹配，提取影片介绍链接、海报图片链接和简介文字等（完整代码见文件 get_movie_review. py）。

```
resp = requests. get (url)
content = resp. text
```

```
#从返回的 html 文本中读取符合一定模式的内容
import re
s = ' < li class = "clearFloat" > \ r \ n (. * ?) < a href = "(. * ?)" target = "_blank"
```

```
class = "pic-url picHover" title = "(. * ?)" > \ r \ n (. * ?) < img src = "(. * ?)" data-o-
riginal = "(. * ?)" alt = "(. * ?)" height = "174" width = "320" > \ r \ n (. * ?) </a> \ r \
n (. * ?) < div class = "pic-right" > \ r \ n (. * ?) < h3 class = "title" > \ r \ n (. * ?) < a
href = "(. * ?)"title = "(. * ?)"target = "_blank" > (. * ?) </a> \ r \ n (. * ?) </h3> \ r
\ n (. * ?) < p class = "des" > (. * ?) </p>'
    pattern = re. compile(s)


    items = pattern. findall(content)    #以正则表达式类的方式进行匹配
#输出数据
for x in items:
    for i in range(len(x)):
        s = x[i]. strip()
        if s:
            print(x[i])
    print('-'* 50)
```

其中，用（. * ?）来匹配所有内容。代码中定义的正则表达式是根据图 4-19 中对某一影片信息进行描述的 HTML 语句来设计生成的（如图中鼠标所指位置）。

代码中的 items = pattern. findall（html）也可以写成 items = re. findall（pattern, html）来进行调用。

图 4-19　查看网页代码内容

更多关于正则表达式的格式，可以参考：http：//www. runoob. com/regexp/regexp-syntax. html。

对于例 4-25 已经获取的百度网页（http：//www. baidu. com）内容，用 XML 扩展库中的 XPath 方法获取某组 Element 的内容，再用正则表达式匹配方法，可获取网页左上角的标题部分的内容。代码如下：

```
import urllib. request
import re


#获取网页内容
url = 'http://www. baidu. com'
response = urllib. request. urlopen(url)
content = response. read(). decode()


#用 xml 扩展库中的 XPath 方法,获取对应的 Element
from lxml import etree
html = etree. HTML(content)                    #初始化生成一个 XPath 解析对象
```

```
#读取其中的出租房屋信息<ul>单元,路径可以在浏览器中复制获得
ul = html.xpath('//html//body//div//*[@ id="s-top-left"]//a')

#构建正则表达式pattern
s = '<a href=(.*?)target="_blank"class="mnav c-font-normal c-color-t">
(.*?)</a>'
pattern = re.compile(s)

#逐个提取各个Element中的内容
for e in ul:
    sElement = etree.tostring(e,encoding='utf-8')  #将网页Element转换为二进制
                                                    #字符串
    text = sElement.decode('utf-8')                 #转换为文本
    items = pattern.findall(text)                   #以正则表达式类的方式进行
                                                    #匹配

    if len(items) > 0:                              #输出
        for x in items:
            for i in range(len(x)):
                print(x[i],end='\t'*3)
            print()
```

4.4.3 分布式爬取

使用单机爬虫进行数据爬取时,速度较慢。当需要进行大规模数据采集时,就需要利用分布式的网络和终端结构,完成分布式数据爬取。

分布式爬取是将同一个爬虫程序,部署到多台计算机上运行,实现分布式爬虫,大大提高爬取速度。有兴趣的读者可以参考Scrapy爬虫框架等有关内容,这里不再赘述。

单元练习

1. 编写程序,用数字1、2、3、4组成互不相同且无重复数字的三位数,并输出,同时统计出这样的三位数有多少个。

2. 编写程序,从www.tiobe.com网站爬取各编程语言TIOBE指数排行前20名的开发语言。运行结果如图4-20所示。

3. 编写程序,从"人才热线"网站爬取与"python"有关的招聘岗位列表信息(网页地址为:https://s.cjol.com/kw-python/?SearchType=3)。

4. 在素材文件score.txt中,存有数名学生数学、语文和英语的分数。编写程序,完成对每名学生3项分数的总分和均分的统计,并与原有分数列在一起,存放到结果文件score.xlsx中,结果如图4-21所示。

5. 编写程序,根据提供的Excel文件名和工作表名,以及指定的单元格(行、列号),读出对应内容并输出。可以使用素材文件data.xlsx进行验证。

```
https://www.tiobe.com/tiobe-index/
   Nov 2020 Nov 2019 Programming Language Ratings  Change
0      1       2                    C    16.21%  +0.17%
1      2       3               Python    12.12%  +2.27%
2      3       1                 Java    11.68%  -4.57%
3      4       4                  C++     7.60%  +1.99%
4      5       5                   C#     4.67%  +0.36%
5      6       6         Visual Basic     4.01%  -0.22%
6      7       7           JavaScript     2.03%  +0.10%
7      8       8                  PHP     1.79%  +0.07%
8      9      16                    R     1.64%  +0.66%
9     10       9                  SQL     1.54%  -0.15%
10    11      14               Groovy     1.51%  +0.41%
11    12      21                 Perl     1.51%  +0.68%
12    13      20                   Go     1.36%  +0.51%
13    14      10                Swift     1.35%  -0.31%
14    15      11                 Ruby     1.22%  -0.04%
15    16      15    Assembly language     1.17%  +0.14%
16    17      19               MATLAB     1.10%  +0.21%
17    18      13 Delphi/Object Pascal     0.86%  -0.28%
18    19      12          Objective-C     0.84%  -0.35%
19    20      32          Transact-SQL     0.82%  +0.44%
```

	A	B	C	D	E	F	G
1		姓名	数学	语文	英语	总分	均分
2	0	陈纪言	21	67	33	124	62
3	1	李爱锦	92	15	56	163	81.5
4	2	吴仪	18	67	41	126	63
5	3	蒲学勉	26	90	57	173	86.5
6	4	汤虹萱	37	19	18	74	37
7	5	吴林思	63	92	91	246	123
8	6	谭隽杰	17	72	15	104	52
9	7	聂远洋	75	75	86	236	118
10	8	田之秋	46	53	96	195	97.5
11	9	高若一	74	12	19	105	52.5
12	10	饶南芸	81	56	36	173	86.5
13	11	朱韵琦	61	98	89	248	124
14	12	范诗雨	30	87	15	132	66
15	13	潘虹伶	53	3	91	147	73.5

图4-20　爬取TIOBE指数排行前20名的开发语言结果　　　图4-21　成绩统计结果

6. 文本文件regions.txt存放了以下内容（共8行）：

华东地区（包括山东、江苏、上海、浙江、安徽、福建、江西）

华南地区（包括广东、广西、海南）

华中地区（包括河南、湖南、湖北）

华北地区（包括北京、天津、河北、山西、内蒙古）

西北地区（包括宁夏、青海、陕西、甘肃、新疆）

西南地区（包括四川、贵州、云南、重庆、西藏）

东北地区（包括辽宁、吉林、黑龙江）

港澳台地区（包括香港、澳门、台湾）

编写程序，读出素材文件内容，处理后写入JSON文件。结果示例如下（也可以是其他符合JSON规范的格式）：

```
{
    "华东地区":["山东","江苏","上海","浙江","安徽","福建","江西"],
    "华南地区":["广东","广西","海南"],
    "华中地区":["河南","湖南","湖北"],
    "华北地区":["北京","天津","河北","山西","内蒙古"],
    "西北地区":["宁夏","青海","陕西","甘肃","新疆"],
    "西南地区":["四川","贵州","云南","重庆","西藏"],
    "东北地区":["辽宁","吉林","黑龙江"],
    "港澳台地区":["香港","澳门","台湾"]
}
```

7. 编写程序，从素材文件financial.xlsx中，读取标签为"业务一部""业务三部""业务四部""业务五部""业务六部""业务八部"和"业务九部"的表单中的数据，并对应累计求和（即几张表摞在一起，透视对应单元格相加，结果仍是同样规格的表格），将最终结果输出到addup.csv文件中。

8. 编写程序，根据文件addr_book.txt中所记录的姓名和电话号码，查询以下人员的电话号码：方微，李倍倍，王必功，邓中华。

第 **5** 章

数据整理

借助 Python 丰富的扩展库，可以方便地完成数据的整理，完成数据的抽样，进行数据缺失值、重复值和异常值的处理，对数据进行标准化和离散化处理，并对数据进行编码和拟合插值。

5.1 数据类型及精度转换

使用多种数据类型或数据结构的 .astype( ) 函数，可对数据类型和精度进行转换。例如，可以将浮点数转换为字符串类型，将整数转换为浮点数，将浮点数转换为整数，将其他数据类型转换为日期时间类型等。

例如，将数值型转换为字符串类型。

```
>>> dat
array([[0.41766134,0.31883649],
       [0.0143561,0.59175304],
       [0.82353064,0.52332223]])

>>> dat.astype('str')
array([['0.4176613432862746','0.3188364852452247'],
       ['0.014356104868121','0.5917530389241898'],
       ['0.8235306369128955','0.5233222313750412']],dtype='<U32')
```

再例如，将整数精度转换为浮点精度。

```
>>> dat
array([[9,8,3],
       [9,6,8]])

>>> dat.astype('float64')
array([[9.,8.,3.],
       [9.,6.,8.]])
```

利用 pandas.to_datetime(arg, dayfirst = False, yearfirst = False, format = None, unit = None, ⋯) 函数，可以方便灵活地将用字符串或时间序列值表示的日期时间，转换为 Timestamp 类型的数值。函数的主要参数有：参数 arg 为被转换值，可以为任意主要数据类型和格式；参数 dayfirst 和 yearfirst 指定是否按日/月/年或年/月/日的格式来解读参数 arg 所指定的内容；参数 format 为指定函数输出格式的字符串；参数 unit 指明参数 arg 值的单位 {'D', 's', 'ms', 'us', 'ns'}。例如：

```
>>> pd. to_datetime('2020/07/28')          #将字符串转换为日期时间
Timestamp('2020 -07 -28 00:00:00')

>>> pd. to_datetime('20200728132435',format = '% Y% m% d% H% M% S')
Timestamp('2020 -07 -28 13:24:35')

>>> pd. to_datetime(14901933502912,unit = 'ns')     #将时间值转换为日期时间
Timestamp('1970 -01 -01 04:08:21.933502912')
```

转换为 Timestamp 类型后，可以利用该类型内置的多种属性和方法，方便地对该日期时间进行解析，例如取得该日期的星期（weekday( )、weekday_name( )）、取得当前日期时间（today( )）、变换时区时间（tz_convert( )）等。

【例 5-1】 根据文本文件"上证指数.csv"中的上证指数数据，提取其中特定月份的数据（完整代码见文件 pandas_to_datetime.py）。

```
df = pd. read_csv(r'上证指数.csv',engine = 'python',encoding = 'gb2312')

df. set_index(['Date'],inplace = True)        #使用'日期'属性作为 df 的 index
df. index = pd. to_datetime(df. index)        #将 index 设为 datetime 类型
df = df['2020 -01':'2020 -03']               #选取 2020 年 1 月份至 3 月份的数据
print(df. head(2),'\ n',df. tail(2))         #输出数据的前 2 项和最后 2 项
```

运行结果如下：

```
             Close       High        Low         Open        Volume
Date
2020 -01 -02  3085.1976   3098.1001   3066.3357   3066.3357   292470208
2020 -01 -03  3083.7858   3093.8192   3074.5178   3089.0220   261496667
             Close       High        Low         Open        Volume
Date
2020 -03 -30  2747.2138   2759.0989   2723.0543   2739.7191   239706604
2020 -03 -31  2750.2962   2771.1683   2743.1154   2767.3072   218598674
```

5.2 数据抽样

通常，原始数据的体量非常庞大，在进行数据处理时，为了满足处理过程的及时性和可操作性的要求，仅需抽取其中有代表性的、能说明问题的数据进行计算处理。常用的抽样方法有简单随机抽样、系统抽样、分层抽样、整群抽样等。

5.2.1 简单随机抽样

简单随机抽样（Simple Random Sampling）就是完全随机地从原始数据中抽取一定数量的样本。分为简单无放回抽样和简单有放回抽样两种。

在 Python 中，组织数据的方式不同，所进行抽样的方法也有所不同。

（1）对于 pandas. Series 和 pandas. DataFrame 数据，可使用其 .sample( ) 函数完成随机抽样，

函数原型如下（以 pandas. DataFrame 为例）：

> pandas. DataFrame. **sample** (n = None, frac = None, replace = False, weights = None, random_state = None, axis = None)

其中，参数 n 和 frac 分别为抽样个数和抽样比例（二者不可同时使用）；参数 replace 设置是否为有放回抽样（如果参数 frac 大于 1，则应设为 True）；参数 weights 为抽样权重，可以是一组对 Series 或 DataFrame 的 index 进行加权的序列，也可以将 DataFrame 中某数据系列指定为（经归一化处理的）加权序列，默认值 None 表示等概率权重；参数 axis 指定按行抽样（0 或 'index'）还是按列（1 或 'columns'）抽样。函数返回抽样的结果。

例如，对于例 3-2 中得到的数据，随机抽取 2 个。

```
>>> df
       code  number  value  level  score
KEVIN    5      0      3      3      7
SAM      9      3      5      2      4
PETER    7      6      8      8      1
HELEN    6      7      7      8      1
SMITH    5      9      8      9      4

>>> df. sample ( n = 2, weights = (0.9, 0.05, 0.05, 0, 0) )
       code  number  value  level  score
KEVIN    5      0      3      3      7
PETER    7      6      8      8      1

>>> df. sample ( n = 2, weights = 'number' )        #按 df ['number'] 的值进行加权
       code  number  value  level  score
SMITH    5      9      8      9      4
HELEN    6      7      7      8      1
```

（2）对于如列表、元组、集合等的序列数据，可使用 random 扩展库中的. sample ( ) 函数，随机抽取指定数量的样本。

例如，下列代码是从一组 1000 个列表样本数据中，随机抽取 200 个。

```
>>> import random
>>> data = np. random. randint (1, 10, size = (1000, 5))  #产生 1000 个数据样本
>>> sample = random. sample (data. tolist ( ), 200)        #随机抽取 200 个
>>> len (sample)
200
```

（3）对于组织成序列或可索引的数据结构的数据，还可使用 sklearn. model_selection 模块中为数据挖掘算法切分训练数据集和测试数据集的 train_test_split ( ) 函数，按照一定的比例随机抽取得到两组数据，即训练数据数据集和测试数据集，完成随机抽样。

【例 5-2】　使用 sklearn. model_selection. train_test_split ( ) 函数，随机抽取 80% 的样本（完整代码见文件 sklearn_train_test_split. py）。

```
from sklearn import model_selection
X = pd. DataFrame (np. random. rand(100,4))    #pandas. DataFrame 数据
y = np. random. rand(100,2)                    #numpy. ndarray 数据

X_train, X_test, y_train, y_test = model_selection. train_test_split(
        X, y, test_size = 0. 2, random_state = 0)
print(X_train. index, ' \ n'* 2, X_test. index)
```

5.2.2　系统抽样

系统抽样法又叫做等距抽样法或机械抽样法，是依据一定的抽样距离，从总体中抽取样本。要从容量为 N 的总体中抽取容量为 n 的样本，可将总体分成均衡的若干部分，然后按照预先规定的规则，从每一部分抽取一个个体，得到所需要的样本的抽样方法。

系统抽样比较有规律性，可以通过计算产生一个索引序列，再通过该索引序列获取原数据集的子集。例如，对于一个有 100 个数据的 pandas. DataFrame 数据或 numpy. nparray 数据，每 11 个数据抽取 1 个数据。

```
>>> idx = [x for x in range(0,100,11)]    #产生等间隔序列
>>> sample1 = df. loc[idx]                #对于 pandas. DataFrame 数据进行抽样
>>> sample2 = arr[idx]                    #对于 numpy. ndarray 数据进行抽样
```

5.2.3　分层抽样

分层抽样（Stratified Random Sampling）是把样本总体分为同质的、互不交叉的层（或类型），然后在各层（或类型）中独立地、随机地抽取样本。过程如下：

（1）调用 pandas. DataFrame. value_counts（）得到属性 level 的值和样本数量。

（2）根据抽样比例计算各层抽样数量。

（3）按各分类属性值及其抽样数量进行随机抽样。

（4）合并抽样结果数据集。

注意，函数 . value_counts（）在使用时应指定对特定变量进行计数统计（如 df. value_counts（data［'level'］）），而该变量数据的类型应该是 nominal/categorical 或 ordinal 的，否则，就应该先进行离散化处理。

此外，也可以将 pandas. DataFrame 数据进行分类汇总 groupby，再对所获得的按照特定属性进行分类汇总的数据进行抽样。示例代码见文件 stratified_sampling. py。

5.2.4　整群抽样

整群抽样（Cluster Sampling）是先将数据集按照特定属性分为多个群，然后随机抽取一定数量的群，将这些群的全部数据构成一个抽样数据子集。处理过程如下：

（1）使用 data［'group'］. count_values（）或 data［'group'］. unique（）方法得到整群属性的值。其中'group'为整群属性。

（2）使用随机抽样方法对整群属性值进行抽取。

（3）筛选数据集中整群属性值为所抽取的整群值的样本。

注意，函数 . value_counts（）在使用时应指定对特定变量进行计数统计，而该变量数据的类型

应该是 nominal/categorical 或 ordinal 的；否则，就应该先进行离散化处理。

5.2.5　接受–拒绝采样

当需要产生服从特定概率分布的样本时，可以使用接受–拒绝采样方法。接受–拒绝采样的方法是，借助一个可实现的采样分布的概率函数 $q(z)$ 及常量 k，使得拟产生的分布 $p(z)$ 被 $kq(z)$ 笼罩，如图 5-1 所示。抽样时按照 $q(z)$ 分布抽样得到样本 z_0，再从区间 $(0, kq(z_0))$ 按均匀分布抽样得到 u_0，如果 u_0 的值在图 5-1 中的灰色区域，即 $p(z)$ 之外，则拒绝这次采样；否则接受采样；得到采样值 $x_t = z_0$。

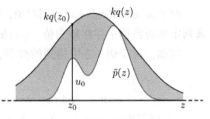

图 5-1　接受–拒绝采样

【例 5-3】　对于给定的概率函数 $p(x) = 0.7 e^{-(x-0.75)^2} + 0.3 e^{-5(x-2.3)^2}$，借助产生正态分布随机数，使用接受–拒绝采样方法，生成服从该概率分布的随机序列，并通过绘制概率分布图进行检验。

```
def f_dist(x):
    return (0.7* np.exp(-(x-0.75)** 2) + 0.3* np.exp(-(x-2.3)** 2/0.2))/3

def f_norm(loc,sigma,x):
    return np.exp(-(x-loc)** 2/(2* sigma** 2))/(np.sqrt(2* np.pi)* sigma)


size = int(1e+07)
loc = 1.4
sigma = 1.0
x = np.arange(loc-5,loc+5,0.01)
src = np.random.normal(loc = loc,scale = sigma,size = size)
q_src = f_norm(loc,sigma,src)


k = 1.5
p_dist = f_dist(src)
v = np.random.uniform(low = 0,high = k* q_src,size = size)
sample = src[p_dist > = v]
```

完整代码见文件 reject_sampling.py。运行程序，可以得到图 5-2 所示的拟产生的样本分布和抽样样本的分布结果。

图 5-2 为拟抽取的样本的概率分布（实线）和所借助的正态分布曲线（虚线）；按照接受–拒绝抽样方法，抽取样本的概率分布如图 5-2b，与目标概率分布有良好的符合度。

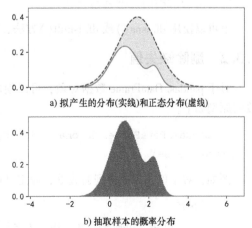

a) 拟产生的分布(实线)和正态分布(虚线)

b) 抽取样本的概率分布

图 5-2　抽样产生服从特定分布的样本

5.3　缺失值处理

数据中的缺失值可以通过本数据系列进行估算，或者从其他相关的数据系列推导出一个估算值，来进行填补。在实际应用中，可根据数据的不同特性和要求，选择适当的估值推算方法。

5.3.1 查找缺失值

对于 pandas. DataFrame 数据对象，可以使用 pandas. DataFrame. isnull( )或 pandas. DataFrame. isna( ) 来判定是否数据中存在缺失值。pandas. Series 数据同理。

例如，对于例 3-2 中得到的数据，假定其中 df ['value'] ['PETER'] 为缺失值，即：

```
>>> df
        code   number   value   level   score
KEVIN    5       0       3.0      3       7
SAM      9       3       5.0      2       4
PETER    7       6       NaN      8       1
HELEN    6       7       7.0      8       1
SMITH    5       9       8.0      9       4


>>> df['value'].isnull()          #判断数据系列中是否有 NaN 值
KEVIN     False
SAM       False
PETER     True
HELEN     False
SMITH     False
Name: value, dtype: bool


>>> df.loc ['PETER'] .isna ()      #判断特定数据样本中是否有为 NaN 的属性值
code      False
number    False
value      True
level     False
score     False
Name: PETER, dtype: bool
```

也可以使用 df. isna( )或 df. isnull( )方法，判定 df 的全部数据中是否有缺失值。

5.3.2 删除缺失值

对于 pandas. DataFrame 数据对象，可以使用 pandas. DataFrame. dropna( )删除缺失数据。该函数的原型如下：

pandas. DataFrame. **dropna** (axis = 0, how = 'any', thresh = None, subset = None, in-place = False)

例如，对于例 3-2 中得到的数据，假定其中 df ['value'] ['PETER'] 为缺失值，即：

```
>>> df
        code   number   value   level   score
KEVIN    5       0       3.0      3       7
```

```
        SAM        9        3        5.0        2        4
        PETER      7        6        NaN        8        1
        HELEN      6        7        7.0        8        1
        SMITH      5        9        8.0        9        4


>>> df. dropna (axis = 0)
              code    number    value    level    score
        KEVIN     5        0        3.0        3        7
        SAM       9        3        5.0        2        4
        HELEN     6        7        7.0        8        1
        SMITH     5        9        8.0        9        4


>>> df. dropna (axis = 1)
              code    number    level    score
        KEVIN     5        0        3        7
        SAM       9        3        2        4
        PETER     7        6        8        1
        HELEN     6        7        8        1
        SMITH     5        9        9        4
```

也可以使用 pandas. DataFrame. drop( )方法，删除数据中含有缺失数据所在的行或列。

5.3.3　填补缺失值

1. 用特定值填补

可以使用 sklearn. impute. SimpleImputer，完成特定值对数据中的缺失值的填补。SimpleImputer 类构造函数的原型如下：

sklearn. impute. **SimpleImputer** (* , missing_values = nan, strategy = 'mean', fill_ value = None, verbose = 0, copy = True, add_indicator = False)

其中，参数 missing_values 指定被填补的缺失值；参数 strategy 为缺失值的填补数值，可以是 { 'mean', 'median', 'most_frequent', 'constant' }，分别表示取平均值、取中位数、取众数或使用参数 fill_value 值；参数 fill_value 指定（当 strategy = 'constant' 时的）填补值。

例如，对于例 3-2 中得到的数据，假定其中 df ['value'] ['PETER'] 为缺失值，即：

```
>>> df
              code    number    value    level    score
        KEVIN     5        0        3.0        3        7
        SAM       9        3        5.0        2        4
        PETER     7        6        NaN        8        1
        HELEN     6        7        7.0        8        1
        SMITH     5        9        8.0        9        4


>>> from sklearn. impute import SimpleImputer          #载入 SimpleImputer 类
```

```
>>> imputer = SimpleImputer(strategy = 'median')          #使用中位数进行填补
>>> imputer.fit(df.loc['PETER'].values.reshape(-1,1))     #训练实例模型
>>> imputer.transform(df.loc['PETER'].values.reshape(-1,1))#进行填补
array([[7. ],
       [6. ],
       [6.5],
       [8. ],
       [1. ]])
```

也可以按数据系列（即'value'列）来进行填补。

2. 回归预测

可以以两个较为相关的变量，建立回归模型，进而对缺失值进行预测并填补。建立回归模型并进行预测的内容详见第9.2节。

5.4 重复值处理

对于pandas.DataFrame数据对象，可以使用pandas.DataFrame.duplicated()方法对重复的情况进行检查，进而可以使用pandas.DataFrame.drop_duplicates()来删除数据对象中的重复样本。函数原型如下：

> pandas.DataFrame.**duplicated**(self,subset = None,keep = 'first')
>
> pandas.DataFrame.**drop_duplicates**(self,subset = None,keep = 'first',inplace = False)

其中，参数subset为进行重复值比较或删除的列；参数keep指定所要标注或保留的重复值，可以是{'first', 'last', False}。

【**例5-4**】 处理重复值（代码见文件pandas_duplicated.py）。

```
>>> df        #在'code','level'中各有1对儿重复值,'score'中有2对儿重复值
       code  number  value  level  score
KEVIN    5      0      3      3      7
SAM      9      3      5      2      4
PETER    7      6      8      8      1
HELEN    6      7      7      8      1
SMITH    5      9      8      9      4

>>> df.duplicated(['code'])                          #检查code列是否有重复值
KEVIN    False
SAM      False
PETER    False
HELEN    False
SMITH     True
dtype:bool

>>> df.duplicated(['level','score'],keep = False)    #检查指定列是否重复
```

```
KEVIN      False
SAM        False
PETER      True
HELEN      True
SMITH      False
dtype:bool
```

```
>>> df. drop_duplicates (subset = ['level','score'], keep = 'last')
       code   number   value   level   score
KEVIN    5       0       3       3       7
SAM      9       3       5       2       4
HELEN    6       7       7       8       1
SMITH    5       9       8       9       4
```

5.5 异常值处理

异常值（outlier）是指样本中数值明显偏离所属样本其余观测值水平的个别值。异常值判定的方法主要有以下几种。

（1）标准差判定法。对于近似符合 $N(\mu, \sigma)$ 正态分布的数据，如果样本值与平均值的偏差超过 $k\sigma$，则可判定为异常值，其中 k 为自行设定的值。在正态分布假设下，取 $k = 3$，即与平均值的偏差超过 3σ，数量少于 0.3% 的值，均认为是异常值，这是常被使用的 3σ 判定准则。

（2）箱线图法。箱线图的绘制方法见第 8.1.8 节、第 8.2.9 节和第 8.3.6 节的内容。图形中超出箱线图两端须线的点，即为异常值。通过设置绘制箱线图的须线比例，可以调节异常值判定的上下边界。

（3）聚类分析法。聚类分析按照一定的算法规则，将判定为较相近和相似的对象，或具有相互依赖和关联关系的数据聚集为自相似的组群，构成不同的簇。未能与其他样本聚类为簇的样本，具有较大的差异性，可以视为异常值。聚类分析的原理和方法见第 10.3 节的介绍。

（4）统计学中还有格拉布斯检验法和狄克逊检验法。

处理异常值的方法主要有：

（1）删除法。即直接将异常值所在的样本删除，适用于异常值所占的比例较小的情况。对于由 pandas. Series 组织的数据，可以使用下列示例代码来剔除异常值。

```
#对于pandas. Series 数据变量 series
z = (series-series. mean ()) /series. std ()          #计算数值与标准差之比
outlier = z [np. abs (z. values) >3]                   #筛选出异常值
definitive = z [np. abs (z. values) < =3]              #得到剔除异常值后的数据
```

（2）替代法。即使用异常值的判定值来代替超出判定上下判定值的异常值。例如：

```
#对于pandas. Series 数据变量 series
mu = series. mean ()                                    #计算均值
sigma = series. std ()                                  #计算标准差
series = series. apply(lambda x:min(x,mu +3.0* sigma))  #替代超上限值
```

```
series = series. apply(lambda x:max(x,mu - 3.0* sigma))   #替代超下限值
```

5.6　排序

5.6.1　一维数据序列排序

在对由列表、元组、数组等组织的一维数据序列排序时，可以使用 Python 内置的 sorted( ) 函数来进行，排序后返回的结果均为列表。该函数的原型如下：

sorted (iterable,/,* ,key = None,reverse = False)

例如：

```
>>> arr
array([0, -4, -4, -4,  4,  0,  3, -5,  2,  4])

>>> sorted(arr,reverse = True)      #返回排序后的列表,列表本身并未改变
[4,4,3,2,0,0, -4, -4, -4, -5]

>>> sorted(arr,key = lambda x:x** 2)      #按 arr 中各项值的平方值进行排序
[0,0,2,3, -4, -4, -4,4,4, -5]
```

列表和数组定义了 sort( ) 排序函数。函数原型分别如下：

numpy. ndarray. **sort** (axis = -1,kind = None,order = None))
list. **sort** (self,/,* ,key = None,reverse = False)

因数组可定义多维数据，在其 sort( ) 函数中定义了参数 axis 来指明按行或列进行排序。这种排序方式会破坏数据原有的维度上的关联关系，所以仅适用于特定场合。

5.6.2　多维数据排序

使用 pandas. DataFrame. sort_values( )，可对其所组织的多维数据进行排序。函数原型如下：

pandas. DataFrame. **sort_values** (by = '##',axis = 0,ascending = True,inplace = False,na_position ='last')

参数说明见表5-1。

表 5-1　DataFrame. sort_values( ) 参数说明

参数	说　明
by	指定列名（axis = 0 或'index'）或索引值（axis = 1 或'columns'）
axis	若 axis = 0 或'index'，则按照指定列中数据大小排序 若 axis = 1 或'columns'，则按照指定索引中数据大小排序，默认 axis = 0
ascending	是否按升序排列
inplace	是否用排序后的数据集替换原来的数据
na_position	缺失值排序后的位置，可以是 {'first', 'last'}

例如，对于例3-2中得到的数据df进行排序。

```
>>> df.sort_values('value')       #按'value'列的数据,进行排序
       code  number  value  level  score
KEVIN   5      0      3      3      7
SAM     9      3      5      2      4
HELEN   6      7      7      8      1
PETER   7      6      8      8      1
SMITH   5      9      8      9      4


>>> df.sort_values('HELEN',axis=1)    #按'Helen'行的数据,进行排序
       score  code  number  value  level
KEVIN   7      5      0      3      3
SAM     4      9      3      5      2
PETER   1      7      6      8      8
HELEN   1      6      7      7      8
SMITH   4      5      9      8      9
```

5.7 标准化

5.7.1　z-score 标准化

将数据样本进行 z-score 标准化，即将其转换成分布均值为 0、标准误差为 1 的数据。可以采取以下两种方法：一是对于一维的数据序列，可以使用 sklearn. preprocessing. scale( )方法；二是对于多维数据序列，且需要按照各个数据列（属性）分别进行转换，可使用 sklearn. preprocessing. StandardScaler( )，通过参数设置，还可以控制是否对数据进行均值化或进行标准差调整。例如：

```
>>> from sklearn import preprocessing
>>> data =np.array([41,26,70,14,  1,12,  8,87,66,90,96,27,77,29,28,99,45,1,69,11])
>>> scale =preprocessing. scale(data)
>>> scale. mean(), scale. std()    #z-score 标准化后的数据,均值为0,方差为1
(-5.551115123125783e-17, 1.0)
```

再例如：

```
import numpy as np
from sklearn import preprocessing
X =np. random. normal(loc=10,scale=2.0,size=(200,2))
scaler =preprocessing. StandardScaler()
scaler. fit(X)                #使用训练数据训练模型
y =scaler. transform(X)        #运用模型,转换数据
print(y. mean(),y. std())       #输出均值和标准差
```

运行结果如下：

```
-1.6120438317557272e-15 1.0
```

5.7.2 归一化

将数据样本进行转换，使其在［min，max］区间内分布，或者特例情况在［0，1］区间内分布。可以采取以下的两种方法：一是对于一维的数据序列，可以使用 sklearn. preprocessing. minmax_scale()方法；二是对于多维数据序列，且需要按照其不同的列（属性）分别进行转换，可使用 sklearn. preprocessing. MinMaxScaler 模型。

例如，将一组数据归一化处理为［-5，10］区间内取值。

```
>>> data = np. array([41,26,70,14,1,12,8,87,66,90,1,69,11],dtype = 'float')
>>> d = preprocessing. minmax_scale(data,feature_range = (-5,10))
>>> d. min(),d. max()
(-5.0,10.0)
```

再例如：

```
>>> scaler = preprocessing. MinMaxScaler(feature_range = (-5,5))
>>> X = np. array([[1, -1,2],[2,0,0],[0,1, -1]])
>>> scaler. fit(X)        #训练模型,确定参数
MinMaxScaler(feature_range = (-5,5))

>>> y = scaler. transform(X)
>>> y     #各列数据均在[-5,5]区间
array([[0.        , -5.        , 5.        ],
       [5.        , 0.        , -1.66666667],
       [-5.        , 5.        , -5.        ]])
```

5.7.3 其他转换

对于一个数值序列，可以使用 sklearn. preprocessing 模块的其他方法对其进行转换处理，具体内容见表5-2。

表5-2　sklearn. preprocessing 中的数据标准化与归一化变换

变换函数变换类定义	变换方法
. normalize( ) . Normalizer	进行正则化处理，并可以通过设置函数参数 norm = 'l1 '或 norm = 'l2 '来进行 L1 正则化或 L2 正则化（在线性回归方法中，分别用于 LASSO 回归和 Ridge 回归）。如果计划使用二次形式（如点积或任何其他核函数）来量化任何样本间的相似度，则该变换非常必要
. robust_scale( ) . RobustScaler	按照任意轴，对数据进行以中位数为中心，以上下四分位数为依据的数据变换。该变换可以减少异常值对变换的影响

（续）

变换函数变换类定义	变换方法
. maxabs_scale( ) . MaxAbsScaler	将数据变换到 $[-1, 1]$ 区间，不破坏数据的稀疏性特征。可用于按 CSR 或 CSC 矩阵的稀疏化处理
. power_transform( ) . PowerTransformer	属于一种参数单调变换，可使数据尽可能接近正态分布（适用于对方差异性的数据进行建模，或其他要求数据服从正态分布的情况）。同时，会完成数据的 0 均值单位方差的标准化变换。函数支持 Box-Cox 和 Yeo-Johnson 变换，使用最大似然估计确定使方差稳定且偏差最小化的最佳变换参数
. quantile_transform( ) . QuantileTransformer	变换数据，使其各特征值服从均匀或正态分布。变换倾向于分散较为频繁的值，可减少数据边际异常值的影响，是一项健壮的非线性预处理方法

5.8　离散化

5.8.1　二值化

可以使用 sklearn. preprocessing. binarize( )方法对数据进行二值化处理。例如：

```
>>> data
array([[92],[79],[87],[89],[33],[55],[34],[1],[47],[98]])

>>> from sklearn import preprocessing
>>> preprocessing. binarize(data, threshold = 50)    #值大于阈值为 1,否则为 0
array([[1],[1],[1],[1],[0],[1],[0],[0],[0],[1]])
```

5.8.2　分箱处理

使用 pandas 扩展库中定义的 . cut( )和 . qcut( )方法，可以以不同的方式对一组数值进行分箱处理。其函数原型如下：

```
pandas. qcut (x, q, labels = None, retbins: bool = False, precision: int = 3, dupli-
cates: str = 'raise')
pandas. cut (x, bins, right = True, labels = None, retbins = False, precision = 3, in-
clude_lowest = False)
```

其中，参数 x 为一维数组或数据系列；参数 q 为归一化的分箱划分比例，用 $n+1$ 个 0 ~ 1 之间的数值表示 n 个分箱的比例范围；参数 bins 为用 $n+1$ 个数值表示 n 个分箱的范围；参数 labels 为 n 个分箱的标签，以列表方式给出。

【例 5-5】　将一系列的数值按照一定的划分方法，分为 S、M、L、XL 四个分箱。

```
>>> data = pd. Series([0,8,1,5,3,7,2,6,10,4,9])
>>> pd. qcut(data, q = [0,0.1,0.2,0.3,1], labels = ['S','M','L','XL'])
0       S
1       XL
```

```
2      S
3      XL
4      L
5      XL
6      M
7      XL
8      XL
9      XL
10     XL
dtype:category
Categories (4,object):[S<M<L<XL]
```

注意，qcut()方法的参数 q 定义区间的分割方法，可以是均匀分箱，如设置为 [0，0.25，0.5，0.75，1] 或简单地为 4；也可以如本例中的按照1:1:1:7进行不均匀分箱。参数 labels 所定义的元素数量应与分箱的数量相一致。

【例5-6】 将一系列的数值按照一定的方法划分为 5 个分箱，并对各分箱的数据数量进行统计。

```
>>> d = pd. cut (range (100),5)              #等距分箱
>>> d. value_counts ()
( - 0.099,19.8]     20
(19.8,39.6]         20
(39.6,59.4]         20
(59.4,79.2]         20
(79.2,99.0]         20
dtype:int64


>>> dd = pd. cut (range (100),[0,10,100])     #按照规定进行分箱
>>> dd
[NaN,(0,10],(0,10],(0,10],(0,10],...,(10,100],(10,100],(10,100],(10,100],
(10,100]]
Length:100
Categories (2,interval[int64]):[(0,10] < (10,100]]


>>> dd. value_counts ()
(0, 10]         10
(10, 100]       89
dtype: int64
```

使用 numpy. array. searchsorted() 函数，也可以完成分箱处理。例如，将 20 个 [0，1) 区间的随机数，按照 (0.5，0.3，0.15，0.05) 的比例划分进行分箱。

```
>>> cumq = np. array ((0.5,0.3,0.15,0.05)). cumsum ()
>>> cumq
array ( [0.5, 0.8, 0.95, 1.   ])
```

```
>>> cumq. searchsorted (np. random. random (20))
array ( [1, 0, 0, 0, 0, 1, 0, 0, 0, 1, 0, 1, 0, 1, 1, 0, 0, 2, 0, 0],
      dtype = int64)
```

5.9　数值编码

5.9.1　自定义编码

1. 使用 . map( )

可以调用 pandas. Series. map( )函数，对数据按照一定规则进行编码。

【例5-7】　读取素材文件 encoding_data. csv 中的数据，并对其中的 nominal 列的数据按照一定规则进行编码（完整代码见文件 pandas_map. py）。

```
df = pd. read_csv ('encoding_data. csv',index_col = 0,
                     engine = 'python')
```

```
#利用 pandas. Series. map ()进行编码变换
df['nominal_'] = df['nominal']. map({'Red':1,'Green':2,'Blue':3})
```

运行程序，对原数据中的 nominal 列的数据按 Red →1，Green →2，Blue →3 进行编码转换，如图5-3所示。

2. 使用 . apply( )

可以调用 pandas. Series. apply( )函数，结合按照一定规则定义的编码函数，对数据进行编码。

	binary1	binary2	nominal	ordinal		nominal_
0	F	N	Red	Hot		1
1	F	Y	Blue	Warm		3
2	F	N	Blue	Cold		3
3	F	N	Green	Warm		2
4	T	N	Red	Cold		1
5	T	N	Green	Hot		2
6	F	N	Red	Cold		1
7	T	N	Red	Cold		1
8	F	N	Blue	Warm		3
9	F	Y	Red	Hot		1

图 5-3　使用 . map ( )完成编码

【例5-8】　根据例5-7中列举的数据，对其中的 binary1 列数据按照 T →1、F →0，binary2 列数据按照 Y →1、N →0 进行编码变换。

```
#利用 pandas. Series. apply ()进行编码变换
df['binary1'] = df['binary1']. apply(lambda x:1 if x = = 'T'else 0)
```

```
#或者,自行定义编码规则函数,并进行编码变换
def myEncoder(x):
    return lambda x:1 if x = = 'Y' else 0
```

```
df['binary2'] = df['binary2']. apply(myEncoder(df['binary2']))
```

完整代码见文件 pandas_apply. py。编码变换后的结果如图5-4所示。

5.9.2　标签编码

标签编码（Label Encoding）可用于将非数值型的属性值（只要可用 hash 值表示，进行比较

区分），编码为数值型。对于一个有 m 个取值的属性，经过编码后，每个取值会映射到 $0 \sim m-1$ 之间的一个数值。

【例 5-9】 根据例 5-7 中列举的数据，对其中的 nominal 列数据进行标签编码。核心代码如下：

```
#labelEncoder 在 scikit - learn 扩展库中
from sklearn.preprocessing import LabelEncoder
LE = LabelEncoder()
df['label_encoded'] = LE.fit_transform(df['nominal'])
print(df)
```

完整代码见文件 sklearn_LabelEncoder.py。运行程序，可得到图 5-5 所示的结果。

图 5-4　使用 .apply() 完成编码　　　　　图 5-5　标签编码

程序按照 ｛'Blue''Green''Red'｝ →｛0，1，2｝，对数据进行编码。

利用标签编码，还可将数据序列，按映射到区间 [0，取值个数] 中的规则进行标准化处理。

5.9.3　标签二元化编码

标签二元化编码（Label Binarising）将属性的 N 个不同数值或标签值，用 N 个编码属性对其进行编码。一个样本的数值或标签的 N 个编码中有 1 个为 1，其余为 0。

【例 5-10】 根据例 5-7 中所例举的数据，对其中的 ordinal 列数据进行标签二元化编码。核心代码如下：

```
from sklearn.preprocessing import label_binarize
b_data = label_binarize(df['ordinal'],classes = ['Hot','Warm','Cold'])
```

完整代码见文件 sklearn_label_binarize.py。经过变换，原数据中 ordinal 列的数据按照 Hot →100、Warm →010 和 Cold →001 的规则进行编码，如图 5-6 所示。

代码中，也给出了使用 pd.get_dummies() 函数对数据进行标签二元化编码的示例。

图 5-6　标签二元化编码

5.9.4　哈希编码

哈希编码（Hash Encoding）可以将不同字符串运用 Hash 函数转换为对应的唯一的 Hash 值。哈希编码可以用较低的空间复杂度对属性值较多的数据进行编码。

【例 5-11】 根据例 5-7 中所例举的数据，对其中的 nominal 列数据进行哈希编码。

```
from sklearn.feature_extraction import FeatureHasher
hasher = FeatureHasher(n_features = 3, input_type = 'string')   #hash 值的位数为 3
hashed = hasher.fit_transform(df['nominal'])
hashed = hashed.toarray()          #将 CSR 的稀疏矩阵转换为数组类型
```

代码见文件 sklearn_FeatureHasher.py。程序按照 Blue → {0.0, 2.0, 0.0}、Green → {0.0, 3.0, 0.0} 和 Red → {1.0, 2.0, 0.0} 的规则，对 nominal 列进行编码，如图 5-7 所示。

	binary1	binary2	nominal	ordinal	hash0	hash1	hash2
0	F	N	Red	Hot	1.0	2.0	0.0
1	F	Y	Blue	Warm	0.0	2.0	0.0
2	F	N	Blue	Cold	0.0	2.0	0.0
3	F	N	Green	Warm	0.0	3.0	0.0
4	T	N	Red	Cold	1.0	2.0	0.0
5	T	N	Green	Hot	0.0	3.0	0.0
6	F	N	Red	Cold	1.0	2.0	0.0
7	T	N	Red	Cold	1.0	2.0	0.0
8	F	N	Blue	Warm	0.0	2.0	0.0
9	F	Y	Red	Hot	1.0	2.0	0.0

图 5-7　哈希编码

5.9.5 有序编码

使用 sklearn 扩展库中的有序编码（OrdinalEncoder）模块，可以对有序属性值进行编码。该编码方式保留了属性值的有序性，适用于属性值存在内在顺序的情况。

【例 5-12】 根据例 5-7 中所例举的数据，对其中的 ordinal 列数据进行有序编码（代码见文件 sklearn_OrdinalEncoder.py）。

```
from sklearn.preprocessing import OrdinalEncoder
encoder = OrdinalEncoder(categories = [['Cold','Warm','Hot']])#设置编码序号
df['encoded'] = encoder.fit_transform(df[['ordinal']])
print(df)
```

按照 Cold → 0.0、Warm → 1.0 和 Hot → 2.0 规则进行编码，编码结果如图 5-8 所示。

如果在创建 OrdinalEncoder 对象时，省略构造函数 OrdinalEncoder( ) 的 categories 参数，则将按照属性值首字母顺序，以 Cold → 0.0、Hot → 2.0 和 Warm → 1.0 规则进行编码。

	binary1	binary2	nominal	ordinal	ordinal_
0	F	N	Red	Hot	2.0
1	F	Y	Blue	Warm	1.0
2	F	N	Blue	Cold	0.0
3	F	N	Green	Warm	1.0
4	T	N	Red	Cold	0.0
5	T	N	Green	Hot	2.0
6	F	N	Red	Cold	0.0
7	T	N	Red	Cold	0.0
8	F	N	Blue	Warm	1.0
9	F	Y	Red	Hot	2.0

图 5-8　有序编码

5.9.6 独热编码

独热（OneHot）对数据进行编码时，使用与取值数量相同的二进制位来表示每一数值，编码中有且只有一位为 1。例如，假如有红、绿、蓝 3 种颜色特征，在进行机器学习处理时一般需要进行向量化或者数字化，简单地可以令红 = 1、绿 = 2、蓝 = 3 来实现标签编码，即给不同类别赋以标签。但是在机器学习处理时会学习到"红 < 绿 < 蓝"，不符合标签的含义。借助 OneHot 编码原理，则使用 3 位二进制码来表示，即为红色 001、绿色 010、蓝色 100，使任意两个向量之间的距离都是 $\sqrt{2}$，在向量空间中距离相等，避免出现偏序性，从而影响基于向量空间度量算法的效果。

对于一个有 m 个取值的数据特征，经独热编码（OneHot Encoding）处理后，会变为 m 个互斥的二元属性对应每个特征值。独热编码适用于特征值无内在顺序，且取值数量小于 4 的情况。

【例 5-13】 根据例 5-7 中所例举的数据，对其中的 nominal 列数据进行独热编码。

```
from sklearn. preprocessing import OneHotEncoder
enc = OneHotEncoder()
one_hot = enc. fit_transform(df[['nominal']])
one_hot = one_hot. toarray(). astype('int')    #将 CSR 稀疏矩阵转换为数组

#用 pandas. get_dummies()实现 OneHot 编码
one_hot = pd. get_dummies(df['nominal'])
```

代码见文件 sklearn_ OneHotEncoder. py。
程序运行所得到的编码结果如图 5-9 所示，按
Red →001、Green →010 和 Blue →100 规则进
行编码。

代码中，也给出了使用 pandas. get_dum-
mies()函数来完成 OneHot 编码的语句。

对于多维数据的编码，每一维数据所产生
的 OneHot 编码位数并不相等。例如：

	binary1	binary2	nominal	ordinal		Blue	Green	Red
0	F	N	Red	Hot		0	0	1
1	F	Y	Blue	Warm		1	0	0
2	F	N	Blue	Cold		1	0	0
3	F	N	Green	Warm		0	1	0
4	T	N	Red	Cold	➡	0	0	1
5	T	N	Green	Hot		0	1	0
6	F	N	Red	Cold		0	0	1
7	T	N	Red	Cold		0	0	1
8	F	N	Blue	Warm		1	0	0
9	F	Y	Red	Hot		0	0	1

图 5-9　独热编码

```
>>> from sklearn import preprocessing
>>> OneHot = preprocessing. OneHotEncoder()
>>> OneHot.fit([[0,0,3],[1,1,0],[0,2,1],[1,0,2]])    #fit 来学习编码
>>> OneHot. transform([[0,1,3]]). toarray()           #进行编码
array([[1.,0.,0.,1.,0.,0.,0.,0.,1.]])
```

其中，0 对应的编码为 10，1 对应的为 010，3 对应的为 0001。

5.9.7　二进制编码

二进制编码（Binary Encoding）首先将属性值编码为整数，进而按照二进制的编码规则进行
编码，形成多列 0/1 数据，编码后会产生 $\log_2 N$ 列数据（N 为属性值的个数）。

对于取值较多的属性，采用二进制编码，相对某些编码算法（如 OneHot 编码），可以产生
较少的数据列。

【例 5-14】　根据例 5-7 中所例举的数据，对其中的 ordinal 列数据进行二进制编码。

```
from category_encoders import BinaryEncoder
encoder = BinaryEncoder(cols = ['ordinal'])         #可先指定数据系列
b_code = encoder. fit_transform(df)                  #二进制编码转换
```

完整代码见文件 category_encoders_BinaryEncoder. py。经过变换，原数据中 ordinal 列的数据
按照 Hot →001、Warm →010 和
Cold →011 的规则进行编码，如
图 5-10所示。

与其他编码算法得到的结果不
同，BinaryEncoder 会将指定编码的
列删除，替换为经编码后的多列
数据。

	binary1	binary2	nominal	ordinal		ordinal_0	ordinal_1	ordinal_2
0	F	N	Red	Hot		0	0	1
1	F	Y	Blue	Warm		0	1	0
2	F	N	Blue	Cold		0	1	1
3	F	N	Green	Warm		0	1	0
4	T	N	Red	Cold	➡	0	1	1
5	T	N	Green	Hot		0	0	1
6	F	N	Red	Cold		0	1	1
7	T	N	Red	Cold		0	1	1
8	F	N	Blue	Warm		0	1	0
9	F	Y	Red	Hot		0	0	1

图 5-10　二进制编码

5.9.8 目标编码

目标编码（Target Encoding）是根据数据中对应的 Target（例如分类归纳算法的 class 属性）的情况，对数据进行编码。Target Encoding 采用二级交叉验证（cross-validation）的策略，计算每一特征属性取值所对应的 Target 均值，以此对特征属性值进行编码。这种编码方法适用于特征属性值无内在顺序，且数量大于 4 的情况。

【例 5-15】 为例 5-7 中所例举的数据，添加 Target 分类属性，并对 nominal 数据进行目标编码（完整代码见文件 category_encoders_TargetEncoder. py）。

```
#为数据集添加 Target 属性数据
df. insert(loc = 4,column = "Target",
          value = [0,1,1,0,0,1,0,0,0,1],allow_duplicates = True)

from category_encoders import TargetEncoder
TgtEncoder = TargetEncoder()
encoded = TgtEncoder. fit_ transform (X = df ['nominal'], y = df ['Target'])
```

运行程序，目标编码按照 Red →0. 203597、Green →0. 473106 和 Blue →0. 634879 的规则，对 nominal 列进行编码，如图 5-11 所示。

进行目标编码的另一个方法，就是使用 dsawl 扩展库中所定义的 target_ encoding 模块中的关于目标编码的类或函数。所涉及的模块有下列几项，具体内容不再赘述。

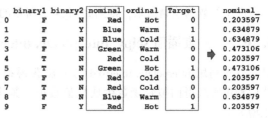

图 5-11 目标编码

```
from dsawl. target_encoding import TargetEncoder
from dsawl. target_encoding import OutOfFoldTargetEncodingRegressor
from dsawl. target_encoding import OutOfFoldTargetEncodingClassifier
```

5.10 拟合与插值

可以使用在 scipy. interpolate 模块中所定义的相关类或函数，也可以使用在 numpy 扩展库中定义的 ployfit( )函数，进行拟合插值运算。

5.10.1 多项式拟合 numpy. polyfit( )

numpy. polyfit( )以最小二乘多项式拟合方法，对数据进行拟合，构建使误差平方和最小的多项式函数，返回该多项式系数。函数原型如下：

numpy. **polyfit** (x, y, deg, rcond = None, full = False, w = None, cov = False)

其中，参数 x，y 为数据集，可以为多维数据；参数 deg 设置拟合多项式的次数。

【例 5-16】 对于所给出的数据，调用 numpy. polyfit( )进行拟合或插值处理。

```
#产生离散数据点
```

```
y = [8,4,5,13,25,25,33,27]
x = np.linspace(1,100,len(y))
x_ = np.linspace(x.min(),x.max(),50)    #插值后为50数据点,以x为基准

#使用numpy.polyfit()3次插值
fit = np.polyfit(x,y,deg = 3)           #用3次多项式拟合x,y数组
f_poly = np.poly1d(fit)                 #使用拟合所获得的系数生成多项式对象
print(f_poly)
    y_ = f_poly(x_)                     #生成多项式对象之后,计算x_在这个多项式
                                        #处的值
```

完整代码见文件 numpy_polyfit.py。运行程序,输出结果如下:

$$-0.0001678x^3 + 0.02548x^2 - 0.6849x + 8.644$$

从程序运行结果可以看出,拟合公式为 $-0.0001678x^3 + 0.02548x^2 - 0.6849x + 8.644$。将原始数据和函数拟合后所产生的数据绘制出来,得到如图5-12所示的图形。

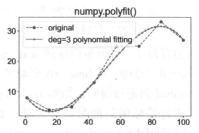

图5-12　numpy.polyfit()拟合和插值结果

5.10.2　一维插值 scipy.interpolate.interp1d()

首先利用 interpolate.interp1d() 方法获得拟合函数,然后利用所获得的拟合函数生成插值数据。其构造函数原型如下:

```
scipy.interpolate.interp1d(x,y,kind = 'linear',axis = -1,copy = True,bounds_
error = None,fill_value = nan,assume_sorted = False)
```

其中,参数 x,y 为数据集,可以为多维数据;参数 kind 为插值算法,可以是 {'linear', 'nearest', 'zero', 'slinear', 'quadratic', 'cubic', 'previous', 'next'}(其中'zero'、'slinear'、'quadratic'和'cubic',表示分别进行0阶、1阶、2阶和3阶样条插值),也可以设置整数值表明样条插值的阶数。

【例5-17】　对于例5-16中给出的数据,调用 scipy.interpolate.interp1d() 进行拟合或插值处理(完整代码见文件 scipy_interp1d.py)。

```
from scipy import interpolate            #导入 scipy.interpolate 模块

#使用 scipy.interpolate.interp1d()线性插值
f_linear = interpolate.interp1d(x,y)     #获得线性插值函数
y_l = f_linear(x_)                       #线性插值后的 y,存放在 y_l 中

#使用 scipy.interpolate.interp1d()3次插值
f_cubic = interpolate.interp1d(x,y,kind = 'cubic')  #获得插值函数
y_c = f_cubic(x_)                        #cubic 插值后的 y,存放在 y_c 中
```

运行程序,绘制出的图形如图5-13所示。

5.10.3　二维插值 scipy. interpolate. interp2d( )

可以利用 scipy. interpolate. interp2d( )方法获得二维插值函数，并利用所获得的插值函数生成插值数据。该函数的原型如下：

scipy. interpolate. **interp2d** (x,y,z,kind = 'linear',copy = True,bounds_error = False,fill_value =None)

其中，参数 x, y, z 为数据集，可以为多维数据。

【例5-18】　对平面（图像）数据进行三阶二维插值（完整代码见文件 scipy_interp2d_image. py）。

```
def func(x,y):
    return (x + y)* np. exp( - 5.0* (x** 2 + y** 2))


y,x = np. mgrid[ -1:1:15j, -1:1:15j]    #X - Y轴分为 15* 15 的网格
fv = func(x,y) #计算每个网格点上的函数值,15 ×15 个值


#三次样条二维插值
func3 = interpolate. interp2d(x,y,fv,kind = 'cubic')


#计算 100* 100 的网格上的插值
x_ = y_ = np. linspace( -1,1,100)
fv_ = func3(x_,y_)
```

运行程序，插值前后的可视化对比结果如图 5-14 所示。

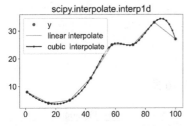

图 5-13　scipy. interpolate. interp1d( )的拟合和插值结果

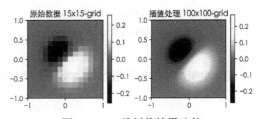

图 5-14　二维插值结果比较

图 5-14 中，左图为 15 像素 ×15 像素的原始图像（为便于对比，放大显示），右图为经过插值后的 100 像素 ×100 像素的图像。

【例5-19】　对曲面数据进行三阶二维插值（完整代码见文件 scipy_interp2d_surface. py）。

```
from scipy import interpolate
import matplotlib. cm as cm


def func(x,y):
    return (x + y)* np. exp( - 5.0* (x** 2 + y** 2))


#X - Y轴分为 20* 20 的网格
```

```
x,y = np.mgrid[-1:1:20j, -1:1:20j]#产生20×20的网格数据
fv = func(x,y)        #计算每个网格点上的函数值,20×20个值

#产生3阶二维插值函数,并用该函数计算100×100网格的数据
fun_itp2d = interpolate.interp2d(x,y,fv,kind = 'cubic')
x_ = y_ = np.linspace(-1,1,100)
fv_ = fun_itp2d(x_,y_)        #计算每个网格点上的函数值,100×100个值
```

运行程序,插值前后的可视化对比结果如图5-15所示。

图5-15中,左图为20像素×20像素的原始曲面,右图为经过插值后的曲面。

5.10.4 拉格朗日插值 scipy. interpolate. lagrange()

拉格朗日插值法的基本原理是,对于实践中一组某物理量观测值,可以找到一个多项式,恰好能在各观测点取到相应的观测值,这个多项式称为拉格朗日(插值)多项式。在数学上,拉格朗日插值法可以给出一个恰好穿过二维平面上若干个已知点的多项式函数。

【例5-20】 使用拉格朗日插值算法,对曲线进行平滑处理(完整代码见文件 scipy_lagrange. py)。

```
n = 20
#构造样本数据
np. random. seed(123)
x = np. linspace(0,20,n)
y = np. linspace(0,3,n) + np. random. rand(n) * 4

#拉格朗日插值
fL = interpolate. lagrange(x,y)
x_ = np. linspace(2,16,100)
y_ = fL(x_)
```

代码中所产生的原始数据及拉格朗日插值结果如图5-16所示。

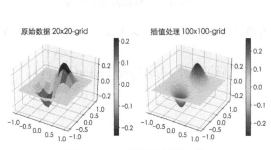

图5-15 三维插值结果比较

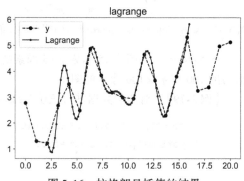

图5-16 拉格朗日插值的结果

注意:

(1)并非样本数据越多,得到的插值数据会越精确。理论上说,样本数据过多,得到的插

值函数的次数就越高，插值结果的误差可能会更大。拉格朗日插值的稳定性不太好，会出现不稳定的现象（龙格现象），解决的办法就是分段用较低次数的插值多项式。

（2）插值一般采用内插法，即只计算样本点内部的数据。

5.10.5 单变量拟合/插值 scipy. interpolate. UnivariateSpline（）

可以调用以下函数，进行单变量拟合：

scipy. interpolate. **UnivariateSpline** (x,y,w = None,bbox = [None,None],k = 3,s = None,ext = 0,check_finite = False)

其中，参数 x 为递增的一维数据系列；参数 y 为与 x 等长的数据系列；参数 w 为拟合加权数据；参数 bbox 为处理区间，默认为 bbox = [x [0]，x [-1]]；参数 k 为曲线次数，取值 1～5；参数 s 为正平滑因子，拟合加权误差平方和小于该值；参数 ext 控制外推模式；参数 check_ finite 设置是否对输入数据进行检查。

【例 5-21】 使用单变量插值算法，对曲线进行平滑处理（代码见文件 scipy_UnivariateSpline. py）。

```
#单变量插值
fU = interpolate. UnivariateSpline(x,y,k = 5,s = 0)
x_ = np. linspace (0,20,100)
y_ = fU(x_)
```

运行代码，所产生的原始数据和单变量插值结果如图 5-17 所示。

与 UnivariateSpline（）相关的，还有以 BivariateSpline 类为基类衍生出的 SmoothBivariateSpline（），LSQBivariateSpline（）和 RectBivariateSpline（）等，可以完成双变量的拟合和插值处理。

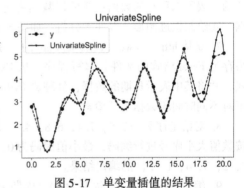

图 5-17 单变量插值的结果

单元练习

1. 在素材数据文件 car_profiles. csv 中，共有 40 个关于汽车配置的样本，包括类型、气缸、涡轮式、燃料、排气量、压缩率、功率、换档、车重、里程几项特征。试编写程序，完成以下几项数据抽样：

（1）随机抽样。无放回，抽取出 30% 的样本量，并将抽样结果保存到新建的 Excel 文件中，文件名为 samples. xlsx，数据表标签为"随机抽样"。

（2）系统抽样。抽取 8 个样本，并将结果保存到结果文件中标签为"系统抽样"的表中。

（3）分层抽样。以车重属性分层，抽取属性值为"中"的样本 9 个，为"轻"的样本 3 个，为"重"的样本 2 个，共 14 个样本，并将结果保存到结果文件中标签为"分层抽样"的表中。

（4）整群抽样。随机抽取里程属性取值为"高""中""低"中的 2 组样本，并将结果保存到结果文件中标签为"整群抽样"的表中。

2. 根据素材文件 tips. csv 中给出的数据，计算其中 tip 与 total_bill 的比值，来衡量顾客的"大方"程度，并对该值按高、较高、中等、较低、低 5 个量级进行统计，并绘制出分布图。

3. 对于素材文件 coasters. csv 中给出的关于过山车名称和指标等数据，对其中的缺失值和异常值进行处理，并说明处理依据。

4. 对于素材文件 coasters. csv 中给出的关于过山车名称和指标等数据，在上一题处理的基础上，对其中的 Speed 和 Height 数据进行归一化处理，并绘制这两个变量的散点图，发现其中的关联规律。

5. 在素材文件"NBA 球员数据 . csv"中，给出了 NBA 球员的技术、资历和薪资数据，可以以该数据为参考，通过回归分析或分类归纳，为新转会的球员确定其薪资水平。这里，球员薪金基本上为一个模拟量，技术上需要对其进行离散化处理，例如分为 10 个薪资等级。考虑到球员薪资数据的分布有一定的规律，并不均衡，试选择较为合理的离散化方法，编写程序，对球员薪资数据进行离散化处理。

6. 素材文件 AB00457. csv 为车载行驶记录仪所记录的数据，包括车牌号（vehicleplatenumber）、设备号（device_num）、方向角（direction_angle）、经度（lng）、纬度（lat）、加油踏板状态（acc_state）、右转信号灯状态（right_turn_signals）、左转信号灯状态（left_turn_signals）、手刹状态（hand_brake）、脚刹状态（foot_brake）、时刻（location_time）、GPS 速度（gps_speed）和累积里程（mileage）数据。编写程序，从素材文件读入数据，组织为 pandas. DataFrame 数据格式。将其中的时间数据，处理成 DateTime 数据类型，并设为数据的 index，以便于对不同时间段数据进行检索。对数据进行清理，保留具有分析意义的数据，使数据规范，并对所记录的轨迹进行展示分析。对数据的清理可包括：①剔除无意义数据，例如数值始终不变的数据项；②剔除连续的、表示未移动的数据；③根据数据将记录仪暂停造成的轨迹跳跃进行处理，分割成多段数据；④绘制轨迹图形，以便于分析，如图 5-18 所示。

7. 试从 http：//www. ceic. ac. /cn/ 的"快速查询"板块，下载"最近一年内地震"数据，并另存为 Excel 格式的文件。编写程序，从 Excel 文件读入数据，组织为 pandas. DataFrame 数据格式，并将其中表示日期的数据，处理成 Python 的 DateTime 数据类型，并设为数据的 index，以便于对不同时间段数据进行检索。

8. 对给定序列 {7.5，7.4，6.8，4.7，7.5，8.1，6.0，6.4，6.8，5.8，7.4}，编写程序，按数值大小序号进行编码，最小值编码为 0，最大值编码为 $n-1$。本题应得到 {6，5，4，0，6，7，2，3，4，1，5} 的编码结果。

9. 编写程序，对一个幅度为 10，周期为 1/100 的正弦波函数，进行多项式展开，输出多项式表达式，并绘制出拟合图形，如图 5-19 所示。

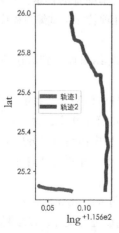

图 5-18　车载记录仪数据轨迹图

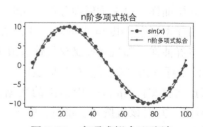

图 5-19　多项式拟合正弦波

第 6 章

数据变换

借助 Python 丰富的扩展库，可以非常方便地完成数据的多种变换。通过数据变换，可以完成数据在不同空间的映射，探究对数据分析和数据挖掘最为有效的数据表示形式。因涉及的内容较为庞杂，未尽之处，可以通过查阅各模块的帮助信息或 Python 扩展库的官方网站进一步了解。

6.1 线性空间变换

在 numpy 扩展库的 linalg 子模块中，定义了一系列完成线性代数运算的函数，包括求逆矩阵、点积、内积、矩阵乘积、计算行列式和线性矩阵方程求解等。

6.1.1 求逆矩阵

使用 numpy. linalg. inv( ) 可以计算数组（array）或矩阵（matrix）的逆矩阵。例如：

```
>>> arr = np. array([[3,2,1],[2,3,2],[3,4,3]])
>>> np. linalg. inv(arr)
array([[0.5, -1. ,  0.5],
       [0. ,  3. , -2. ],
       [-0.5, -3. ,  2.5]])

>>> mtx = np. matrix([[3,2,1],[2,3,2],[3,4,3]])
>>> np. linalg. inv(mtx)
matrix([[0.5, -1. ,  0.5],
        [0. ,  3. , -2. ],
        [-0.5, -3. ,  2.5]])
```

对于矩阵（matrix），还可以使用 numpy. matrix. getI( ) 方法或 numpy. matrix. I 属性得到其逆矩阵。

6.1.2 求矩阵积

计算两个矩阵的乘积，有多种方法，可以调用 numpy. matmul( )，也可以使用运算符乘号（＊）或运算符（@）完成运算。例如：

```
>>> mtxA = np. matrix([[1,2,3],[4,5,6]])      #shape = (2,3)
>>> mtxB = np. matrix([[1,2],[3,4],[5,6]])    #shape = (3,2)
>>> mtxA* mtxB                                #结果 shape = (2,2)
```

```
matrix([[22,28],
        [49,64]])
>>> mtxA@ mtxB
matrix([[22,28],
        [49,64]])

>>> np.matmul(mtxA,mtxB)
matrix([[22,28],
        [49,64]])
```

如果参与运算的矩阵数据是由二维数组所定义的,则可以使用 numpy. matmul( )或使用运算符 (@) 完成矩阵数据相乘,而不可使用运算符乘号 (*) 来完成矩阵相乘。乘号 (*) 所完成的是二维数组对应元素相乘运算。

另外,可以通过 numpy 所定义的点积运算,完成矩阵相乘。

6.1.3 点积

在数学上,点积为两个向量内积运算,是对两个向量对应元素一一相乘之后求和的运算,表示为 $c = a \cdot b = |a| \cdot |b| \cos \angle (a, b)$,得到的结果为标量。进行向量点积运算的函数如下:

numpy. **vdot** (a,b)

其中,参数 a、b 为参与点积计算的数组;返回值为两个向量的点积结果。如果参数 a、b 是多维数组,则会被转换处理为一维数组,即向量后,再完成计算。如果参数 a 为复数,则在计算时会使用 a 的共轭复数参与运算。例如:

```
>>> A = np. array([[1 +1j,2 +2j,3 +3j],[4 +4j,5 +5j,6 +3j]]) #复数数组 shape = (2,3)
>>> B = np. array([[2 +1j,1 +2j],[5 +4j,4 +5j],[8 +7j,7 +8j]]) #复数数组 shape = (3,2)
>>> np. vdot(A,B)
(213 +24j)

>>> np. vdot(B,A)
(213 -24j)
```

使用 numpy. dot( )函数,可以完成矩阵的点积计算。函数原型如下:

numpy. **dot** (a,b,out =None)

其中,参数 a、b 为参与点积计算的矩阵或数组;参数 out 设置返回值的类型。

参数的类型和维度决定了函数所完成的运算。如果 a、b 均为一维数组(即向量),则为一个标准的内积运算;如果 a、b 为二维数组,则会进行矩阵相乘运算(等同于使用 numpy. matmul( )或运算符 (@))。例如:

```
>>> arrA = np. array([1,2,3,4,5,6])
>>> arrB = np. array([5,4,3,2,1,0])
>>> np. dot(arrA,arrB)      #向量点积,完成标准内积运算
```

```
>>> arrA = np. array([[1,2,3],[4,5,6]])
>>> arrB = np. array([[1,2],[3,4],[5,6]])
>>> np. dot(arrA,arrB)        #矩阵点积,完成矩阵相乘:(2,3)x(3,2) - >(2,2)
array([[22,28],
       [49,64]])

>>> np. dot(arrB,arrA)        #矩阵点积,完成矩阵相乘:(3,2)x(2,3) - >(3,3)
array([[9,12,15],
       [19,26,33],
       [29,40,51]])
```

【例6-1】 对于下列公式 $y = \dfrac{1}{1 + e^{-w \cdot x^t}}$,如果有 $x = \begin{bmatrix} 1 & 2 & 3 \\ 4 & 5 & 3 \\ 2 & 1 & 0 \end{bmatrix}$,$w = [0.03 \quad 0.18 \quad 1.02]$,

计算 y 的值。代码如下:

```
import numpy as np
x = np. array([[1,2,3],[4,5,3],[2,1,0]])
w = np. array([0.03,0.18,1.02])
y = 1.0/(1.0 + np. exp( - np. dot(w, x. T)))
print(y)
```

运行程序,输出如下:

```
[0.96923114 0.98337364 0.55971365]
```

x. T 表示 x 作为矩阵的转置运算。

注意,如果参与点积的变量为 numpy. matrix 类型,则 numpy. dot( )将进行矩阵相乘运算。

6.1.4 内积与外积

对于 $m \times n$ 阶数组 a 和数组 b,内积 $c = a \cdot b$ 为一个 $m \times m$ 阶数组,其中 $c_{ij} = \sum_{k=1}^{n} a_{ik} b_{jk}$ ($i, j =$

$1, \cdots, m$)。例如,$a = \begin{bmatrix} 1 & 2 & 3 \\ 4 & 5 & 6 \end{bmatrix}$,$b = \begin{bmatrix} 1 & 1 & 0 \\ 0 & 1 & 1 \end{bmatrix}$,则 $c = a \cdot b = \begin{bmatrix} 3 & 5 \\ 9 & 11 \end{bmatrix}$,代码如下:

```
>>> a = np. array([[1,2,3],[4,5,6]])
>>> b = np. array([[1,1,0],[0,1,1]])
>>> np. inner(a,b)
array([[3,  5],
       [9,11]])
```

对于 m 个元素的数组 a 和 n 个元素的数组 b,外积 $c = a \times b$ 为一个 $m \times n$ 阶数组,其中 $c_{ij} = a_i b_j$

($i, j = 1, \cdots, m$)。例如,$a = [1 \quad 2 \quad 3]$,$b = \begin{bmatrix} 1 \\ 2 \end{bmatrix}$,则 $c = a \times b = \begin{bmatrix} 1 & 2 \\ 2 & 4 \\ 3 & 6 \end{bmatrix}$,代码如下:

```
>>> a = np. array([1,2,3])
>>> b = np. array([[1],[2]])
```

```
>>> np.outer(a,b)
array([[1,2],
       [2,4],
       [3,6]])
```

外积运算结果的各维阶数与两个数组的 shape 无关，只与两个数组中元素的多少有关。

6.1.5 叉乘

叉乘在物理学、光学和计算机图形学中应用较为广泛，是一种在向量空间中的二元向量运算。在数学中用 $c = a \times b$ 来表示叉乘，运算结果为一个矢量，其长度为 $|a||b|\sin\theta$，方向与 a 和 b 构成的平面垂直，且符合右手螺旋准则（见图6-1），有：

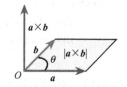

图6-1　向量叉乘原理示意图

$$a \times b = (a_1, a_2, a_3) \times (b_1, b_2, b_3) = \begin{vmatrix} i & j & k \\ a_1 & a_2 & a_3 \\ b_1 & b_2 & b_3 \end{vmatrix}$$

$$= (a_2 b_3 - a_3 b_2)i + (a_3 b_1 - a_1 b_3)j + (a_1 b_2 - a_2 b_1)k$$

$$= (a_2 b_3 - a_3 b_2, a_3 b_1 - a_1 b_3, a_1 b_2 - a_2 b_1)$$

在 numpy 扩展库中，定义了 .cross() 函数来完成叉乘运算。函数原型如下：

numpy. **cross** (a,b,axisa = -1,axisb = -1,axisc = -1,axis =None)

其中，参数 a、b 为完成叉乘的向量（或向量组）；参数 axisa 指定当参数 a 所定义的矩阵不为 (2, 2) 阶矩阵时，参与运算的向量的方向；参数 axisb 指定参数 b 矩阵参与运算的向量的方向；参数 axisc 指定返回运算结果中向量的组织方式；参数 axis 指定统一的参与运算的向量及结果向量的方向。例如：

```
>>> x = np.array([[1,2,3],[4,5,6],[7,8,9]])
>>> y = np.array([[7,8,9],[4,5,6],[1,2,3]])
>>> np.cross(x,y)
array([[-6, 12,  -6],
       [ 0,  0,   0],
       [ 6, -12,  6]])

>>> np.cross(x,y,axisa =0,axisb =0)      #等同于 np.cross(x.T,y.T)
array([[-24,  48, -24],
       [-30,  60, -30],
       [-36,  72, -36]])
```

6.1.6 计算行列式

调用 numpy. linalg. det() 可以计算由多维数组或矩阵表示的数值组成的行列式的值。例如：

```
>>> a
matrix([[3,9,4],
        [7,7,5],
```

```
         [8,2,5]])
>>> np. linalg. det (a)
-47.999999999999986
```

对于 n 维数组形式的数据，其阶数为 $(d_0, d_1, \cdots, d_{n-1}, d_n)$，则 .det() 会以最后 2 个维度的数据构成行列式（因此要求 $d_{n-1} = d_n$），对其他维度进行求值计算，得到的结果为 $n-2$ 维的数组数据。例如：

```
>>> A = np. random. randint (1,10,(1,2,3,4,5,5))
>>> detA = np. linalg. det (A)
>>> detA. shape
(1,2,3,4)
```

6.1.7 计算特征值和特征向量

对于一个方阵矩阵，可以调用 numpy. linalg. eigvals() 计算其特征值。进一步地，可以调用 numpy. linalg. eig() 计算其特征值及特征向量。例如：

```
>>> arr
array([[3,9,4],
       [7,7,5],
       [8,2,5]])

>>> np. linalg. eigvals (arr)        #计算特征值
array([16. 8488578, -2. 8488578, 1.       ])

>>> np. linalg. eig (arr)            #计算特征值和特征向量
(array([16. 8488578, -2. 8488578, 1.       ]),
array([[ -0. 56943498, -0. 71137876, -0. 36196138],
       [ -0. 65612911,  0. 15793557, -0. 31025261],
       [ -0. 4952155,  0. 68483327,  0. 87904907]]))
```

另外，对于厄米特矩阵（共轭对称）或实对称矩阵，可以调用 numpy. linalg. eigvalsh() 来计算其特征值，调用 numpy. linalg. eigh() 来计算其特征值和特征向量。

6.1.8 奇异值分解

奇异值分解（Singular Value Decomposition）是线性代数中重要的矩阵分解变换方法，在信号处理、统计学等领域有重要应用。简单地说，矩阵的奇异值分解就是对于一个 $m \times n$ 阶矩阵 M，可以将其分解为 $M = U \Sigma V^T$，其中 U 是 $m \times m$ 阶的酉矩阵，Σ 是 $m \times n$ 阶的实数对角矩阵，V 是 $n \times n$ 阶的酉矩阵，V^T 是 V 的共轭转置；也可以将 M 分解为 $m \times k$ 阶的 U，和 $k \times k$ 阶的 Σ，及 $k \times n$ 阶的 V。Σ 对角线上的元素即为 M 的奇异值，按大到小的降序排列，代表 U 和 V 中对应向量对 M 的贡献程度。

可使用 numpy. linalg. svd() 完成矩阵奇异值分解。函数原型如下：

```
numpy. linalg. svd (a,full_matrices = True,compute_uv = True,hermitian = False)
```

其中，参数 a 为一个 $m \times n$ 阶的实数或复数矩阵；参数 full_matrices 指定是否将 $\boldsymbol{M} = \boldsymbol{U} \sum \boldsymbol{V}^{\mathrm{T}}$ 中的 $\boldsymbol{U}$ 和 $\boldsymbol{V}$ 分解为方阵；参数 compute_uv 指定是否计算并输出 $\boldsymbol{U}$ 和 $\boldsymbol{V}$ 的值；参数 hermitian 设置参数 a 是否为厄米特（Hermitian）矩阵，能更为有效地计算出奇异值。

在 scipy 扩展库中，也实现了类似的 scipy. linalg. svd( ) 和 scipy. linalg. svdvals( ) 函数，来完成矩阵的奇异值分解和计算。

【例 6-2】 随机生成一个 5×3 阶的矩阵，进行矩阵奇异值分解，得到奇异值。将奇异值中影响较弱的值忽略，再利用矩阵奇异值分解公式还原出原始矩阵数值，通过图形直观比较二者的差异（完整示例代码见文件 numpy_linalg_svd. py）。

```
a = np. random. randn (5,3)
u,s,vh = np. linalg. svd (a, full_matrices = True)
print ("shape of u,s,vh =",u. shape, s. shape, vh. shape, end = ' \n \n')
print (u, end = ' \n \n')
print (s, end = ' \n \n')
print (vh, end = ' \n \n')
s [ -1] = 0                    #将第 3 个奇异值忽略
a_ = np. dot (u[:,:3]* s,vh)   #按公式 a = u* s* vh 还原出原始矩阵

#使用热力图显示原始矩阵和还原矩阵,比较二者差异(略)
```

运行程序，得出奇异值 [2. 69297127 1. 81903177 0. 0988512]，以及如图 6-2 所示的原始数据和经过忽略最小奇异值后还原的结果。可以看出，用分解得到的奇异值及其左右奇异向量，在忽略最小奇异值后，仍能较好地代表原始矩阵。

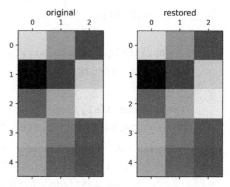

图 6-2　奇异值分解

6. 1. 9　最小二乘

求解最小二乘法（least-square）问题，可以使用 numpy. linalg. lstsq( ) 函数。该函数的原型如下：

```
numpy. linalg. lstsq (a,b,rcond = 'warn')
```

其中，参数 a, b 分别为线性方程矩阵 $a @ \boldsymbol{x} = \boldsymbol{b}$ 中的对应矩阵，可以分别定义为 (M, N) 阶和 $(M,)$ 阶或 (M, K) 阶矩阵（当 b 为 (M, K) 阶时，则对 K 的每一列进行求解）；参数 rcond 为 a 的奇异值截取比例（即小于 a 的最大奇异值与 rcond 的乘积的奇异值，均当作 0 来处理，以确定 a 的秩）。

函数返回值有 4 个：最小二乘解 x，为 $(N,)$ 阶或 (N, K) 阶矩阵；残差 residuals，即 $||b - ax||^2$；系数矩阵 a 的秩 rank；系数矩阵 a 的奇异值 s。

【例 6-3】 产生具有 4 个特征的数据，使用最小二乘法，求回归方程的系数（完整示例代码见文件 numpy_linalg_lstsq. py）。

```
#产生样本数据
X,y = datasets. make_regression (n_samples = 100,n_features = 4,
                       n_targets = 1,noise = 20,random_state = 4)
```

```
#为 X 添加一列值均为 1 的数据序列,以计算截距
A = np. hstack([X,np. ones((X. shape[0],1))])

#求解,并分别获得:模型系数 coef,残差 residuals,特征数量 rank 和奇异值 singular
coef,residuals,rank,singular = np. linalg. lstsq(A,y,rcond = None)

print('numpy. linalg. lstsq():\n',' \t 模型系数:',coef)
print(' \t 特征数量:% d'% rank)
print(' \t 残    差:% .3f'% residuals)
print(' \t 奇 异 值:',singular)
```

运行程序,可以得到回归方程系数如下:

模型系数:[68.13100405 6.52631571 88.36953459 77.63245852 0.8749649]
特征数量:5
残   差:28810.463
奇 异 值:[11.29252228 10.92468728 9.59648448 8.91460349 8.48222211]

6.2 域变换

6.2.1 傅里叶变换

傅里叶变换在音频处理、图像处理以及信号分析处理等方面应用非常广泛。在 scipy 扩展库中,集成了 fft 和 ifft 算法来方便地完成傅里叶变换。在 numpy 扩展库的 fft 子模块中,也实现了 fft 相关的函数,借助这些函数也可以方便地完成傅里叶变换。例如,能够进行实信号一维离散数据快速傅里叶变换的 numpy.fft.rfft( )函数的原型如下:

numpy. fft. **rfft** (a,n = None,axis = -1,norm = None)

其中,参数 a 为输入数据;参数 n 为数据点的数量;参数 axis 指明进行处理的数据维;参数 norm 为归一化模式,可以是 {None,'ortho'}。

【例6-4】 完成如图 6-3 所示的傅里叶变换过程展示。原始数据包括幅度为 1.5 频率为 37 的正弦波,和幅度为 1 频率为 97 的正弦波,以及白噪声的叠加(完整示例代码见 fft_rfft. py)。核心代码如下:

```
#定义参数,产生时域数据
n = 1024                                    #采样率
t = np. arange(0,1,1/n)                      #采样点
y = 1.5 * np. sin(2 * np. pi * 37 * t) + np. sin(2 * np. pi * 97 * t) + 3.0 *
(np. random. rand(n) - 0.5)

freq = range(n)[:512]                        #单边带频率点
Yr = np. fft. rfft(y,n,axis = 0,norm = 'ortho')/n   #fft 变换及归一化
Yi = np. fft. irfft(Yr)                        #fft 逆变换,还原原始信号
```

运行程序,得到如图 6-3 所示的结果。经过傅里叶变换,可以从杂乱无序的数据序列中提取

能够代表数据特征的有效数据。

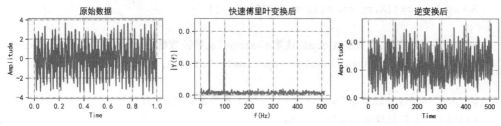

图 6-3   对信号进行傅里叶变换，显示信号的频谱

经过傅里叶变换到频域后，可以明显分离出 $f=37$ 和 $f=97$ 两个频率成分，便于后续的处理。

6.2.2 滤波

调用数字滤波器处理函数 scipy. signal. filtfilt( )，可以完成对数字信号的滤波。所需的参数可以使用调用 scipy. signal. butter( ) 函数所产生的 Butterworth 滤波器的分子和分母多项式系数。scipy. signal. filtfilt( ) 函数的原型如下：

> scipy. signal. **filtfilt** (b,a,x,axis = -1,padtype = 'odd',padlen = None,method = 'pad',irlen =None)

其中，参数 b 和 a 分别为滤波器的分子和分母系数向量，均为（N，）数据；参数 x 为被滤波数据；参数 axis 为被处理的数据维；参数 padtype 为滤波器用于填充数据时的扩展类型，可以是 ｛'odd'，'even'，'constant'，None｝；参数 padlen 为数据首尾两端的填充数据的个数；参数 method 为处理信号边缘的方法，可以是 ｛'pad'，'gust'｝，分别表示对数据进行填充和使用 Gustafsson 方法；参数 irlen 为（method = 'gust'时）滤波器脉冲响应的长度。

【例 6-5】 产生 5Hz 和 50Hz 的信号，并进行叠加，经低通和高通滤波后，分别输出 5Hz 信号和 50Hz 信号（完整示例代码见 signal_filtfilt. py）。

```
from scipy import signal

#产生 512 个数据点,为频率为 5Hz 和 120Hz 的正弦信号的叠加
N =512
fs1,fs2 =5,120
t =np. linspace(0,N,num =N)
data =np. sin(2* np. pi* fs1* t) + np. sin(2* np. pi* fs2* t) + np. random. rand(N)/3

#低通滤波
b,a =signal. butter(N =3,Wn =0.08,btype = 'low')
low_ =signal. filtfilt(b,a,data)        #低通滤波

#高通滤波
b,a =signal. butter(N =3,Wn =0.10,btype = 'high')
high_ =signal. filtfilt(b,a,data)       #高通滤波
```

运行程序，可以得到如图 6-4 所示的滤波输出的结果。

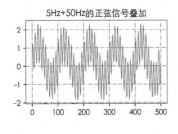
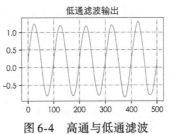
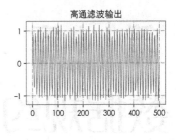

图6-4 高通与低通滤波

代码中使用 signal. butter( )函数来获取巴特沃斯滤波器的分子分母多项式系数，也可以使用 signal. ellip( )来设计椭圆滤波器（即考尔滤波器）的参数。

另外，还可以使用 signal. savgol_filter( )、signal. order_filter( )、signal. spline_filter( )和 signal. fir_filter_design( )等来进行滤波和设计不同类别的滤波器。

单元练习

1. 设：$A = \begin{bmatrix} 2 & 1 & 3 & 2 \\ 5 & 2 & 3 & 3 \\ 0 & 1 & 4 & 6 \\ 3 & 2 & 1 & 5 \end{bmatrix}$，求 A 的逆矩阵 A^{-1}。

2. 设：$A = \begin{bmatrix} -1 & 1 & 1 \\ 1 & -1 & 1 \\ 1 & 2 & 3 \end{bmatrix}$，$B = \begin{bmatrix} 3 & 2 & 1 \\ 0 & 4 & 1 \\ -1 & 2 & -4 \end{bmatrix}$，求 $3AB - 2A^{\mathrm{T}}$ 及 $A^{\mathrm{T}}B$（上标 T 表示矩阵转置）。

3. 编写程序，通过矩阵运算求解以下方程：

$$\begin{cases} x_1 + 2 x_2 + 3 x_3 = 1 \\ 2 x_1 + 2 x_2 + 5 x_3 = 2 \\ 3 x_1 + 5 x_2 + x_3 = 3 \end{cases}$$

4. 设三种食物每100g中蛋白质、碳水化合物和脂肪的含量见表6-1，表中还给出了美国剑桥大学医学院的营养处方。如果用这三种食物作为每天的主要食物，那么它们的用量应各取多少才能全面准确地实现这个营养要求？

表6-1 营养含量及要求

营养	每100g 食物所含营养物质/g			塑身所要求的 每日营养量/g
	脱脂牛奶	大豆面粉	乳清	
蛋白质	36	51	13	33
碳水化合物	52	34	74	45
脂肪	0	7	1.1	3

5. 产生有 512 个数据点，频率分别为 156.25Hz 和 234.375Hz 的正弦信号并进行叠加。对其运用快速傅里叶算法进行变换，转换为频域信号并显示信号的频谱。

6. 录制一段自己朗读的音频，转换为合适的音频文件格式，编写程序进行频谱分析，绘制出频谱图，并进行适当说明。

7. 录制一段掺杂多种声音的音频，转换为合适的音频文件格式，编写程序将其高频和低频的部分分别滤波，产生两个音频文件并进行播放，并根据聆听的感受进行适当说明。

第 **7** 章

数据规约

数据规约是指在尽可能保持数据原貌的前提下，最大限度地精简数据，降低数据量，并得到数据集的归约表示，这是数据分析和数据挖掘的基础。利用 Python 的 Sklearn 等扩展库可以方便地实现主成分分析、因子分析、独立成分分析和多维标度分析等数据归约方法。

7.1 主成分分析

主成分分析（Principal Components Analysis，PCA）是一种设法将原有变量重新组合成一组新的相互无关的综合变量，并根据实际需要从中可以取出较少的几个综合变量来尽可能多地反映原有变量的信息的统计方法。利用这种方法，可将多项指标转化为少数几个综合指标，以达到降维的目的。

主成分分析法在数学上是借助于一个正交变换，将一组分量相关的原随机向量 $X = (x_1, x_2, \cdots, x_p)$，重新组合转化为分量不相关的新随机向量 $Z = (z_1, z_2, \cdots, z_m)$ 来综合代表原分量，即：

$$
\begin{cases}
z_1 = a_{11}x_1 + a_{12}x_2 + \cdots + a_{1p}x_p \\
z_2 = a_{21}x_1 + a_{22}x_2 + \cdots + a_{2p}x_p \\
\qquad\qquad\qquad \vdots \\
z_m = a_{m1}x_1 + a_{m2}x_2 + \cdots + a_{mp}x_p
\end{cases}
$$

可以使用以下函数，完成主成分分析。

sklearn. decomposition. **PCA** (n_components = None, * , copy = True, whiten = False, svd_solver = 'auto', tol = 0.0, iterated_power = 'auto', random_state = None)

参数说明见表 7-1。

表 7-1 sklearn. decomposition. PCA( ) 参数说明

参数	说 明
n_components	主成分变量的个数，或为主成分达到代表原数据方差的比例
copy	是否建立 X 的副本，否则会在训练过程中改写 X
whiten	是否对数据进行白化
svd_solver	奇异值分解处理算法，可以是 {'auto', 'full', 'arpack', 'randomized'}
tol	基于 svd_solver = 'arpack'计算出的奇异值的停止条件
iterated_power	设置当 svd_method = 'randomized'时，幂次的迭代次数

【例7-1】 素材文件 region_economics. xlsx 为部分省市的经济指标模拟数据，包括国内生产、居民消费、固定资产、职工工资、货物周转、消费价格、商品零售和工业产值共8项指标。根据数据进行主成分分析。

```
import pandas as pd
from sklearn import decomposition

df = pd. read_excel('region_economics. xlsx')

pca = decomposition. PCA(n_components = 3,whiten = True)
data = pca. fit_transform(df. iloc[:,1:])         #进行数据变换,以主成分变量表征

print(df. iloc[:,1:]. shape,data. shape)
print(pca. explained_variance_)                    #各主成分所代表的方差值
print(pca. explained_variance_ratio_)              #各主成分所代表的方差值的比例
print(pca. explained_variance_ratio_. cumsum())    #各主成分代表的累积方差值
```

输出结果如下：

```
(30,8)(30,3)
[3011387. 31257949 1909275. 78047951  300545. 54410533]
[0.56289852 0.35688817  0.05617897]
[0.56289852 0.9197867  0.97596567]
```

可以看出，原数据集中的国内生产、居民消费、固定资产、职工工资、货物周转、消费价格、商品零售和工业产值共8个变量，可以用3个主成分变量来表示其主要信息。其中第1个主成分可以代表约56.3%的信息，第2个主成分可以代表约35.7%的信息，第3个主成分可以代表约5.6%的信息，合计代表约97.6%的信息。

完整代码见文件 sklearn_decomposition_PCA. py。

7.2 因子分析

因子分析（Factor Analysis，FA）最初由心理学家斯皮尔曼提出，用于研究人格特质，是一种将错综复杂的实测变量归结为少数几个因子的多元统计分析算法。它假设每一个观察值都是由低维的潜在变量叠加正态噪声构成，是基于高斯潜在变量的一个简单线性模型。其基本原理是，根据变量间相关性的大小对变量进行分组，同组变量之间的相关性较高，不同组变量之间相关性较低，每组变量代表一个基本结构，并用公共因子来对这个结构进行解释。

可以使用以下函数来进行因子分析：

sklearn. decomposition. **FactorAnalysis** (n_components = None,* ,tol = 0.01,copy = True,max_iter = 1000,noise_variance_init = None,svd_method = 'randomized',iterated _power = 3,random_state = 0)

参数说明见表7-1和表7-2。

表7-2 sklearn. decomposition. FactorAnalysis( )参数说明

参数	说　　明
n_components	隐变量因子的维度，即 transform( )后得到的 X 的因子数目，默认值为原始数据的维度
tol	基于对数似然增量的停止条件
max_iter	最大迭代次数
noise_variance_init	每一特征的噪声变量初猜值，默认为 np. ones(n_features)
svd_method	指定进行奇异值分解所使用的函数，可以是 'lapack'（使用 scipy. linalg. svd( )），或 'random-ized'（使用 sklearn. decomposition. randomized_svd( )）

【例 7-2】　根据例 7-1 所使用的素材数据，进行因子分析，并构建出具有代表性的、综合性的指标。其处理过程如下：

（1）载入数据，进行相关性检验。

（2）建立因子分析模型，并对数据进行处理，提取旋转后的因子。因子旋转是为了使数据有更好的代表性和表现力。较常用的正交旋转方法是方差极大化（Varimax），斜交旋转的方法有斜交旋转法（Promax）、直接斜交极小法（Direct Oblimin）、四次方最大值法（Quartimax）和极大正交旋转法（Equamax）等。代码如下：

```
from factor_analyzer import FactorAnalyzer

FA = FactorAnalyzer(n_factors = 3, rotation = 'oblimax')
FA.fit_transform(data[data.columns[1:]])
print(FA.loadings_)
```

得到因子的载荷数据，结果如下：

```
[[0.89736428   0.38573184   0.10680146]
 [0.55394414  -0.52704638   0.25738273]
 [0.89907639   0.15357791   0.20088694]
 [0.44675723  -0.69394371   0.40112362]
 [0.46585431   0.65789842  -0.2704606]
 [-0.51952856   0.31037093   0.79299297]
 [-0.60010256   0.60401293   0.33511287]
 [0.80683866   0.41402286   0.17299146]]
```

（3）因子载荷可视化。得到如图 7-1 所示的因子载荷图。

（4）因子生成。从图 7-1 中可以看出，在原始数据的 8 个变量中，商品零售和消费价格较为接近，即所代表的含义较为接近，可以用一个诸如消费和商品零售价格指数来代表；而工业产值、国内生产、固定资产和货物周转也较为靠近，可以用一个诸如生产与流通指标来代表；职工工资和居民消费也可以用一个诸如收支水平指标来代表。

（5）计算因子得分并评价样本。

完整代码见文件 factor_analyzer_FA. py。

此外，可以使用 sklearn. decomposition 子模块中的 FactorAnalysis 功能来进行因子分析（示例代码见文件 sklearn_decomposition_FA. py）。

旋转后的因子载荷图

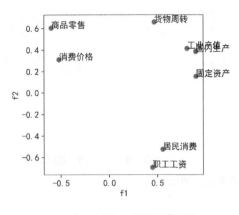
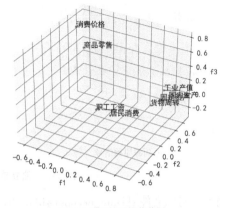

a) factor1与factor2的因子载荷图　　　　　　　b) 三个因子的三维载荷图

图7-1　旋转后的因子载荷图

7.3　独立成分分析

独立成分分析（Independent Components Analysis，ICA）是一种从多元（多维）统计数据中寻找潜在的满足统计独立和非正态分布的因子或成分的方法。利用独立成分分析，可以将重叠的信号进行析构，即将多源信号拆分成最为可能独立性的子成分，从而进行更为细致的特征分析。该方法也可以通过设置为维度缩减模式，来对高维数据进行降维处理。

可以使用 sklearn. decomposition 模块中的 FastICA 类来完成独立成分分析。其构造函数原型如下：

sklearn. decomposition. **FastICA** (n_components = None,* ,algorithm = 'parallel', whiten = True,fun = 'logcosh',fun_args = None,max_iter = 200,tol = 0.0001,w_init = None,random_state = None)

其中，参数 n_components 为独立成分的个数；参数 algorithm 为分析算法，可以是 {'parallel', 'deflation'}；参数 fun 为负熵近似中 G 函数的函数形式，可以是 {'logcosh', 'exp', 'cube', 自定义函数}；参数 fun_args 为以字典形式组织的 fun 的参数；参数 max_iter 为最大训练迭代次数；参数 tol 为迭代停止条件；参数 w_init 为算法初始化矩阵；其他参数说明参考表7-1。

使用 FastICA()函数定义出模型后，可使用 fit(X，y = None)、transform(X，copy = True) 或 fit_transform(X，y = None) 函数完成模型的训练和应用。

【例7-3】　由不同位置的 3 个信源 S_1、S_2 和 S_3 发出的正弦波信号，经空间传播被位于不同位置的 3 个信宿 D_1、D_2 和 D_3 叠加接收。根据信宿接收到的信号，对 3 个信源的信号进行独立成分分析。处理过程如下：

（1）产生数据。假定信源的信号为不同频率、幅度的正弦波，经一定距离传播，分别在各信宿进行叠加。

（2）进行独立成分分析，获取各部分的信号数据。代码如下：

```
pca = decomposition. FastICA(algorithm = 'deflation',whiten = False)
X = pca. fit_transform(data)
```

（3）绘制图形比较，结果如图 7-2 所示。可以看出，经过处理，能够较好地分离各个信号。

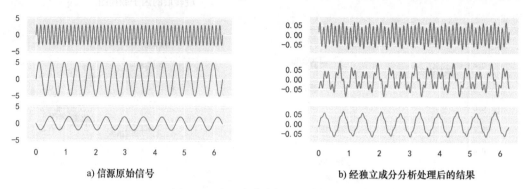

a) 信源原始信号　　　　　　　　　b) 经独立成分分析处理后的结果

图 7-2　独立成分分析提取信源信号

完整代码见文件 sklearn_decomposition_ICA.py。

7.4　多维标度分析

多维标度分析（Multidimensional Scaling，MDS）是将高维空间 R^p 中 n 个点，用低维空间 R^k（$k<p$）中的 n 个点来重新标度和展示，同时有效保留研究对象间原始关系（距离或相似性）特征的一种多元数据分析技术。该方法将高维空间中的研究对象变换到低维空间中，进而可以简化定位、归类和分析等过程，是一种基于数据相似性处理的有效的数据降维手段。多维标度分析按标度前后距离矩阵尽量接近或相似来构造拟合点，寻找原始高维空间数据的距离的良好低维表征。多维标度分析分为度量型分析（metric MDS）和非度量型分析（nonmetric MDS）。

可以使用 sklearn.manifold.MDS() 函数构造多维标度分析模型，并调用该模型的方法进行处理，这个处理过程是一个不断迭代的过程，计算耗时较大。该函数的原型如下：

```
sklearn.manifold.MDS(n_components = 2, *, metric = True, n_init = 4, max_iter =
300, verbose = 0, eps = 0.001, n_jobs = None, random_state = None, dissimilarity = 'eu-
clidean')
```

参数说明见表 7-3。

表 7-3　sklearn.manifold.MDS() 参数说明

参数	说　　明
n_components	处理后的数据的维度
metric	是否进行度量型 MDS 处理（还是非度量型）
n_init	SMACOF 算法以不同的初始值进行运算的次数。程序输出最小最终相异性平方和（final stress）的处理结果
max_iter	SMACOF 算法每次运行的最大迭代次数
eps	算法两次迭代之间相异性平方和（stress）的差，若小于该值，则停止迭代
n_jobs	并行计算的任务数，默认值 None 表示任务数为 1；-1 表示为处理器数
dissimilarity	相异性度量方法。可以是 'euclidean'，即使用数据点之间的欧几里得距离来表征；或 'precomputed'，即直接将预先计算好的相异度数据传递给 fit() 和 fit_transform() 函数

多维标度分析模型有以下两个主要方法，可完成模型的训练和数据的处理。

```
MDS.fit(self,X,y=None,init=None)
MDS.fit_transform(self,X,y=None,init=None)
```

模型的主要属性包括：

embedding_ 为数据在投射空间(embedding space)中的位置，即多维标度分析的输出数据。

stress_ 为相异性平方和。

【例7-4】 对于调用 sklearn.datasets.make_gaussian_quantiles()函数产生的4个分类，6个特征变量，样本数为500的分组多维正态分布数据（可参考第4.1.6节的内容），进行多维标度分析，生成具有3个特征变量的数据，并通过三维散点图进行展示和比较。

```
from sklearn import datasets,manifold
from sklearn.metrics import euclidean_distances

data,classes=datasets.make_gaussian_quantiles(n_samples=500,
                                 n_features=6,     #特征数量
                                 n_classes=4,      #分类(簇)个数
                                 random_state=0)

similarities=euclidean_distances(data)
mds=manifold.MDS(n_components=3,max_iter=3000,eps=1e-9,
                 dissimilarity="precomputed")

dat=mds.fit(similarities).embedding_

df=pd.DataFrame(dat,columns=list('xyz'))
df['c']=classes
```

完整代码见文件 sklearn_manifold_MDS.py。运行程序，可以得到如图7-3所示的使用多维标度分析所得到的3个特征变量的数据绘制出的三维散点图。

与图4-4的对比，可以看出经过多维标度分析后，数据仍能够保留原有的分布特征。

7.5 线性判别分析

线性判别分析（Linear Discriminant Analysis，LDA）是将高维的模式样本投影到最佳鉴别矢量空间，以达到抽取分类信息和压缩特征空间维数的效果。投影后保证模式样本在新的子空间有最大的类间距离和最小的类内距离，也就是使投影后模式样本的类间散布矩阵最大，并且类内散布矩阵最小，即模式在该空间中有最佳的可分离性。因此，它是一种有效的特征抽取方法。

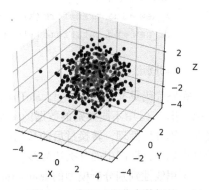

图7-3 多组正态分布数据的
多维标度分析结果

对于各类别均服从正态分布且协方差相等的数据样本，可以使用 sklearn. discriminant_analysis 中的以下函数，构建使用贝叶斯分类规则的线性判别分析模型。

sklearn. discriminant _ analysi. **LinearDiscriminantAnalysis** (*, solver = ' svd ', shrinkage =None,priors =None,n_components =None,store_covariance =False,tol =0. 0001)

参数说明见表7-4。

表7-4　sklearn. discriminant _analysi. LinearDiscriminantAnalysis( ) 参数说明

参数	说　明
solver	所使用的解析算法，可以是 ｛'svd'，'lsqr'，'eigen'｝，分别表示根据奇异值分解、最小二乘法和特征值分解
shrinkage	收缩方法，可以是'auto'（使用 Ledoit-Wolf 估计法），或浮点数（固定的收缩比例，介于 0 ~ 1 之间）。该参数仅当 solver = 'lsqr'或'eigen'时有效
priors	类先验概率，默认从训练数据集进行推断
n_components	模型的 transform( )方法所使用的，对数据进行转换后的维数，不大于（n_classes-1，n_features）中的最小值
store_covariance	是否当 solver = 'svd'时计算加权类协方差矩阵（其他 solver 默认计算）
tol	基于奇异值进行数据特征变量筛选的绝对阈值（仅适用于 solver = 'svd'）

【例 7-5】　对于素材文件 LDA. csv 中给定的数据（每个数据样本为 x，y 坐标和分类 class 数据），使用 LinearDiscriminantAnalysis 模型进行线性判别分析。

```
#准备数据
df =pd. read_csv("LDA. csv",engine ="python")
X =df[['x','y']]. values
y =df['class']. values


#构建 LDA 模型,并进行训练。完成对数据的投影转换
from sklearn. discriminant_analysis import LinearDiscriminantAnalysis
lda =LinearDiscriminantAnalysis(n_components =1,solver ='eigen')
lda. fit(X,y)                                    #训练数据
X_new =lda. transform(X)                         #对数据进行投影转换
df_new =pd. DataFrame({'x':X_new. flatten()* 40,'class':y})#方便对比


#分别绘制图形(略)
```

完整代码见文件 sklearn_LinearDiscriminantAnalysis. py。运行程序，可以得到如图 7-4 所示的结果。图 7-4a 中不同类别的数据的 x 值（或 y 值）相互交叠，无法找到有效的分类划分。经过线性判别分析处理，转换过后的数据的 x 值如图 7-4b 所示分布，交叠减少，容易找到一个线性的分类划分，即图中的分类边界线。

调用线性判别分析模型的 transform( )函数，可以将原始数据在易于鉴别的空间中进行投射，得到一组维度较低的可进行分类判别的数据，实现了维规约。

对于各类别数据样本所具有的协方差不同的情况，可以使用 sklearn. discriminant_analysis.

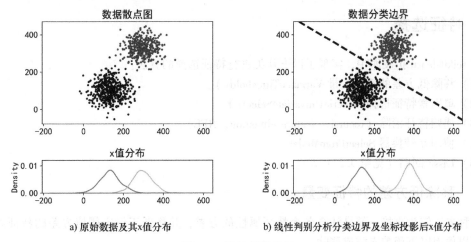

a) 原始数据及其x值分布   b) 线性判别分析分类边界及坐标投影后x值分布

图7-4　线性判别分析

QuadraticDiscriminantAnalysis( )进行二次判别分析，以形成非线性的分类边界，进行分类判别。使用例7-5的数据进行二次判别分析的示例代码见文件 sklearn_QuadraticDiscriminantAnalysis. py。

7.6　T-SNE

T-SNE 由 T 和 SNE 组成，即采取随机近邻嵌入（Stochastic Neighbour Embedding，SNE）的方法，按照 T 分布曲线，将较为接近的数据样本尽可能靠近聚拢，并在低维空间中进行表达，因而可以达到（以相似性为特征的）降维的目的。

【例7-6】　调用 datasets. load_digits( )函数载入手写数字图像数据，使用 T-SNE 方法对数据进行处理，得到三维空间输出数据，并进行可视化以便进行有监督比较分析。

```
#载入手写数字图像数据
digits = datasets. load_digits(n_class = 5)#载入数字 0,1,2,3,4 的数据
X = digits. data
y = digits. target

 tsne = manifold. TSNE(n_components = 3,init =
'pca',random_state = 0)
 X_tsne = tsne. fit_transform(X)
 X_tsne = preprocessing. minmax_scale(X_tsne,
feature_range = (0,1))

#分别绘制图形(略)
```

完整代码见文件 sklearn_manifold_TSNE. py。运行程序，可以得到如图7-5所示的结果。

图7-5 中可以看出，大部分数字图像均能按相似性进行聚集，反映各数字的图像均具有较好的相似性（数字 1 的略散）。

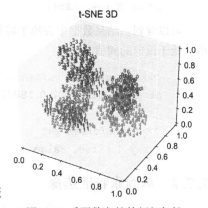

图7-5　手写数字的特征相似性

7.7　特征选择

在 scikit-learn 扩展库中，实现了以下几类进行特征选择的算法：
（1）移除低方差的特征变量 VarianceThreshold( )。
（2）单因素特征选择 GenericUnivariateSelect( )。
（3）递归特征消除（recursive feature elimation，RFE）。
（4）使用元转换器 SelectFromModel。
（5）Lasso 回归（见第 9.2.1 节）。

7.7.1　移除低方差的特征变量

这种方法较为直接，就是计算各个特征属性的方差，并将低于设定阈值方差的特征属性移除。可以使用以下函数来完成移除。

```
sklearn. feature_selection. VarianceThreshold (threshold)
```

其中，参数 threshold 为方差阈值，方差小于该阈值的特征变量将被移除。

构建完成模型对象实例后，可以调用其 fit(X[,y])、transform(X)或 fit_transform(X[,y])方法完成模型的训练和数据的处理。

例如，鸢尾花的原始数据有 4 个特征，可以去掉其中方差低于 0.5 的特征变量（代码见文件 sklearn_feature_selection_VarianceThreshold. py）。

```
from sklearn. feature_selection import VarianceThreshold
from sklearn import datasets

data = datasets. load_iris(return_X_y = False)
X = data. data                                  #原始数据的 shape 为(150,4)
y = data. target

transformer = VarianceThreshold(threshold = 0.5)  #建立模型
X_new = transformer. fit_transform(X)             #处理数据

print(X_new. shape)                               #结果为(150,3)
```

可以看到，结果数据中去掉了特征变量'sepal width（cm）'，因其标准差为各特征变量中最小，低于设定的阈值。

```
>>> transformer. variances_            #查看各特征变量的方差
array([0.68112222,0.18871289,3.09550267,0.57713289])

>>> transformer. get_support()         #查看支持特征，第二个特征被移除
array ( [True, False, True, True])
```

7.7.2　单因素特征选择

单因素特征选择基于单变量统计检验结果来选择最佳特征，可以看作评估的预处理步骤。

可以使用以下函数, 进行特征选择。

```
sklearn.feature_selection.GenericUnivariateSelect(score_func = <function
f_classif>,      *,mode = 'percentile',param = 1e-05)
```

其中, 参数 score_func 为以 X, y 为输入并能够输出检验结果及 p 值 (scores, pvalues) 的函数, 默认为 ANOVA 的 F 检验; 参数 mode 为特征选择的模式, 可以是 {'percentile', 'k_best', 'fpr', 'fdr', 'fwe'}, 分别表示按比例、k 个最优、基于假正率 (false positive rate)、基于伪发现率 (false discovery rate) 和基于族系错误率 (family-wise error rate); 参数 param 为对应的特征选择模式的参数 (例如, mode = 'percentile' 时, 为要保留的特征的比例; mode = 'k_best' 时, 为要选择的特征的数量)。

例如, 对于类别分类属性或连续因变量属性, 可以使用不同的评估函数, 调用 GenericUnivariateSelect() 函数进行特征选择 (代码见文件 sklearn_feature_selection_Univariate.py)。

```
from sklearn.datasets import load_breast_cancer
X1,y1 = load_breast_cancer(return_X_y = True)     #shape:(569,30)

from sklearn.datasets import load_boston
X2,y2 = load_boston(return_X_y = True)            #shape:(506,13)

from sklearn.feature_selection import GenericUnivariateSelect
from sklearn.feature_selection import chi2,f_classif,f_regression

transformer = GenericUnivariateSelect(chi2,#或 f_classif
                                      mode = 'percentile',
                                      param = 30)
X_new = transformer.fit_transform(X1,y1)
print(X_new.shape)                                #shape:(569,9)
print(transformer.get_support())                  #TFTTFFFFFFFFFFTTFFFFFF
                                                  #TTTTFFFFFF

transformer = GenericUnivariateSelect(f_regression,mode = 'k_best',param = 9)
X_new = transformer.fit_transform(X2,y2)
print(X_new.shape)                                #shape:(506,9)
print(transformer.get_support())                  #TFTFTTTFTTTFT
```

对于 GenericUnivariateSelect() 函数的参数 mode 的不同取值, sklearn 扩展库还分别实现了具有 transform() 方法的 SelectPercentile(), SelectKBest(), SelectFpr(), SelectFdr() 和 SelectFwe() 对象过程。

7.7.3　递归特征消除

递归特征消除 (Recursive Feature Elimation, RFE) 的主要思想是采用递归的方法, 对数据集构建底层模型 (如 SVM 或者回归模型), 根据模型结果 (如权重系数、准确率等), 选择其中最好的 (或剔除其中最差的) 的特征, 反复迭代, 遍历到所有特征, 并按照特征优劣排序进行选取。这是一种寻找最优特征子集的贪心算法，其算法的稳定性很大程度上取决于在递归迭代时所采用的回归或分类模型。

在 sklearn 扩展库中，可完成递归特征消除算法的函数如下：

```
sklearn.feature_selection.RFE(estimator,*,n_features_to_select=None,step
=1,verbose=0,importance_getter='auto')
```

其中，参数 estimator 为具有 fit()方法且能够提供数据属性重要性（如 coef_, feature_importances_ 等）的评估器；参数 n_features_to_select 为所要选取的特征数量；参数 step 为每次迭代移除特征的数量（整数）或比例（0.0~1.0 的小数）；参数 importance_getter 为特征重要性的判定方法。

【例 7-7】　根据 sklearn 扩展库所提供的获取户外脸部检测数据库（LFW）数据（其中包含 7600 多幅脸部图像，单色图像分辨率为 62×47 像素，获取方法见第 4.1.4 节），使用递归特征消除方法，对各个特征属性的重要性进行评估，并绘制热力图直观表示。

```
from sklearn.svm import SVC
from sklearn.feature_selection import RFE

#读取数据集
from sklearn.datasets import fetch_lfw_people
X,y=fetch_lfw_people(min_faces_per_person=3,return_X_y=True)

#对数据格式进行整理
X=np.array(X).reshape(7606,62,47)/255
y=np.array(y).reshape(7606,1)

#创建 RFE 实例对象，并对每个像素点进行评估
svc=SVC(kernel="linear",C=10)           #定义评估器,用于提供特征选择度量
rfe=RFE(estimator=svc,n_features_to_select=5,step=10)#创建 RFE
rfe.fit(X,y)                            #处理数据
ranking=rfe.ranking_                    #得到特征属性重要性的排序结果
```

运行程序，可以看到图 7-6a 所示的 RFE 结果，其中颜色较浅的点所代表的特征的重要性较低，在降维处理时可以剔除掉。由于原图（见图 7-6b 中的示例）边框或底色不一致，在 RFE 分析结果中，显示图像边框点的重要性较高，这在实际应用时可进行适当处理。

完整代码见文件 sklearn_feature_selection_RFE.py。

7.7.4　使用元转换器

SelectFromMode 是一个元转换器，可以与任何能够为每个特征分配重要性的评估器配合使用，评价各个特征的重要性，从而完成特征选择。评估器应能够通过特定属性（如 coef_、feature_importances_等），或训练完成后的模型的可调用对象 importance_getter()，为特征分配重要性。主要有两类：

（1）基于 L1 的特征选择（L1-based feature selection）。

（2）基于树的特征选择（Tree-based feature selection）。

具体内容可参考 sklearn 官方网站的介绍。

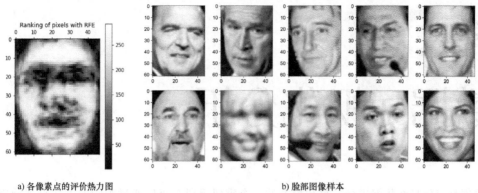

a) 各像素点的评价热力图　　　　　　　　　　b) 脸部图像样本

图 7-6　使用 RFE 算法对 28 像素 ×28 像素点阵手写数字图像进行特征选择

单元练习

1. 对于素材文件 stock_fin_statements. csv 中给出的 2007 年 30 家能源类上市公司的有关经营数据（数据格式见表 7-5），试进行主成分分析并确定主成分数量和作用。

表 7-5　上市公司财报指标

股票简称	财报指标							
	主营业务利润	净资产收益率	每股收益	总资产周转率	资产负债率	流动比率	主营业务收入增长率	资本积累率
海油工程	19. 751	27. 010	1. 132	0. 922	50. 469	1. 237	25. 495	10. 620
中海油服	33. 733	12. 990	0. 498	0. 510	25. 398	3. 378	46. 990	− 1. 576
中国石化	13. 079	18. 260	0. 634	1. 835	54. 584	0. 674	55. 043	43. 677
中国石油	33. 441	19. 900	0. 735	0. 923	28. 068	1. 043	42. 682	45. 593
…	…	…	…	…	…	…	…	…

2. 使用第 4. 1. 4 节所介绍的方法，载入美国波士顿房屋价格信息数据集（调用 sklearn. datasets. load_boston( )函数），进行因子分析，并根据计算结果对因子进行综合，给出相应解释。

3. 载入美国波士顿房屋价格信息数据集，使用单因素特征选择的方法，选择出 6 个具有代表性的特征。

4. 编写程序，调用 sklearn. datasets. make_classification( )函数（见第 4. 1. 6 节内容），产生具有 6 个特征变量的、无冗余和重复特征变量、每个类别有 1 个簇、由 4 个簇构成的 500 个数据样本（可设参数 random_state =1），使用多维标度分析的方法将数据维度降为 3 维，并绘制三维图形观察各分类样本的聚集和分布情况。示例结果如图 7-7 所示。

5. 使用第 4. 1. 6 节所介绍的方法，调用 sklearn. datasets. make_moons( )函数，产生共 1000 个样本的双月型数据，使用线性判别分析的方法，对数据进行相应处理，并分析以此分类判别后结果的误差情况。

多维标度分析后的结果（n_components=3）

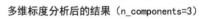

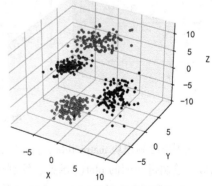

图 7-7　经多维标度分析降维后数据空间结构图

第8章

数据可视化分析

　　数据可视化是对数据进行了解和探索的一个重要手段，可以通过视觉的方式直观地感受数据的质量、分布和规律等。使用可视化手段，可以将大型多维数据以多种方式进行呈现和表示，并利用人类的认知能力来获得基本的认识和判别，为后续有针对性地选择数据处理的方法和技术提供线索和参考。

　　Python 提供多种使用方便、表现力强的可视化扩展库，可以非常简便地完成例如散点图、折线图、饼图或直方图等的绘制。Python 通过转化、封装和提供接口的方式，与其他技术领域的绘图功能相结合，提供形式丰富、应用更为广泛的可视化实现方法和表现方式。

8.1　Matplotlib 绘图

　　在 Matplotlib 扩展库中，Python 为绘制图形定义了一整套的框架结构和引擎，其中位于最底层的是画布（Canvas），它定义在 matplotlib. pyplot 中，用户完成绘图编程时，一般不会涉及画布。

　　以画布为基础，可以定义和实例化多个图像（Figure）对象。绘制图形时，还需要在各个 Figure 的基础之上建立图框（Axes），即图形的绘制是在 Axes 上完成的。可以批量建立呈 $m \times n$ 布局的多个 Axes 对象，也可以建立指定区域大小的 Axes 对象，还可以以 $m \times n$ 布局为框架在指定网格中或多个相邻网格区域中建立 Axes 对象。Canvas、Figure、Axes 等之间的关系如图 8-1 所示。

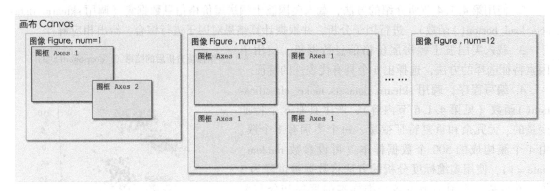

图 8-1　Matplotlib 图形框架

　　在图形绘制模块 matplotlib. pyplot 中，实现了绘制多种图形的函数，如绘制散点图的 scatter( ) 函数，绘制折线图的 plot( ) 函数，绘制饼图的 pie( ) 函数等。所绘制的图形可以调用 matplotlib. pyplot. savefig（"picfilename. png"）将其保存在图像文件中。matplotlib. pyplot 默认支持保存为 eps、pdf、pgf、png、ps、raw、rgba、svg、svgz 文件类型。如果要将图形保存为其他文件格式，则需要加载 Pillow 扩展库,将图形保存为 jpeg、jpg、tif、tiff 等格式。

Matplotlib 的使用方法较为复杂,可以访问 Matplotlib 的官方网站 https://matplotlib.org/,获取更多信息和示例。

8.1.1 管理 Figure 对象

在绘制图像时,需在 Canvas 基础上创建多个 Figure,并分别绘制图形。使用语句 import matplotlib.pyplot as plt 载入绘图模块时,会同时创建一个默认的 Figure 对象,可以使用 plt.gcf() 函数(get current figure)获得该 Figure 对象,这时该 Figure 上还没有 Axes 对象(创建 Axes 的方法在下一节中介绍)。Figure 对象的主要外观属性如图 8-2 所示。

如果需要创建具有特定特征(如尺寸、颜色等)的 Figure 对象或激活一个已经存在

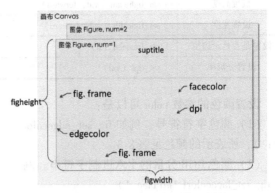

图 8-2 Figure 对象的主要外观属性

的 Figure 对象为当前绘图对象,则可以调用 matplotlib.pyplot.figure() 函数。其函数原型如下:

matplotlib.pyplot.**figure** (num = None,figsize = None,dpi = None,facecolor = None, edgecolor = None,frameon = True,FigureClass = < class 'matplotlib.figure.Figure' >, clear = False,** kwargs)

主要参数说明见表 8-1。

表 8-1 matplotlib.pyplot.figure() 主要参数说明

参数	说明
num	创建或被激活的 Figure 对象的唯一标识(可以是整数值或字符串)
figsize	图像的尺寸,格式为(float,float)
dpi	图像分辨率,默认值为 72
facecolor	图像背景色
edgecolor	图像边框颜色
frameon	是否绘制(显示)图像边框
clear	是否清除(原有)图像

如果需要将图形绘制在特定标识(num)的 Figure 上,则在调用 matplotlib.pyplot.figure() 函数激活已有 Figure 对象时,通过参数指明对应的标识即可。

获得 Figure 的实例对象 fig 后,可以通过一系列函数为其设置标题、颜色、尺寸等(见表 8-2)。

表 8-2 Figure 的主要外观属性设置

内容	函数	示例代码
设置标题	suptitle（t）	fig.suptitle（'suptitle'）
设置底色	set_facecolor（color）	fig.set_facecolor（'#ddaaee'）

（续）

内容	函数	示例代码
设置边框颜色	set_edgecolor（color）	fig. set_edgecolor（'r'）
设置大小	set_size_inches（w, h, forward）	fig. set_size_inches（8, 6）
设置高度	set_figheight（val, forward）	fig. set_figheight（8）
设置宽度	set_figwidth（val, forward）	fig. set_figwidth（6）
设置是否显示边框	set_frameon（b）	fig. set_frameon（False）
设置分辨率	set_dpi（val）	fig. set_dpi（300）

设置颜色的参数 color 可以是：

（1）颜色字符符号。例如 fig. set_edgecolor （'r'），所表示的颜色见表 8-3。

（2）颜色 RGB 分量的十六进制字符串。例如 fig. set_facecolor（'#ddaaee'）。

（3）RGB 值。例如 fig. set _ facecolor（（0.70, 0.65, 0.85））。

（4）RGBA 值。例如 fig. set _ facecolor（（0.70, 0.65, 0.85, 1.0））。

（5）灰度值字符串。例如 fig. set_facecolor（color = '0.75'），等同于 fig. set _ facecolor（（0.75, 0.75, 0.75））或 fig. set _ facecolor（（0.75, 0.75, 0.75, 1.0））。

表8-3　颜色字符符号表

字符	颜色
'b'	Blue
'g'	Green
'r'	Red
'c'	Cyan
'm'	Magenta
'y'	Yellow
'k'	Black
'w'	White

【例 8-1】　获取默认 Figure 对象，并创建其他不同的 Figure 对象，分别绘制图形。

```
import numpy as np
import matplotlib.pyplot as plt

fig =plt.gcf()                                          #获得默认 Figure 实例
fig. set_edgecolor('r')                                 #设置边框颜色
plt. plot (np. linspace (0,10,10),np. random. randn (10))   #绘制折线图

fig1 =plt. figure (12,figsize = (6,6),                  #创建标识为 12 的 Figure
                                                        #对象
                  facecolor = '#ddaaee')                #设置背景颜色
fig1. suptitle ('suptitle')                             #设置图像标题
plt. bar (np. linspace (0,10,10),np. random. randint (1,10,10))#绘制直方图

fig2 =plt. figure ()
fig2. set_size_inches (4,4)
fig2. set_frameon (False)                               #设置不显示框架
plt. scatter (np. random. randn (10),np. random. randn (10))  #绘制散点图
plt. show ()
```

完整代码见文件 plt_divided_figure. py。运行程序，可得到如图 8-3 所示图形。

其中，图 8-3b 因设置了 dpi = 500，图像较为清晰；图 8-3c 因设置了 frameon = False，隐藏了框架。图 8-3a、图 8-3b 和图 8-3c 因设置的尺寸和分辨率不同，分别为 432 像素 × 288 像素、3000 像素 × 3000 像素和 288 像素 × 288 像素。

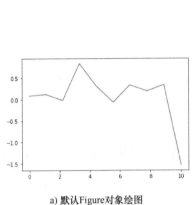

a) 默认Figure对象绘图

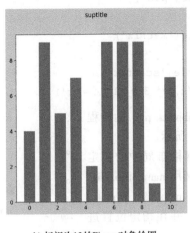

b) 标识为12的Figure对象绘图

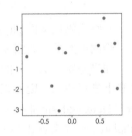

c) 标识为23的Figure对象绘图

图 8-3 管理多个 Figure 对象

8.1.2 管理 Axes 对象

绘制图像时，需要在 Figure 上创建一个或多个 Axes，图形均绘制在 Axes 上。获得 Figure 对象实例 fig 后，可以调用 fig. gca( )（get current axes）函数，创建 fig 的同时创建 Axes。默认规格的 Axes 对象尺寸与 fig 的尺寸相匹配，这时只能在 Figure 上绘制一个图形，示例见例 8-1。如果需要在一个 Figure 对象上绘制多个分立的图形，则需创建多个呈一定布局的 Axes 对象。

1. 按网格布局子图

如果需要在 Figure 上按照 $m \times n$ 布局创建多个 Axes 格，则可以调用 matplotlib. figure. Figure. subplots( )函数来完成。该函数的原型如下：

```
matplotlib. figure. Figure. subplots (nrows = 1,ncols = 1,* ,sharex = False,sharey
= False,squeeze = True,subplot_kw = None,gridspec_kw = None)
```

其中，参数 nrows 和 ncols 指定 Axes 格的行数和列数；参数 sharex 和 sharey 设置是否各 Axes 共用坐标系，可以是 {'none', 'all', 'row', 'col'}；参数 squeeze 设置是否当 nrows 或 ncols 为 1 时，将返回的 Axes 实例数组降为 1 维或标量；参数 subplot_kw 定义 subplot 的关键字，格式为字典；参数 gridspec_kw 定义 Axes 网格关键字。函数返回所创建的多个 Axes 实例数组，其维度由参数 squeeze 决定。

【例 8-2】 创建一个 2×2 布局的 Axes 对象组，并分别绘制图形。

```
#获得默认 Figure 对象,并对其属性进行设置
fig = plt. gcf()          #默认 Figure
ax = fig. subplots(2,2,squeeze = True,gridspec_kw = dict(hspace = 0. 5))
```

```
#左上子图
ax[0,0].set_title('curve')
ax[0,0].plot(x,y** 2)
#右上子图
ax[0,1].set_title('pie')
#左下子图
ax[1,0].set_title('matrix')
#右下子图
ax[1][1].set_title('scatter')
ax[1,1].scatter(x,y** 3,s =10,c ='r')
```

完整代码见文件 plt_subplots.py。运行程序，绘制出的图形如图 8-4 所示。

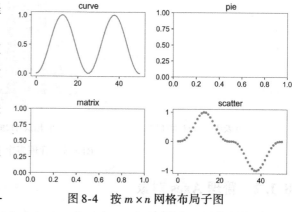

图 8-4　按 $m \times n$ 网格布局子图

如果需要在 $m \times n$ 的网格布局中的特定位置上进行绘图，则可以调用 matplotlib. figure. Figure. add_subplot( ) 或 matplotlib. pyplot. subplot( ) 函数来创建Axes，并在指定位置进行绘图。函数原型如下：

matplotlib. figure. Figure. **add_subplot** (nrows,ncols,index,** kwargs)

matplotlib. figure. Figure. **add _ subplot** (pos,** kwargs)

matplotlib. figure. Figure. **add_subplot** (ax)

matplotlib. figure. Figure. **add_subplot** ()

其中，参数 nrows、ncols、index 为在 nrows × ncols 网格的第 index 个位置绘制图形；参数 pos 为三位数，指在（百位数）×（十位数）网格的第（个位数）个位置绘制图形。另外，还可以设置 projection、polar、sharex、sharey 和 label 等参数和 SubplotSpec 参数，以及其他通用的绘图参数，如 alpha、autoscale、facecolor、frame_on、title、xlabel、xlim、xscale、xticklabels、xticks（具体含义见下一节的内容）和 y 轴对应参数等。

matplotlib. pyplot. subplot( ) 函数的用法与此相类似。

另一种可以使图形分布相对更为灵活的绘制方法是使用以下函数建立网格，然后在一个或多个网格区域上建立子图。

matplotlib. figure. Figure. **add_gridspec** (nrows =1,ncols =1,** kwargs)

其中，参数 nrows 和 ncols 为网格的行数和列数。

【例8-3】　以 $m \times n$ 的 subplot( ) 的方式和规定 gridspec( ) 的方式，对划分的网格进行组合，构建布局灵活的 Axes 对象，并绘制图形。

使用 subplot( ) 函数可以重复将图像绘制区域划分成不同行列数的网格，可以指定某一网格进行绘图。例如：

```
#左上子图,分为 3 × 4 网格,在第 1 个网格绘图
ax =plt. subplot (3,4,1,facecolor ='#ffccdd',title ='CURVE')
```

```
#右子图,分为1×2网格,在第2个网格绘图
ax = plt.subplot(1,2,2,projection = 'polar')
ax.set_title('SCATTER')

#左下子图,分为2×2网格,在第3个网格绘图
ax = fig.add_subplot(223,title = 'BAR')
```

例如，以下代码通过组合网格，可以绘制5个不同布局的子图：

```
gs = fig.add_gridspec(3,4)
f2_ax1 = fig.add_subplot(gs[0,:])
f2_ax1.set_title('gs[0,:]')

f2_ax2 = fig.add_subplot(gs[1,0:3])
f2_ax2.set_title('gs[1,0:3]')

f2_ax3 = fig.add_subplot(gs[1:,-1])
f2_ax3.set_title('gs[1:,-1]')

f2_ax4 = fig.add_subplot(gs[2,0])
f2_ax4.set_title('gs[2,0]')

f2_ax5 = fig.add_subplot(gs[2,2])
f2_ax5.set_title('gs[2,2]')
```

完整代码见文件 plt_subplot_grid.py（可得到图 8-5 中的结果）和 plt_subplot_gridspec.py（可得到图 8-6 中的结果）。

图 8-5 分别按照 3×4、1×2 和 2×1 网格布局绘制不同的图形；图 8-6 利用 gridspec( ) 创建子图布局。

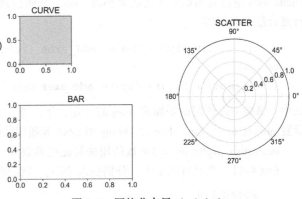

图 8-5 网格化布局（subplot）

2. 调整子图布局

如果需要调整子图布局，则可以在调用 fig.subplots( ) 函数创建子图时，通过参数 gridspec_kw 对参数 left、bottom、right、top、wspace 和 hspace 进行设置。其中，参数 left、bottom、right 和 top 分别设置子图的四周相对图像范围的位置，wspace 和 hspace 分别设置子图在图形宽的方向和高的方向的间距。例如：

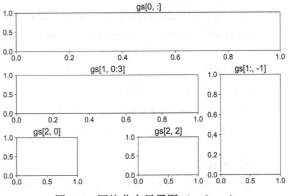

图 8-6 网格化布局子图（gridspec）

```
axes = fig. subplots(2,2,
              gridspec_kw = dict(left = 0.1,bottom = 0.3,
              right = 0.9,top = 0.8,wspace = 0.2,hspace = 0.7))
```

或者，调用 fig. subplots_adjust( ) 来对子图的布局进行调整（也可以在创建子图后，调用 matplotlib. pyplot. subplots_adjust( ) 函数来进行调整）。例如：

```
fig. subplots_adjust(left = 0.1,bottom = 0.1,right = 0.9,top = 0.8,
              wspace = 0.2,hspace = 0.7)
```

另外，还可以通过设置 matplotlib. pyplot 的参数来对子图的布局进行调整。例如：

```
plt. rcParams[ 'figure. autolayout'] = False
plt. rcParams[ 'figure. subplot. left'] = 0.1
plt. rcParams[ 'figure. subplot. bottom'] = 0.3
plt. rcParams[ 'figure. subplot. right'] = 0.9
plt. rcParams[ 'figure. subplot. top'] = 0.8
plt. rcParams[ 'figure. subplot. wspace'] = 0.2
plt. rcParams[ 'figure. subplot. hspace'] = 0.7
```

3. 自由布局子图

可以调用 matplotlib. figure. Figure. add_axes( ) 函数，或 matplotlib. pyplot. axes( ) 函数，在当前 Figure 的指定位置添加一个指定大小的 Axes，从而达到在图形中任意布局子图，或者嵌入子图进行复合绘图的目的。

```
matplotlib. figure. Figure. add_axes (rect,projection = None, polar = False, **
kwargs)
matplotlib. figure. Figure. add_axes (ax)
```

其中，参数 rect 指定所添加的 Axes 的 [左，下，宽，高] 相对于 Figure 的比例。另外，还可以设置 projection、polar、sharex、sharey 和 label 等通用的绘图参数。

matplotlib. pyplot. axes( ) 函数的用法与此相类似。

【例 8-4】 在已有图形中，分别嵌入子图，并绘制图形。

```
#绘制基本图
fig = plt. gcf()
ax = fig. add_axes([0.1,0.1,0.8,0.8])
ax. plot(x,y,color = 'green',marker = '. ',lw = 0.5)

#绘制子图
x_,y_ = x[50:71],y[50:71]            #截取数据中段的 20 个数据点绘图
ax = fig. add_axes([0.35,0.63,0.32,0.25])      #left,bottom,w,h
ax. plot(x_,y_,color = 'r',marker = 'o')

#绘制肩图
ax = fig. add_axes((0.7,0.7,0.5,0.5),projection = 'polar',
              label = 'Fig2')
```

```
ax. plot (x, x/4, lw = 2)
```

完整代码见文件 plt_mixed_plot. py。运行程序，显示结果如图 8-7 所示。

fig. add_axes ( ) 函数（或使用 plt. axes ( )函数）在当前图形中插入一个子图，并将其设为当前子图，函数的参数为该子图在图形中的相对位置和大小，其中各个参数的取值范围为（0，1）。

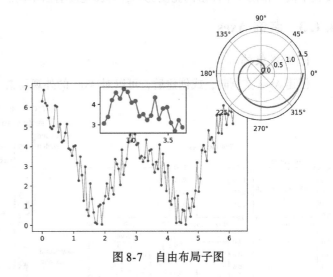

图 8-7　自由布局子图

4. 共用坐标轴

有两种方法可以使多个子图共用同一坐标系。一种是在调用 subplots ( ) 或 add_subplot ( ) 函数创建子图时，通过设置参数 sharex 和 sharey 来规定按行或列共用坐标系；另一种是子图创建完成后，调用 ax1. sharex(ax2) 或 ax1. sharey(ax2) 来强令 ax1 使用 ax2 的坐标系。

【例 8-5】　使用 matplotlib. pyplot. subplots( )创建图形布局，然后分别绘制图形，并共用 x 轴坐标系。

```
#准备绘图数据
x1 = np. linspace (50, 150, 100)
y1 = np. random. rand (100)
x2 = np. linspace (0, 100, 50)
y2 = 5.0* np. sin (2.0* np. pi* x2/20.0)


#创建图形, 2 行 3 列布局, 并且两个图形共用 x 轴坐标系
widths   = [2, 1, 2.5]
heights = [2, 2.5]
gs_kw = dict (width_ratios = widths, height_ratios = heights)
fig, axes = plt. subplots (ncols = 3, nrows = 2, sharex = 'row',
                   constrained_layout = True, gridspec_kw = gs_kw)
axes [0,0]. scatter (x1, y1, s = 5)        #绘制散点图
axes [0,0]. set_title ('A scatter')       #添加子标题
axes [0,0]. sharey (axes [1,2])

axes [1,2]. plot (x2, y2)                 #绘制一个折线图
axes [1,2]. set_title ('A curve')        #添加子标题

fig. suptitle ('Sharing axes')          #为图形设置总标题
```

完整代码见文件 plt_share_axis. py。运行程序，结果如图 8-8 所示。图中上排的 3 个图共用 x 轴坐标系，均为 0 ~ 150；下排的 3 个图共用 x 轴坐标系，均为 0 ~ 100。因通过参数 gridspec_kw

设置了同一排的 3 个图形的宽度比例，各图宽度有所不同。

8.1.3　装饰 Axes

1. 外观装饰

创建 Axes 实例时，或创建后，可以对 Axes 的外观要素（见图 8-9）进行设置。

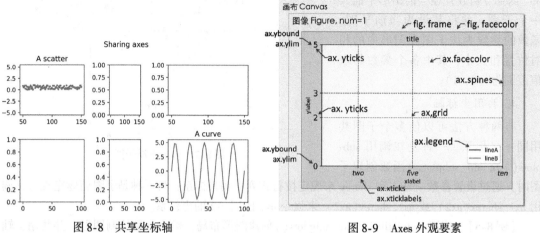

图 8-8　共享坐标轴　　　　　　　　　图 8-9　Axes 外观要素

Axes 的主要外观属性设置见表 8-4。

表 8-4　Axes 的主要外观属性设置

内容	函数	示例代码
设置标题	set_title( )	ax. set_title（'suptitle'）
设置底色	set_facecolor( )	ax. set_facecolor（'#ccddee'）
设置是否显示边框	set_frame_on( )	ax. set_frame_on（False）
生成并显示网格	grid( )	ax. grid（b = True，which = 'both'，axis = 'both'，c = 'm'，linestyle = ' — '）
设置坐标系类型	set_xscale( )　set_yscale( )	ax. set_xscale（'linear'）#设置线性坐标系　ax. set_yscale（'log'）　　　#设置对数坐标系
设置坐标轴标签	set_xlabel( )　set_ylabel( )	ax. set_xlabel（'xlabel'）　ax. set_ylabel（'ylabel'）
设置坐标轴刻度	set_xticks( )　set_yticks( )	ax. set_xticks（[2，5，10]）　ax. set_yticks（[0，2，5]）
设置坐标轴刻度标签	set_xticklabels( )　set_yticklabels( )	ax. set_xticklabels（['two'，'five'，'ten']）　ax. set_yticklabels（[]）#不显示刻度标签
设置坐标轴标签范围	set_xbound( )　set_xlim( )　set_ybound( )　set_ylim( )	ax. set_xlim（0，10）　ax. set_ybound（0，5）
设置坐标轴自动调整	set_autoscale_on( )	ax. set_autoscale_on（False）
生成并显示图例	legend( )	ax. legend（loc = 'lower right'）

【例8-6】 设置图像标题，设置子图标题，设置坐标轴标签，设置绘图区颜色，生成并设置
网格（完整代码见文件 plt_set_outlook. py）。

```
fig =plt. gcf()#获取当前 Figure 实例
fig. set_facecolor((0.75,0.95,0.95))
fig. suptitle('图像标题',fontproperties ="STXIHEI",fontsize =16,y =1)

ax1 =plt. subplot(221)
ax1. set_title('subplot1',color ='b',fontweight =600)
ax1. set_xlabel('横坐标',fontproperties ='STKAITI',fontsize =12)
ax1. set_ylabel('纵坐标',fontproperties ='STSONG',fontsize =12)
ax1. set_facecolor('#aaeecc')
ax1. grid(True,which ='both',c ='m',linestyle ='dashed')

ax2 =plt. subplot(222)
ax2. set_title('subplot2',loc ='right',fontstyle ='italic')

ax3 =plt. subplot(223)
ax3. set_title('subplot3',rotation =30,y =0.7)          #设置标题文字
ax3. set_frame_on(False)                                #不显示 axes 的边框

ax4 =plt. subplot(224)
ax4. set_title(u'子图 4',fontproperties ="STXIHEI")
```

运行程序，可以得到如图 8-10 所
示的绘图框标题及颜色、子图标题和
坐标轴标签设置示例。其中，左下角
子图设置了 set_frame_on（False），没
有边框。

【例8-7】 设置子图坐标轴，生
成并设置图例。

```
fig,ax =plt. subplots()
fig. suptitle('suptitle',fon-
tsize =28,y =1.05,fontweight =
'bold')
```

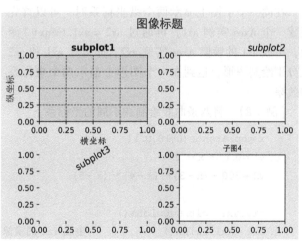

图 8-10 设置子图布局和外观

```
ax. set_title('title')
            #设置子图标题
ax. set_facecolor('#ffff99')
ax. grid(b =True,which ='both',axis ='both',c ='m',linestyle ='--')


#x-axis
```

```
ax.set_xlabel('xlabel',fontsize=16)
ax.set_xlim(0,10)
ax.set_xticks([2,5,10])
ax.set_xticklabels(['two','five','ten'],rotation=40,
                                 fontsize=12,fontstyle='italic')
#y-axis
ax.set_ylabel('ylabel',fontsize=16)
ax.set_yticks([0,2,3,5])
ax.tick_params(axis='y',labelsize=14)    #设置坐标轴刻度标签字号
#绘制图形
x=np.linspace(0,2,120)
ax.plot(x,np.sin(2.0*np.pi*x)+2,lw=1,label='lineA')
x=np.linspace(5,10,150)
ax.plot(x,np.sin(2.0*np.pi*x)+3,lw=1,label='lineB')
ax.legend(loc='lower right')
```

完整代码见文件 plt_set_axis.py。运行程序，可得到如图 8-11 所示的绘图框标题、子图标题及坐标轴标签设置的示例。

使用 ax.tick_params() 可以设置坐标轴刻度属性，例如选择设置 x 轴、y 轴或 xy 轴，设置刻度文本字体和方向等。

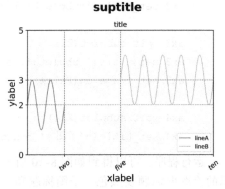

图 8-11　设置子图外观

2. 设置次坐标轴

在同一个子图上显示两个纵坐标系时，可以首先创建一个 Axes 实例 ax1，再通过 ax2 = ax1.twinx() 函数，生成 ax1 的镜像 Axes 实例 ax2，即可在 ax1 和 ax2 上分别绘制图形，达到在一个图形上显示两个坐标系的效果。

【例 8-8】　将两条曲线绘制在不同的坐标系下。

```
x=np.arange(0,10,0.1)
y1=0.05*x**2
y2=200-(x-3)*(x-4)*(x-5)

fig,ax1=plt.subplots()
ax2=ax1.twinx()                #生成 ax1 的镜像
ax2.set_yscale('log')          #设置为对数坐标系

ax1.set_xlabel('x',fontsize=12)
ax1.plot(x,y1,'g--',label='y1')
ax1.set_ylabel('Y1',color='g')
ax1.legend(loc='lower left')
```

```
ax2.plot(x,y2,'b-.',lw=2,label='y2')
ax2.set_ylabel('Y2-log',color='b')
ax2.legend(loc='lower right')
```

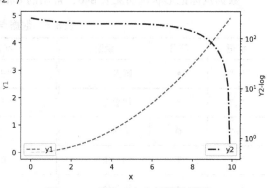

运行程序，得到如图8-12所示的带主、次坐标轴的图形。其中，ax2纵坐标为对数坐标系。

完整代码见文件 plt_second_axis.py。

图8-12 带主、次坐标轴的图形

8.1.4 散点图

可以使用以下函数绘制二维散点图。

matplotlib.pyplot.**scatter**(x,y,s = None,c = None,marker = None,cmap = None, norm = None,vmin = None,vmax = None,alpha = None,linewidths = None,edgecolors = None, * ,plotnonfinite = False,data = None,** kwargs)

参数说明见表8-5。

表8-5 matplotlib.pyplot.scatter() 参数说明

参数	说明
x，y	表示散点的横、纵坐标的数组序列（相同长度）
s	散点大小，默认值为20pt
c	散点颜色，可以是： （1）颜色字符，见表8-3。例如 c = 'r'； （2）与数据个数相等的颜色序列。例如 c = ['r', 'g', 'b', …, 'k']，或 c = ['red', 'green', 'blue', …, 'black']； （3）使用参数 cmap 和参数 norm 映射为颜色的数值序列。例如 c = [0, 1, 2, …, n] 而 cmap = 'rainbow'； （4）RGB/RGBA 值数组，尺寸为 (n, 3) 或 (n, 4)。 默认值为 None，这时散点颜色由参数 color、facecolor/facecolors 的值确定，或由 Axes 所定义的色彩序列确定
marker	散点形状，具体定义见表8-6。默认值为 None，即'o'
cmap	颜色图谱，为 Colormap 实例或已注册了的颜色图谱名称，默认使用 rcParams 的 'image.cmap' 所定义的色彩空间。具体定义见表8-7
norm	一个 matplotlib.colors.Normalize 对象实例，作用是将颜色数据归一化到 [0, 1]
vmin，vmax	与 norm 结合使用来归一化亮度数据。默认值为 None，这时使用颜色数据中的最小值和最大值
alpha	图形标记的透明度，取值0(透明)~1(不透明)
linewidths	图形标记线条宽度，可以是标量值或数组。为默认值 None 时，使用 rcParams 的 'lines.linewidth' 定义值
edgecolors	图形标记边线颜色，可以是颜色或颜色序列，可以是'face'（使用填充颜色），或'none'（无边线）对于非填充型图形标记则不起作用
data	显示数值

数据点标记形状说明见表8-6，常用的 Colormap 颜色图谱见表8-7。

表8-6　数据点标记形状说明表

标记	符号	说明	标记	符号	说明
"."	•	圆点	"d"	◆	细钻
","	·	像素点	"|"	|	竖线
"o"	●	圆圈	"_"	—	横线
"v"	▼	倒三角	0	—	左横线（TICKLEFT）
"^"	▲	正三角	1	—	右横线（TICKRIGHT）
"<"	◀	左三角	2	|	上横线（TICKUP）
">"	▶	右三角	3	|	下横线（TICKDOWN）
"1"	Y	下三叉	4	◀	向左（CARETLEFT）
"2"	⅄	上三叉	5	▶	向右（CARETRIGHT）
"3"	⊰	左三叉	6	▲	向上（CARETUP）
"4"	⊱	右三叉	7	▼	向下（CARETDOWN）
"8"	●	八角形	8	◀	中间向左（CARETLEFTBASE）
"s"	■	正方形	9	▶	中间向右（CARETRIGHTBASE）
"p"	⬟	五角形	10	▲	中间向上（CARETUPBASE）
"P"	✚	带填充十字	11	▼	中间向下（CARETDOWNBASE）
"*"	★	星星	"None"，" "或""		空
"h"	⬢	六角形1	'$ … $'		数学符号，例如'f'为字母 f，'$ \sqrt{x} $'为$\sqrt{x}$
"H"	⬣	六角形2	verts		由（x，y）对组成的列表所勾勒出的轨迹形状
"+"	✛	加号	path		由 matlibplot. Path 对象所勾勒出的形状
"x"	✕	叉	(numsides，0，angle)		倾角为 angle 的 numsides 边凸多边形
"X"	✖	带填充叉	(numsides，1，angle)		倾角为 angle 的 numsides 边多边形，形如 ✶
"D"	◆	钻石	(numsides，2，angle)		倾角为 angle 的 numsides 边多边形，形如 ✳

表 8-7 常用的 Colormap 颜色图谱

颜色图谱	描述	颜色图谱	描述
Reds	红	hot	黑-红-黄-白
Greens	绿	cool	青-洋红
Blues	蓝	gray	黑-白
spring	洋红-黄	magma	黑-红-白
summer	绿-黄	pink	黑-粉-白
autumn	红-橙-黄	flag	红-白-蓝-黑
winter	蓝-绿	hsv	红-黄-绿-青-蓝-洋红-红

【例 8-9】 根据存放在素材文件 physical_data.csv 中一组学生的身高和体重测量数据（共 45 条），绘制其散点图（完整代码见文件 plt_scatter.py）。

```
df = pd.read_csv("physical_data.csv")#读取数据文件

#绘制图形
fig = plt.figure(num = 1, figsize = (6,4), facecolor = '#eeff99')
ax = fig.gca()                                    #得到 fig 的当前 Axes
ax.grid(True,which = 'both',c = 'c',linestyle = 'dashed')#设置网格
ax.scatter(df.Height,df.Weight,                   #使用身高和体重两列数据
    (df.Weight/df.Height)** 2* 50,                #设置图形标记大小,这里使
                                                  #用体重/身高比

    marker = 'o',linewidths = 1,                  #设置图形标记形状和线宽
    color = 'c',edgecolors = 'r',                 #设置图形标记填充和边框
                                                  #颜色

    alpha = 0.9)                                  #设置图形标记的透明度
#设置图形 title 和坐标轴标签
ax.set_title("身高和体重",
                fontdict = dict(fontproperties = 'STXIHEI',fontsize = 16))
ax.set_xlabel("身高",fontproperties = 'STXIHEI',fontsize = 16)
ax.set_ylabel("体重",fontproperties = 'STXIHEI',fontsize = 16)
```

运行程序，可以绘制如图 8-13 所示的散点图，从图形中可以看出身高和体重的大致关联关系。由于使用体重、身高比作为一项健康指标，来设置散点的大小，所以可以直观地从图中了解个体的状况。

注意，示例代码在保存图形文件时，把图形文件保存为 .png 格式的文件。

有时需要将多组散点图绘制在一个二维图形中以表示数据的两个特征之间的关系，每组数据

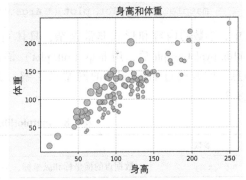

图 8-13 散点图

点还可以用不同的符号、颜色、大小等来表示
（表示更多数据的特征），便于对数据的情况进
行直观地了解。

【例8-10】 绘制三组由随机数组成的数据
散点图，每组数据的各数据点以不同的符号、
大小和颜色来表示其特征。运行程序，绘制出
的图形如图8-14所示。

代码见文件 plt_scatters. py。其中，将图形
保存为. tif 格式的文件。

在获得子图 Axes 对象时，可以将其设置为
三维模式（设置参数 projection = '3d'），从而
可以绘制三维散点图。

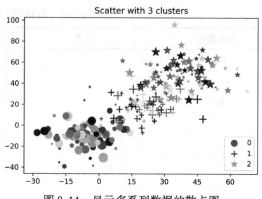

图 8-14   显示多系列数据的散点图

【例8-11】 绘制三维散点图（完整代码见文件 plt_3D_scatter. py）。

```
dat = (np. random. normal(20,7.5,size = (100,3)),
            np. random. normal(-10,5.5,size = (100,3)),
            np. random. normal(10,15.5,size = (100,3)))


colors = list('rgb')
fig = plt. figure(dpi = 500)
ax = fig. add_subplot(projection = '3d')    #创建三维绘图
#将数据点分成三部分画,在颜色上有区分度,设置散点的透明度为0.3,不至遮挡
for i in range(len(dat)):
        ax. scatter(dat[i][:,0],dat[i][:,1],dat[i][:,2],
                    c = colors[i],s = np. pi* (4 - i) ** 2,alpha = 0.3)
```

运行程序，绘制出的图形如图8-15所示。

三维散点图的散点 x, y, z 坐标位置，散点大小，散点
颜色和散点形状，可以表示更加丰富的数据特征。

8.1.5 折线图

绘制折线图可以使用以下函数：

```
matplotlib. pyplot. plot (* args,** kwargs)
```

其中，参数的内容和形式非常繁杂，具体可以 import mat-
plotlib. pyplot as plt 后，用 help（plt. plot）语句来获得帮助
信息，或者通过 Matplotlib 的网站来了解。常用的参数见
表8-8。

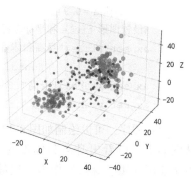

图 8-15   三维散点图

表 8-8   matplotlib. pyplot. plot( )参数说明

参数	说　　　明
x，y	数据点的横坐标和纵坐标，为长度相同的数组序列

（续）

参数	说　　明
format	颜色、标志和线型，格式为 format = '[color] [marker] [line]'。颜色字符见表 8-3 中的定义。如果 format 仅含颜色内容，则可使用表 8-2 中的颜色设置方法
color	折线颜色
marker	数据点标记，具体定义见表 8-6。取默认值 None 表示不标注数据点
alpha	图形标记的透明度，取值 0（透明）～1（不透明）
ls	图形的线型（line style）有 4 种类型： ' – '表示实线（solid line style） ' – – '表示虚线（dashed line style） ' – . '表示点划线（dash – dot line style） ' : '表示点线（dotted line style）
lw	图形的线宽（line width）

【**例 8-12**】　绘制多条折线来表示不同测量温度的变化。绘制图形的核心代码如下：

```
#准备好各条折线曲线的色彩和线型参数
line_styles = [ ' - ',' -- ',' -. ',' : ',' - ',' -- ']
colors       = [ 'r','y','g','b','c','m']
markers     = [ 'o','* ','v','. ','d','x']
#绘制各条折线
x = np. linspace (0, 50, 50)
for i, (ls, c, marker) in enumerate (zip (line_ styles, colors, markers)):
    sample_ y = np. random. randn (len (x)) . cumsum ()  #cumsum () 增加数据范围
    plt. plot (x, sample_ y,
              ls = ls,                        #定义线形
              color = c,                      #定义线条颜色
              marker = marker,                #定义数据点标志
              lw = 1.5)                       #定义线宽
```

随后可对图形进行装饰，包括将横坐标刻度标注为日期，为每条折线图设置图例等。

完整代码见文件 plt_plots. py。运行程序，绘制出的图形如图 8-16 所示。

另外，可以在 plot( ) 中给出多个 x，y 系列对儿，完成多图绘制。

在折线图中，可以获取 Axes 对象后，调用 fill_between( ) 函数来填充不同折线间（或折线与坐标轴间）的区域，绘制出填充折线图，如图 8-17 所示。该函数的原型如下：

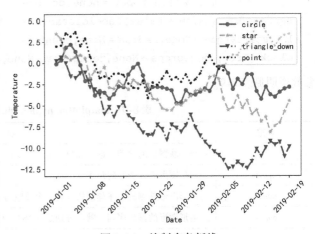

图 8-16　绘制多条折线

```
ax. fill_between (x,y1,y2 = 0,where = None,interpolate = False,step = None, * , da-
ta = None,** kwargs)
```

其中，参数 x 为折线的横坐标数据；参数 y1，y2 为其间填充阴影的两条折线的纵坐标数据；参数 where 为填充阴影的横坐标范围；参数 interpolate 设置是否进行内插处理；参数 step 设置阶梯填充的取值方式，可以是｛'pre'，'post'，'mid'｝。

【例 8-13】 绘制 3 条曲线 $y_1 = \frac{500}{\sqrt{x}}$，$y_2 = x^2$ 和 $y_3 = x^{2.35}$ 的填充折线图。利用填充区可以使折线图形表现得更为直观（完整代码见文件 plt_plot_fill_between. py）。

```
#绘制折线
ax = plt. gca ()
plt. plot (x,y1,' - ob',label = r' $ y_1 = \frac{500}{\sqrt{x}} $ ')
plt. plot (x,y2,' - or',label = r' $ y_2 = x^{2} $ ')
plt. plot (x,y3,' - og',label = r' $ y_3 = x^{2.35} $ ')

#绘制填充
where1 = [False] * 6 + [True] * 9    #仅为后半部分设置填充
where2 = [True] * 7   + [False] * 8   #仅为前半部分设置填充
ax. fill_between (x,y2,    step = 'post',color = '#ff8888',alpha = 0.7)
ax. fill_between (x,y3,y2,where = where1,color = '#888f38',alpha = 0.7)
ax. fill_between (x,y3,y1,where = where2,color = '#8888ff',alpha = 0.7)
```

运行程序，绘制出的图形如图 8-17 所示。

其中，y_2 与横轴之间采用 'post' 阶梯填充方式。

8.1.6 饼图

可以使用以下函数绘制饼图。

```
matplotlib. pyplot. pie （x, explode =
None,labels = None,colors = ('b','g','r','c
','m','y','k','w'),autopct = None,pctdis-
tance = 0.6, shadow = False, labeldistance =
1.1,startangle = None,radius = None,counter-
clock = True,wedgeprops = None,textprops = None,center = (0,0),frame = False)
```

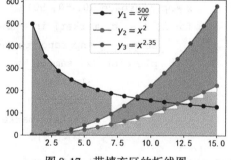

图 8-17 带填充区的折线图

参数说明见表 8-9。

表 8-9 matplotlib. pyplot. pie ( )参数说明

参数	说　　明
x	每一块图形的比例数据。如果 sum（x）> 1，则以 sum（x）值对其进行归一化
explode	扇形图形离开中心的距离
labels	扇形图形外侧的文字标注的内容，个数应与 x 中的个数相一致
colors	扇形图形的颜色序列。默认分别是（'b'，'g'，'r'，'c'，'m'，'y'，'k'，'w'）

（续）

参数	说　明
autopct	数据值标注的格式，例如：'%5.2f%%'
pctdistance	数据百分比值标注距圆心的距离，默认值为0.6
shadow	是否图形带阴影
labeldistance	图形文字标注的位置，为相对于半径的倍数（小于1则在圆内）
startangle	起始绘制角度，默认图是从 x 轴正方向逆时针画起
radius	饼图半径的大小比例，为相对于默认半径的倍数
counterclock	扇形图形的排列方式，顺时针或逆时针。默认值 True 代表逆时针
wedgeprops	扇形对象属性的参数，为字典数据类型
textprops	文本对象属性的参数，为字典数据类型
center	图形位于边框的位置，默认值为（0，0）。数值为0~1之间，表示图形中心位于边框的相对位置。仅 frame = True 时起作用
frame	是否图形带边框

函数返回（patches，texts）或（patches，texts，autotexts）（如果设置了参数 autopct），其中，patches 为 matplotlib. patches. Wedge 对象列表，texts 和 autotexts 为 matplotlib. text. Text 对象，其中元素个数与饼图扇形块的数量一致。

【例8-14】 根据给定数据，绘制饼图（完整代码见文件 plt_Pie_2D. py）。

```
labels = ['China','Swiss','USA','France','Japen','Spain']
values = [222,142,455,664,454,334]

#创建 pie 图形
patches,texts,autotexts = plt.pie(values,labels = labels,
    explode = [.05,0.05,0.05,0.15,0.05,0.05],
    autopct = '%.2f%%',pctdistance = 0.8,center = (0.5,0.5),
    radius = 1.5,labeldistance = 1.2,data = True,frame = False,
    wedgeprops = {'linewidth':3},text-
props = {'color':'b','size':10})
```

运行程序，可以绘制出如图8-18所示的饼图。

8.1.7　柱形图

1. 二维柱形图

可以使用以下函数绘制柱形图。

```
matplotlib.pyplot.bar(x,height,width,
bottom,* ,align = 'center',** kwargs)
```

参数说明见表8-10。

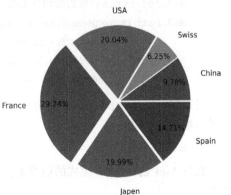

图8-18　饼图

表 8-10   matplotlib. pyplot. bar( )参数说明

参数	说　　明
x	横坐标
height	纵轴数值
width	图形宽度
bottom	图形底部位置，用于绘制堆积柱形图
color	柱形颜色
edgecolor	柱形边框颜色
linewidth	柱形边框宽度

【例 8-15】 绘制给定数据的柱形图、堆积柱形图和横向堆积柱形图。

```
x = ['G1','G2','G3','G4','G5']
menMeans,menStd = (20,35,30,35,27),(2,3,4,5,2)
womenMeans,womenStd = (25,32,34,20,25),(3,5,2,3,3)

fig,(ax1,ax2,ax3) = plt. subplots(1,3,figsize = (12,3))#创建子图

#柱形图
ax1. set_title('柱形图',fontproperties = 'STXIHEI')
ax1. bar(x,height = menMeans,width = 0.5)

#堆积柱形图
ax2. set_title('堆积柱形图',fontproperties = 'STXIHEI')
ax2. bar(x,height = menMeans,width = 0.5,yerr = menStd)
ax2. bar(x,height = womenMeans,width = 0.5,bottom = menMeans,
          yerr = womenStd)
ax2. legend(('Men','Women'))

#横向堆积柱形图
ax3. set_title('横向堆积柱形图',fontproperties = 'STXIHEI')
ax3. barh(x,menMeans,height = 0.6,color = 'y',edgecolor = 'm',
          linewidth = 2,xerr = menStd)
ax3. barh(x,womenMeans,height = 0.6,color = '#992ff2',edgecolor = 'k',
          linewidth = 2,left = menMeans,xerr = womenStd)
```

完整代码见文件 plt_bars. py。运行程序，可以绘制出如图 8-19 所示的柱形图、堆积柱形图和横向堆积柱形图。

2. 三维柱形图

在将 Axes 创建为 3D 模式的前提下，调用其 3D 模式下的 ax. bar3d( )函数，可以绘制三维柱形图。

【例 8-16】 绘制三维柱形图（完整代码见文件 plt_3D_bar3d. py）。

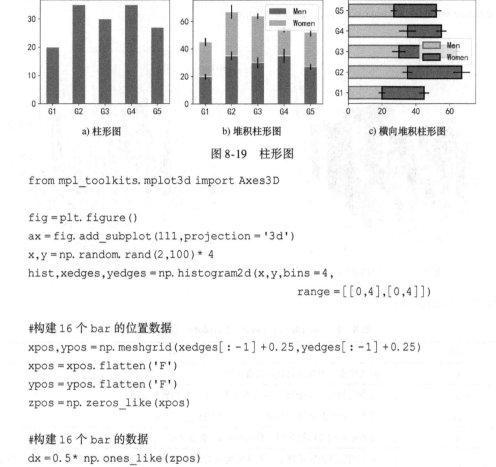

a) 柱形图　　　　　b) 堆积柱形图　　　　　c) 横向堆积柱形图

图 8-19　柱形图

```
from mpl_toolkits.mplot3d import Axes3D

fig = plt.figure()
ax = fig.add_subplot(111,projection = '3d')
x,y = np.random.rand(2,100) * 4
hist,xedges,yedges = np.histogram2d(x,y,bins = 4,
                                    range = [[0,4],[0,4]])

#构建16个bar的位置数据
xpos,ypos = np.meshgrid(xedges[:-1] + 0.25,yedges[:-1] + 0.25)
xpos = xpos.flatten('F')
ypos = ypos.flatten('F')
zpos = np.zeros_like(xpos)

#构建16个bar的数据
dx = 0.5* np.ones_like(zpos)
dy = dx.copy()
dz = hist.flatten()

cc = ['c','r','b','y']* 4
ax.bar3d(xpos,ypos,zpos,dx,dy,dz,color = cc,zsort = 'average')
```

运行程序，可以得到如图 8-20 所示的三维柱形图。

在绘制柱形图时，可以将 Axes 创建为 3D 模式，然后调用其 3D 模式下的 ax.bar() 函数，可以绘制出如图 8-21 所示的三维条状图。示例代码见文件 plt_3D_bar.py。其中，通过 ax.text() 和 ax.text2D() 函数，为图形系列和图形标注了不同位置和不同方向的文本。

8.1.8　箱线图

可以使用以下函数绘制箱线图，也称为箱须图 Box-whisker Plot。

matplotlib.pyplot.**boxplot** (x,notch = None,sym = None,vert = None,whis = None,positions = None,widths = None,patch_artist = None,bootstrap = None,usermedians = None,conf_intervals = None,meanline = None,showmeans = None,showcaps = None,showbox = None,showfliers = None,boxprops = None,labels = None,flierprops = None,medianprops =

None,meanprops = None,capprops = None,whiskerprops = None,manage_ticks = True,au-
torange = False,zorder = None,* ,data = None)

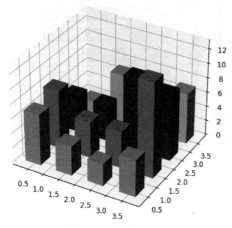

图 8-20　三维柱形图

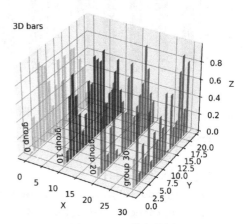

图 8-21　三维条状图

参数说明见表 8-11。

表 8-11　**matplotlib. pyplot. boxplot( )参数说明**

参数	说　明
x	输入数据，为数据向量数组或序列
notch	是否绘制成"小蛮腰"型箱体来表示中位数的置信区间
sym	代表异常值的符号字符串，如'b + '为蓝色' + '号
vert	是否绘制成竖向箱线图，默认值 None 表示竖向
whis	上下须线的位置系数 w（默认值均为 1.5），这时，上下须线位置分别为 $Q_1 - w(Q_3 - Q_1)$ 和 $Q_1 + w(Q_3 - Q_1)$；或设为 (w_1, w_2)，为占最小或最大值的百分比
whiskerprops	设须线的显示属性
positions	各箱线图的位置，用序号数组表示
widths	各箱线图的相对宽度
patch_artist	是否为箱体填充颜色
bootstrap	bootstrap 算法迭代次数
usermedians	各数据系列的中位数
conf_intervals	各数据系列的中位数置信区间，用二维的置信区间数组表示
showmeans	是否显示均值线
meanline	是否用虚线线段来表示均值
meanprops	设置均值线的显示属性
showcaps，capprops	是否显示须线端的横线；设置虚线的显示属性
showbox，boxprops	是否显示箱体边线；设置箱体的显示属性
showfliers，flierprops	是否显示异常值；设置异常值标记的显示属性

（续）

参数	说　明
labels	指定各数据系列的标签
medianprops	设置中位数线的显示属性
manage_ticks	是否令数据系列标签与图形相吻合
autorange	在 $Q_1 = Q_3$ 时，是否使 whis 设为（0，100），从而须线分别表示最小值和最大值
zorder	设置箱线图的 zorder

注：表中 Q_1 和 Q_3 分别为第 1 和第 3 四分位数。

函数返回一个包含 boxes、medians、whiskers、caps、fliers 和 means 对象的字典对象，通过该对象，还可以对上述各元素进行进一步设置。

【例 8-17】 绘制给定数据的不同形态的箱线图。

```
ax1. boxplot (x,labels = list('ABCD'),
              whis = (1.5,98.5),              #各留 1.5% 作为奇异值判定标准
              positions = (0,2,4,5),          #设置图形位置
              widths = (0.5,0.5,0.8,0.8),     #设置各箱线图宽度
              showmeans = True,meanline = True)

ax2. boxplot (x,notch = True,patch_artist = True,sym = 'b + ',
              showmeans = True,meanprops = dict(marker = 'x'),
              boxprops = dict(facecolor = 'c',alpha = 0.5))
```

完整代码见文件 plt _ boxplot. py。运行程序，可以得到如图 8-22 所示的不同类型和风格的箱线图。

左图中箱体内实线表示中位数，须线表示均值。右图中腰部实线表示中位数，而均值位于标记 x 的中心位置。

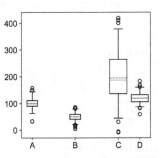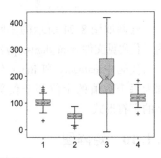

图 8-22　箱线图

8.1.9　茎叶图

可以使用以下函数绘制茎叶图。

```
matplotlib. pyplot. stem ([x,]y,linefmt = None,markerfmt = None,basefmt = None)
```

其中，参数 x、y 分别为茎叶图的横轴标识和纵轴数据值；参数 linefmt 为茎叶图竖线的颜色和线型；参数 markerfmt 定义竖线末端点颜色和形状；参数 basefmt 为茎叶图基线的属性。

【例 8-18】 绘制茎叶图（完整代码见文件 plt_stem. py）。

```
from itertools import groupby

d = sorted(np. random. randint(0,100,30))
```

```
x = [int(x//10) for x in d]
y = [x% 10 for x in d]

ax = plt. figure(). gca()
ax. set_xticks(tuple(set(x)))
ax. set_title("stem",fontsize =16)
markers,stemlines,baseline = ax. stem (x,y,'c -- ')
```

运行程序，得到如图 8-23 所示的茎叶图。该图仅能够显示在横坐标标识类别上，出现了纵坐标所标示的数值，而不能展现数值出现的频次，因此较适合来表现各类别中有哪些不同的构成元素的情况。例如，从图 8-23 仅可以看出出现的数值有 9，12，20，21，25，36 等，而不能得出这些数值出现的次数。

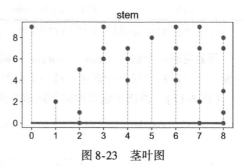

图 8-23　茎叶图

如果需要表现数据的细节，展示每个数值，则可以用下列示例代码。

```
from itertools import groupby

d = sorted(np. random. normal(200,30,(500,)). astype('int'))
for category,items in groupby(d,key = lambda x: int(x) // 10):
    lst = map(str,[int(h)% 10 for h in list(items)])
    print('% 02d |% s' % (category,''. join(list(lst))))
```

绘制如图 8-24 所示的茎叶图（代码见文件 stem_digits. py）。

代码中 category 和 items 分别为每个数值的十位和个位数字的字符形式。

```
11|67
12|003
13|12337799
14|014678899
15|01111122333556666677788999
16|00112223344444455555566667777888889999
17|00000111122233333445555556667777777788888899999999999
18|00000000012222233344444455555556666666666677777788888888899999999
19|00000000111111122223333344444455555556666666667777777788888889999
20|00000111111111222222233333444444444555555666788888888999999
21|000001111111111222222233333334444555566777778888889999
22|000000000011222333333444444455555556666777777778888889999
23|001222233334444455666668999
24|00334444455566999
25|11122356666777888
26|01477789
27|12
28|0
```

图 8-24　标示各个数值的茎叶图

8.1.10　矩阵图

可以使用以下函数，绘制出表现数据关联关系的特征的矩阵图。

```
matplotlib. pyplot. matshow (Z,** kwargs)
```

其中，参数 Z 为矩阵数据。另外，还可以使用绘制图形的通用参数。

【例 8-19】　产生取值范围不同的两组 10×10 的二维数据，绘制矩阵图。

```
dataset1 = np. random. randint(0,25,size = (10,10))
dataset2 = np. random. randint(25,51,size = (10,10))
from matplotlib import colors
norm = colors. Normalize(vmin = np. vstack((dataset1,dataset2)). min(),
```

　　　　　　　　　　vmax＝np.vstack((dataset1,dataset2)).max())

```
fig,(ax1,ax2)=plt.subplots(1,2,figsize=(8,3))
#使用.matshow()绘制矩阵图
a1=ax1.matshow(dataset1,norm=norm,cmap=plt.get_cmap('Reds'))
ax1.set_title("matshow")

#使用.pcolormesh()绘制矩阵图
a2=ax2.pcolormesh(dataset2,norm=norm,cmap=plt.get_cmap('Reds'))
ax2.set_title("pcolormesh")

fig.colorbar(a2,ax=[ax1,ax2],shrink=0.85)    #设置统一的colorbar
```

　　运行程序，绘制的矩阵图如图 8-25 所示。

　　其中，为两个图绘制了统一的 colorbar；也可以如完整代码（见文件 plt_matshow.py）中所示，分别设置 colorbar。

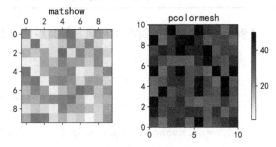

图 8-25　矩阵图

8.1.11　等高线图

　　使用下列函数中的 contour() 函数，可以绘制等高线图；使用 contourf() 函数，可以绘制填充等高线图。函数原型如下：

```
matplotlib.pyplot.contour(* args,data=None,** kwargs)
matplotlib.pyplot.contour([X,Y,]Z,[levels],** kwargs)
matplotlib.pyplot.contourf(* args,data=None,** kwargs)
matplotlib.pyplot.contourf([X,Y,]Z,[levels],** kwargs)
```

参数说明见表 8-12。

表 8-12　**matplotlib.pyplot.contour() 和 .contourf() 参数说明**

参数	说　明
X，Y	等高线坐标值，为与参数 Z 同阶的二维数组（可使用 numpy.meshgrid() 产生），或为长度分别为参数 Z 数据的列数和行数的一维数组
Z	等高线的高度数据
levels	等高线线条的数量和位置，为整数值或数值序列
corner_mask	是否绘制角遮蔽，默认值取 rc：contour.corner_mask
colors	等高线线条颜色，不可与参数 cmap 同时使用
origin	未设置参数 X、Y 时，Z[0,0] 在图形中的位置，可为｛None,'upper','lower','image'｝，默认值为 None
extent	给定区域（x0，x1，y0，y1），当参数 origin 不为 None 时，Z[0,0] 的位置为该区域的中心
locator	在未指定参数 levels 的情况下，以 ticker.Locator 来决定参数 levels 的值，默认值为 ticker.MaxNLocator

（续）

参数	说　　明
extend	对于 contourf( )图形，指定超出参数 levels 定义范围的区域的着色情况，可以是 ｛'neither'，'both'，'min'，'max'｝，默认值为 'neither'
xunits，yunits	坐标轴单位
antialiased	是否消除混叠（使区块边缘更清晰）
nchunk	划分成子域的个数，整数类型
linewidths	contour( )图的线宽，可以是一个浮点数，或一组数据序列，默认值为 rc：contour. linewidth
linestyles	contour( )图的线型，可以是 ｛None，'solid'，'dashed'，'dashdot'，'dotted'｝，特定情况下，线型由 rc：contour. negative_linestyle 确定
hatches	contourf( )图的交叉填充图案，为字符串列表，图案字符定义见表 8-6

【例 8-20】　绘制等高线图和填充等高线图（代码见文件 plt_contour. py）。

```
import numpy as np
import matplotlib. pyplot as plt
from matplotlib. colors import Normalize

X, Y = np. meshgrid (np. arange ( -1,1,0.02),np. arange ( -1,1,0.05))
Z = 5* (X - 0. 4) ** 2 + (Y - 0. 3) ** 2 + np. random. random (X. shape) /10

#绘制等高线图形
ax = plt. figure (figsize = (5,4)). gca ()
norm_inst = colors. Normalize ()                #创建归一化颜色,使用数据最
                                                #小和最大值
cont = ax. contour (X,Y,Z,levels = np. logspace ( -1,1.1,20),
        cmap = 'rainbow',norm = norm_inst,extend = 'both',
        antialiased = True)
plt. clabel (cont,fontsize =10,colors = list ('rgb'))    #标注数值

#绘制填充等高线图形
ax = plt. figure (figsize = (5,4)). add_subplot ()
ax. contourf (X,Y,Z,levels = np. logspace ( -1,1.1,20),
        cmap = 'Greys',corner_mask = True,
        extend = 'both',antialiased = True)
plt. show ()
```

运行程序，可以得到如图 8-26 所示的等高线图。

在示例程序中，如果在绘制 contourf( )图形时不重新创建 Axes，则图 8-26a 和图 8-26b 可以重叠绘制在一起，即为 contourf( )图形添加了等高线。

8. 1. 12　三维图形

绘制三维图形时，有两种方法来创建能够绘制 3D 图形的 Axes。一种是在获取或创建 Axes

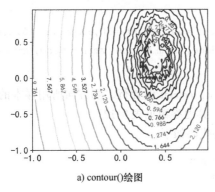

a) contour()绘图

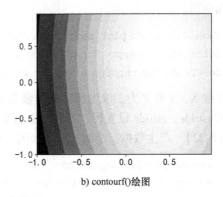

b) contourf()绘图

图 8-26 等高线图

时，设置参数 projection = '3d'。例如：

```
ax = fig. gca(projection = '3d')#或者
ax = fig. add_subplot(projection = '3d')
```

另一种是直接创建一个 mpl_toolkits. mplot3d. Axes3D 类实例 Axes。例如：

```
from mpl_toolkits. mplot3d import Axes3D
ax = Axes3D(fig)        #创建 3D 绘图 axes
```

随后便可以在这个 3D 的 Axes 上绘制三维曲线或曲面图。

1. 三维曲线图

对于绘制 3D 图形的 Axes，可以调用 ax. plot（xs，ys，zs，zdir = 'z'）函数绘制三维曲线图。其中，参数 xs，ys 和 zs 为一维坐标数据；zdir 指定 zs 数据所在的轴向。

【例 8-21】 产生数据，绘制三维曲线图。

```
#生成数据
theta = np. linspace(-4* np. pi,4* np. pi,100)
z = np. linspace(-4,4,100)/4
r = z** 2 +1
x,y = r* np. sin(theta),r* np. cos(theta)

#绘制图形
fig = plt. figure(figsize = (6,6))
ax = fig. gca(projection = '3d')#设置三维
                                #图形模式
ax. plot(x,y,z,lw = 3,ls = ' -. ',label =
'3D parametriccurve')
```

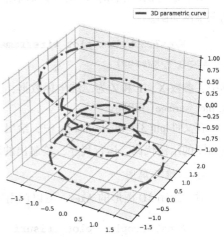

完整代码见文件 plt_3D_curve. py。运行程序，绘制出的图形如图 8-27 所示。

2. 三维曲面图

对于绘制 3D 图形的 Axes，可以调用以下函数绘

图 8-27 三维曲线图

制三维曲面图。

> Axes3DSubplot. **plot_surface** (X,Y,Z,rcount = 50,ccount = 50,rstride = 10,cstride = 10,color = None,cmap = None,facecolors = None,norm = None,vmin = None,vmax = None, shade = True,lightsource = None,** kwargs)

其中，参数 X，Y 和 Z 为二维坐标数据；参数 rcount，ccount 设置行、列方向所用样本的最大数量，参数 rstride，cstride 设置行、列方向绘制跨度；其他参数见表 8-12。

【例 8-22】 产生数据，绘制三维曲面图。核心代码如下：

```
from matplotlib import cm        #载入 colormap
from mpl_toolkits.mplot3d import Axes3D


x,y = np.mgrid[ -2:2:100j, -2:2:100j]
z = x* np.exp( -x** 2 -y** 2)


#绘制图形
fig = plt.figure()
ax = Axes3D(fig)               #创建 3D 绘图 Axes
ax. plot_surface (x,y,z,rstride = 1,cstride = 1,cmap = plt. cm. coolwarm)
#生成在各轴向上的投影曲线
cset = ax. contour(x,y,z,zdir = 'z',offset = -0.5,cmap = cm. coolwarm)
cset = ax. contour(x,y,z,zdir = 'x',offset = -2,cmap = cm. coolwarm)
cset = ax. contour(x,y,z,zdir = 'y',offset = 2,cmap = cm. coolwarm)
```

运行程序，绘制出的图形如图 8-28 所示。

其中，ax. contour( )语句绘制三维曲面图形在不同坐标平面上的投影曲线。完整代码见文件 plt_3D_surface. py。

3. 三维网面图

对于绘制 3D 图形的 Axes，可以调用以下函数绘制三维网面图。

> Axes3DSubplot. **plot_wireframe** (X,Y,Z,* args,** kwargs)

其中，参数 X，Y 和 Z 为二维坐标数据，其他参数与 ax. plot_surface( )相同。

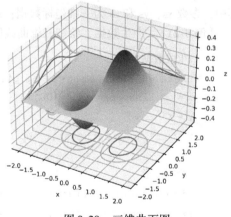

图 8-28　三维曲面图

在文件 plt_3D_wireframe. py 中，给出了绘制网状曲面图的示例代码。运行程序，绘制出的图形如图 8-29 所示。

4. 三维三角图

对于绘制 3D 图形的 Axes，可以调用以下函数绘制三维三角图。

> Axes3DSubplot. **plot_trisurf** (* args,color = None,norm = None,vmin = None,vmax = None,lightsource = None,** kwargs)

其中，可以设置一维坐标数据参数 X，Y 和 Z，其他参数见表 8-12。

在文件 plt_3D_TriSurf. py 中，给出了绘制马鞍形曲面的三维三角图的示例。运行程序，绘制出的图形如图 8-30 所示。

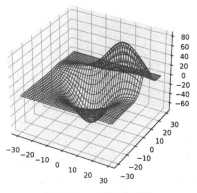

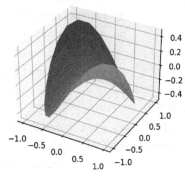

图 8-29 三维网面图　　　　　　　图 8-30 三维三角图

8.1.13 其他图形

使用 matplotlib 扩展库，还可以绘制其他多种图形。

1. 三角图 triplot( )

三角图如图 8-31 所示。示例代码如下：

```
import numpy as np
import matplotlib. pyplot as plt
plt. triplot (np. random. normal (10,2,300) ,np. random. normal (20,5,300) )
plt. show ()
```

2. 提琴图 triplot( )

提琴图如图 8-32 所示。示例代码如下：

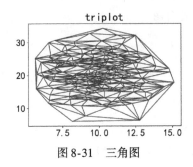

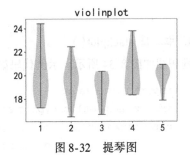

图 8-31 三角图　　　　　　　　图 8-32 提琴图

```
import numpy as np
import matplotlib. pyplot as plt
plt. violinplot (np. random. normal (20,1. 5, (10,5) ) )
plt. show ()
```

3. 事件图 eventplot( )

事件图如图 8-33 所示。示例代码如下（完整代码见 plt_eventplot. py）：

```
#产生数据
dat1 = [np. random. normal(20,2.5,(20,)),
         np. random. normal(10,2.75,(30,)),
         np. random. normal(5,4.5,(50,)),
         np. random. normal(25,7.,(140,)),
         np. random. normal(15,2.,(100,))]

#绘制图形
fig,(ax1,ax2) = plt. subplots(1,2,figsize = (8,3))
ax1. eventplot(dat1,colors = list('rgbcm'),orientation = 'vertical',
               lineoffsets = np. array([-5,-1,1,2.5,4.5]),
               linelengths = [4,2,1,1,2],linewidths = 0.5)
ax1. set_title('5 data series')

dat2 = np. random. gamma(4,size = [60,50])    #产生 gamma 分布随机数数据
#绘制(横向)事件图,默认表现特性
ax2. eventplot(dat2,colors = 'm')
```

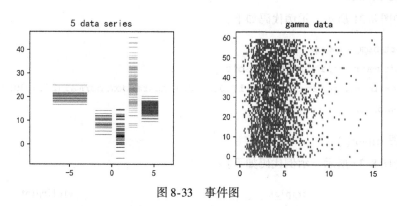

图 8-33　事件图

4. 堆积图 stackplot( )

堆积图如图 8-34 所示。示例代码如下：

```
import numpy as np
import matplotlib. pyplot as plt
plt. stackplot(np. linspace(100,120,20),
               np. random. normal(20,5.5,(5,20)))
plt. show()
```

5. 流量图 streamplot( )

流量图如图 8-35 所示。示例代码如下（完整代码见文件 plt_streamplot. py）：

```
X,Y = np. meshgrid(np. arange(-3,3,0.06),np. arange(-3,3,0.06))
```

```
U,V = Y - X** 2 ,X - Y** 2
```

```
ax = plt. figure (). gca ()
strm = ax. streamplot (X,Y,U,V,color = U,
                       linewidth = np. sqrt (U** 2 + V** 2)/3,cmap = 'autumn')
plt. colorbar (strm. lines)
ax. set_title ('streamplot')
```

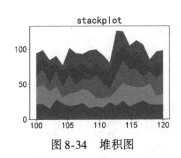

图 8-34　堆积图

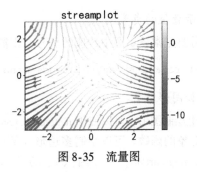

图 8-35　流量图

8.1.14　图形装饰

1. 设置 plt 的 rcParams 属性

除了上文中介绍的，通过调用函数对图像、图形的诸多元素进行设置，也可以通过对 plt 的 rcParams 中所定义的各项属性进行定义，来完成多种默认参数的设置。例如，设置 Figure 的大小可以用以下两种方式：

```
fig = plt. figure (figsize = (8,6))
#或者:
plt. rcParams [ 'figure. figsize'] = (8,6)
```

由 plt. rcParams 定义的属性，以及这些属性的当前值，可以通过以下语句进行查看。

```
print (plt. rcParams. keys ())
for p in plt. rcParams. keys ():
    print (p,' \t = ',plt. rcParams[p])
```

2. 显示中文文本

在图表中标注中文标题或标签时，需要正确设置才能显示出中文文本。一种方法是在设置中文文本时通过 fontproperties 设置字体。例如：

```
#直接指定字体名称,将横坐标中文字体设置为楷体
ax. xlabel ('横坐标',fontproperties = 'STKAITI',fontsize =16)
#或者:
ax. set_title ("身高",fontdict = dict (fontproperties = 'STXIHEI',fontsize =16))
```

也可以预先定义出 FontProperties 对象，并在设置时使用。例如：

```
#定义字体对象
myfont = matplotlib.font_manager.FontProperties(
                              fname = r'c:\windows\fonts\STXIHEI.TTF')
plt.title(u'正弦信号',fontproperties = myfont)
```

另一种方法是通过设置 plt 的 rcParams 的 'font.family' 等属性，将默认字体设置为中文字体。例如：

```
plt.rcParams['font.family'] = ['STXIHEI','SimHei']      #设置中文字体
```

3. 显示数值的负号

如果需要正常显示图中数值的负号，则需进行以下设置。

```
plt.rcParams['axes.unicode_minus'] = False      #正常显示图中负号
```

4. 添加图形对象

在 ax 上绘制图形，可以使用 matplotlib.patches 中定义的多种绘制图形对象的函数。可以绘制多边形（例如 CirclePolygon()，Polygon()，RegularPolygon() 函数）、方框（例如 FancyBbox-Patch() 函数）、箭头（例如 Arrow()，FancyArrowPatch()，FancyArrow() 函数）、矩形（Rectangle() 函数）、曲线图（PathPatch() 函数）、扇形（Wedge() 函数）、椭圆（Ellipse() 函数）、阴影（Shadow() 函数）、圆弧（Arc() 函数）、圆形（Circle() 函数）、直线（ConnectionPatch() 函数）。

例如，运行示例代码文件 plt_patches.py 中的代码，可以绘制如图 8-36 所示的图形。

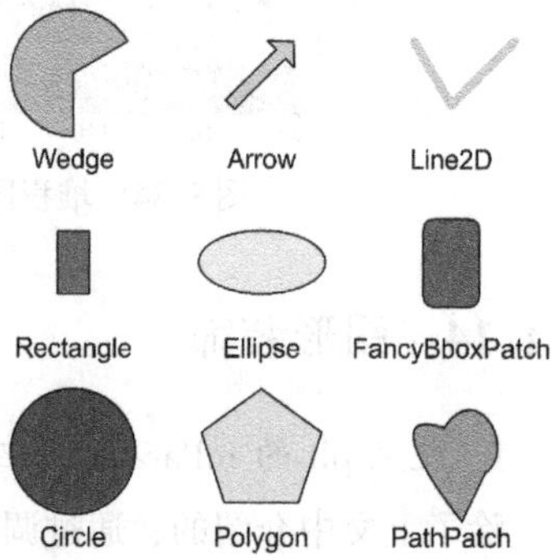

图 8-36　使用 matplotlib.patches 绘制的图形对象

5. 添加标注

在图形中，可以通过下列函数，分别在图形中添加文本、标注和箭头等。

```
AxesSubplot.text (x,y,s,fontdict = None,** kwargs)
AxesSubplot.annotate (text,xy,xytext,xycoords,textcoords,arrowprops,annota-
tion_clip,* args,** kwargs)
AxesSubplot.arrow (x,y,dx,dy,width,length_includes_head,head_width,head_
length,shape,overhang,head_starts_at_zero,** kwargs)
```

其中，参数 x，y，xy，xytext 为文本标注的位置；参数 s，text 为文本标注的内容；参数 fontdict 为文本标注的格式属性；参数 xycoords 指定参数 xy 的坐标系；参数 textcoords 指定参数 xytext 的坐标系；参数 dx，dy 为箭头长度；参数 width 为箭头线宽；参数 shape 为箭头形状，可以是 ['full'，'left'，'right']。

【例 8-23】　绘制带说明和标注等的图形。绘制图形，并逐个添加标注元素。

（1）标注阴影区。使用 matplotlib.patches.Polygon() 可绘制指定边框颜色和填充色的多边形区域。

（2）标注公式。标注公式 $\int_a^b f(x)\mathrm{d}x$ 的示例代码如下：

```
ax.text(x,y,r"$ \int_a^b f(x) \mathrm{d}x $",
            horizontalalignment = 'center',fontsize = 20)
```

在代码中，公式由以 $..$ 定界的 LaTex 文本字符串来表示。可使用在线 LaTex 编辑器（https：//www. latexlive. com）来编辑 LaTex 文本。

（3）标注带箭头的注释。

```
#标注带箭头的注释
ax.annotate('starter',
            xy = (a,func(a) + 10),xytext = (a,func(a) + 40),
            arrowprops = dict(facecolor = 'b',
                            headwidth = 6,width = 2,headlength = 4),
            horizontalalignment = 'left',verticalalignment = 'top')
ax.annotate('ending',
            xy = (b,func(b) + 10),xytext = (b,func(b) + 40),
            arrowprops = dict(facecolor = 'r',
                            headwidth = 6,width = 3,headlength = 4),
            horizontalalignment = 'right',verticalalignment = 'top')
```

完整代码见文件 plt_figtext. py。运行程序，得到如图 8-37 所示的结果。

值得注意的是，ax. text（）函数的参数 x，y 为图形中坐标所对应的位置。

8.2　Pandas 绘图

pandas 扩展库定义了 DataFrame 数据，也实现了对 DataFrame 数据的应用，不仅实现了多种诸如求最大最小值、求和计数、均值方差等计算和统计函数，也实现了丰富的

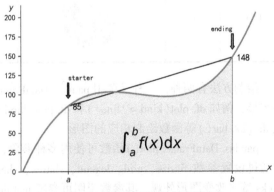

图 8-37　图形中进行公式标注

绘图功能。与 matplotlib 所实现的绘制图形的理念不同，pandas 针对 DataFrame 的绘图，重在展现数据的分类统计特性和数据的变化规律特性，因此只有如绘制折线图和散点图等少数几个方式，才支持原始数据的绘制，而大多数图形展现的都是均值及置信区间、数据分布、回归特性以及以上内容的分类对比。

对于 pandas. DataFrame 数据，可以使用数据对象所定义的 . plot（）等方法来绘制基本图形。所支持的图形类别见表 8-13。

表 8-13　pandas. DataFrame 绘图类型

图形	关键字	示例	图形	关键字	示例
折线图（默认）	line		密度分布图	density kde	

（续）

图形	关键字	示例	图形	关键字	示例
散点图	scatter		六边箱形图	hexbin	
条形图	bar barh		面积图	area	
统计直方图	hist		箱线图	box	
饼图	pie				

绘制方法有两种，一种是调用 pandas. DataFrame. plot( ) 函数，并通过参数 kind 来设置所绘制的图形，例如 df. plot(kind = 'line') 和 df. plot(kind = 'bar') 等；另一种是直接调用 df. plot. line( ) 或 df. plot. bar( ) 等函数绘制相应的图形。

pandas. DataFrame. plot( ) 函数可使用多种参数，具体说明见表 8-14。除了表 8-14 所列，还可以通过设置参数 figsize、grid、legend、sharex、sharey、title、xlabel、ylabel、xlim、ylim、xticks、yticks 等来改变图形外观，其参数说明可参考 matplotlib 扩展库绘图部分的相应内容。

表 8-14   pandas. DataFrame. plot( ) 参数说明

参数	说　　　明
data	绘图数据，应为 Series 或 DataFrame 类型
x	横坐标数据或 DataFrame 的数据列
y	纵坐标数据或 DataFrame 的数据列。可以是数据序列的列表，以进行数据的比较
kind	指定绘制图形的类型，取值见表 8-13 中"关键字"列
ax	指定绘制图形的子图
subplots	是否将每一列数据绘制成一个子图
layout	多子图图形的布局，例如 (3, 4)
use_index	是否使用 DataFrame 的 index 数据作为坐标轴刻度
style	各系列数据图形的线型，取值见表 8-8 中参数 ls 的说明
logx, logy	将横、纵坐标设置为对数坐标系，可为 {True, False, 'sym'}

（续）

参数	说　　明
loglog	将横坐标和纵坐标均设置为对数坐标系，可为 {True，False，'sym'}，'sym' 指 symlog 对数坐标系
rot，fontsize	坐标轴刻度文本的方向（旋转角度）和字号
colormap	颜色图谱，可以是 matplotlib 定义的名称（例如 'rainbow'），或 matplotlib colormap 对象（例如 matplotlib. cm. rainbow），默认值为 None
colorbar	是否绘制 colorbar（仅适用 'scatter' 和 'hexbin' 绘图）
position	绘制条形图时，指定条形图块的相对布局位置，取值从 0（左/下）到 1（右/上），默认值为 0.5
table	是否在图形中显示数据表
yerr，xerr	误差数据，类型可以为数据序列、字典或字符串。如果设定，则绘制误差条
stacked	是否绘制堆积的 line、bar 或 area 图形
sort_columns	是否对 DataFrame 的 columns 名称进行排序
secondary_y	是否为数据中某些系列数据设置第二（右侧）坐标轴刻度
mark_right	当设置 secondary_y 时，是否在 legend 中标注 "（right)" 指明为第二坐标轴数据系列
include_bool	是否绘制 bool 值数据

函数返回子图对象或所指定的后端对象。

8.2.1　折线图

调用 pandas. DataFrame. plot（kind = 'line'）（kind = 'line' 可缺省），或 . plot. line( ) 函数，可以将 DataFrame 中的各列数据绘制为折线图。通过设置参数 x、y，还可以绘制以 x 为横坐标，y 所定义的数据系列为纵坐标的折线图形。

【例 8-24】　绘制以不同纵坐标系显示的折线图；将不同数据系列分别绘制在不同子图的折线图上（完整代码见文件 pandas_plot. py）。

```
df = pd. DataFrame(np. random. randn(20,4))
df. iloc[ :,2:]* =100                              #将数据中的后 2 组放大,将用右侧坐标轴
                                                   #刻度显示

p1 = df. plot(kind = 'line',marker = '.',
       secondary_y = [2,3],                        #使用参数 secondary_y 设置右侧坐标轴
       style = [' -- ',' -. ',' - ',' - '],        #指定各条折线的线型
       logx = 'sym')                               #将横坐标轴设置为 symlog 的

p2 = df. plot(kind = 'line',marker = '.',
       subplots = True,                            #将各数据系列分别绘制成子图
       layout = (2,2),                             #指定子图的布局
       style = [' -- ',' -. ',' - ',' - '])        #指定各条折线的线型
```

绘制的图形如图 8-38 所示。其中，p2 图通过设置 subplots 和 layout 参数，可以在不同的子图

中分别绘制不同的数据系列。

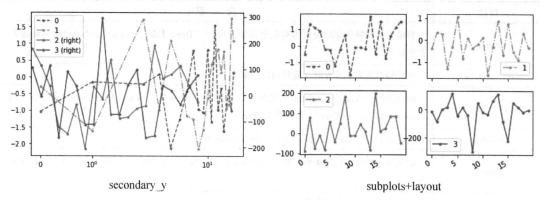

secondary_y　　　　　　　　　　　　　　　subplots+layout

图 8-38　pandas. DataFrame 绘制折线图

其中，数据集中的第二、三组数据相较其他两组数据数值明显偏大，可以设置 plot( ) 的 sec-
ondary_y 参数，指定使用右侧的第二坐标系标尺的数据系列。

另外，也可以使用 DataFrame 数据中的数据系列分别作为横坐标和纵坐标绘制图形。

```
df[0] = np. sort(df[0])
p3 = df. plot(x = 0,y = [2,3],#以 df 的 0 列数据为横坐标,2,3 列数据为纵坐标
            color = ['r','b'])　#定义各折线的颜色,或 color = {2:'r',3:'b'}
```

8.2.2　散点图

调用 pandas. DataFrame. plot（kind = 'scatter'），或 . plot. scatter( ) 函数，可以绘制以 Dat-
aFrame 中特定 2 列数据分别为 x 轴和 y 轴的散点图。通过设置参数 s（散点大小）和参数 c（散
点颜色），还可以体现 DataFrame 中另外 2 列数据的特征。

【例 8-25】　随机产生 4 列数据，分别记为 x、y、s 和 c。绘制以（x，y）为坐标，以 s 列数
据为散点大小，c 列数据为散点颜色的散点图。

```
#准备数据
d1 = np. random. normal(20,5.5,(100,2))
d2 = np. random. normal(50,8.5,(100,2))
df = pd. DataFrame(np. vstack((d1,d2)),columns = ['x','y'])
df['s'] = 1500/np. sqrt((df. x - 20) ** 2 + (df. y - 50) ** 2)
df['c'] = np. sqrt((df. x) ** 2 + (df. y) ** 2)
```

```
#绘制散点图
df. plot(kind = 'scatter',x = 'x',y = 'y',
s = 's',c = 'c',colormap = 'rainbow')
```

完整代码见文件 pandas_scatter. py。运行程
序，绘制出图形如图 8-39 所示。

散点图可显示数据点的分布情况，还可以以
散点颜色和大小来表示数据的其他特征。

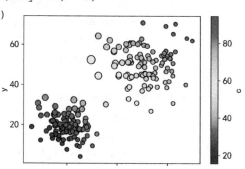

图 8-39　pandas. DataFrame 绘制散点图

8.2.3　条形图

调用 pandas. DataFrame. plot( )绘制条形图时，可以设置参数 x 来指定横轴项（未指定则使用 DataFrame 的 index 数据），设置参数 y 来指定数据系列（未指定则使用 DataFrame 的 columns 作为数据系列）；设置参数 color 来指定条形图块的颜色。

【例 8-26】　根据给定的数据，绘制条形图（完整代码见文件 pandas_bar. py）。

```
df = pd. DataFrame(np. random. randint(1,10,(5,2)),
                   columns = ['NW','SE'],index = list('ABCDE'))
```

```
df. plot(kind = 'bar',                              #垂直条形图
         color = dict(NW = 'b',SE = 'r'),           #指定条形图块的颜色
         table = True,                              #设置显示数据表
         xticks = [])
df. plot(kind = 'barh',subplots = True)             #水平条形图
df. plot(kind = 'bar',stacked = True)               #堆积垂直条形图
```

运行程序，绘制的图形如图 8-40 所示。

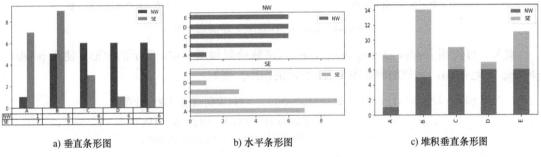

a) 垂直条形图　　　　　　　　b) 水平条形图　　　　　　　　c) 堆积垂直条形图

图 8-40　　pandas. DataFrame 绘制条形图

其中，未专门指明所使用的数据序列，则程序绘制出所有数据的条形图。

8.2.4　直方图

调用 pandas. DataFrame. plot（kind = 'hist'）或. plot. hist( )函数，可以绘制 DataFrame 各列数据的分布直方图。设置参数 by，可以将 DataFrame 中的各数据系列按指定系列分组后，分别绘制数据分布直方图。

【例 8-27】　产生数据，绘制各数据系列的统计直方图，并根据数据中 type 列的属性值，分类别绘制各数据系列的统计直方图。

```
import random

#产生不同分布的 3 组数据,每组 400 个,并随机分为'A','B','C','D' 4 个类别
d1 = np. random. randn(400)
d2 = np. random. normal(10,2,(400,))
d3 = np. random. normal(25,5,(400,))
```

```
df = pd.DataFrame({'d1':d1,'d2':d2,'d3':d3})
df['type'] = [random.choice('ABCD') for i in range(400)]    #添加 type 列

ax1 = df.plot(kind = 'hist',bins = 50,alpha = 0.85)         #显示为 50 条
ax2 = df.hist(by = 'type',bins = 20,layout = (2,2))         #按 type 分组统计
```

完整代码见文件 pandas_hist.py。运行程序，绘制的图形如图 8-41 所示，图 8-41a 为各数据系列统计直方图；图 8-41b 为按照数据中的 type 属性进行分组后，各数据系列的统计直方图。

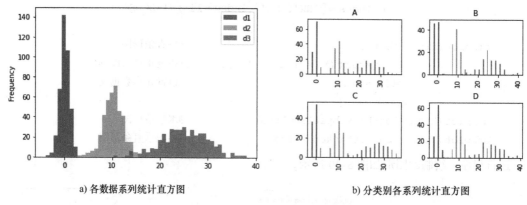

a) 各数据系列统计直方图　　　　　　　　　　　b) 分类别各系列统计直方图

图 8-41　pandas.DataFrame 绘制直方图

此外，可使用 pandas.plotting.hist_frame()函数绘制如图 8-42a 所示的图形；使用 pandas.plotting.hist_series()函数绘制如图 8-42b 所示的图形。例如：

```
pd.plotting.hist_frame(df,bins = 50,      #仅绘制数值型变量分布图
                        figsize = (8,3),layout = (1,3),
                        sharex = True,sharey = True)
#或
pd.plotting.hist_series(df[['d1','d2','d3']],bins = 50)
```

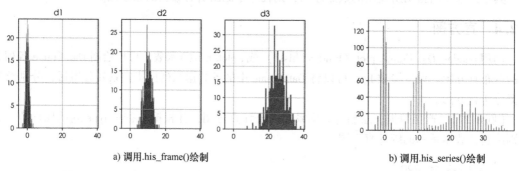

a) 调用.his_frame()绘制　　　　　　　　　　　b) 调用.his_series()绘制

图 8-42　pandas.plotting 绘制直方图（使用.hist_frame()和.hist_series()函数）

8.2.5　饼图

调用 pandas.DataFrame.plot（kind = 'pie'）或.plot.pie()函数，可以绘制出 DataFrame 中的指定数据序列（由参数 y 指定）的饼图。

【**例 8-28**】 分别产生'NW'和'SE'两个系列的数据，绘制指定数据序列的饼图，再以子图的形式分别绘制数据中各数据序列的饼图（完整代码见文件 pandas_pie. py）。

```
#产生数据
df = pd. DataFrame(np. random. rand(5,2),columns = ['NW','SE'],
                       index = list('ABCDE'))

p1 = df. plot. pie(y = 'NW',                        #绘制'NW'数据系列的饼图
              figsize = (5,5),autopct = '%.2f')      #显示的数值保留 2 位小数

p2 = df. plot(kind = 'pie',
              subplots = True,                       #在不同的子图中分别绘制 df 中
                                                     #各数据系列的饼图
              figsize = (11,6),autopct = '%.2f')     #显示的数值保留 2 位小数
```

运行程序，可以得到如图 8-43 所示的饼图。其中，图 8-43a 为数据的 NW 数据系列的饼图；图 8-43b 为将数据中的各个数据系列分别绘制为子图所得到的饼图。

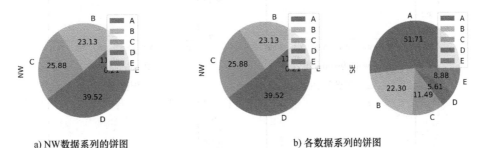

a) NW数据系列的饼图   b) 各数据系列的饼图

图 8-43　　pandas. DataFrame 绘制饼图

8.2.6　密度分布图

调用 pandas. DataFrame. plot（kind = 'density'）（或者 kind = 'kde'）或 .plot. density()（或 .plot. kde()）函数，可以计算基于高斯核函数的核密度估计（Kernel Density Estimate，KDE）结果，并绘制成密度分布图。函数原型如下：

　　pandas. DataFrame. plot. **kde** (self,bw_method = None,ind = None,** kwargs)

其中，参数 bw_method 设置确定估计器窗宽的方法，可以是'scott'（默认方法）或'silverman'，也可以设置为数值或可调用对象；参数 ind 指定完成数据样本概率密度函数（PDF）估计的评估数据（点），默认使用 1000 个等距数据点，也可以是指定的各数据点。更多详情，可以参考第9.1.3 节中的 scipy. stats. gaussian_kde。

【**例 8-29**】 产生两组随机数据，一组数据均值为 0 标准差为 1，另一组数据均值分别为 5、7，标准差为 0.5，两组数据叠加，绘制各数据系列密度分布图。

```
d1 = np. random. randn(100)
d2 = np. hstack((np. random. normal(5,0.5,(50,)),
```

```
                          np. random. normal(7,0.5,(50,))))
df = pd. DataFrame({'d1':d1,'d2':d2})


p1 = df. plot(kind = 'density',
                    title = 'BW:scott')                         #使用默认参数 bw_
                                                                  method
                                                                   = 'scott'
p2 = df. plot. kde(bw_method = 0.2,title = 'BW:0.2')           #bw_method = 0.2
p3 = df. plot. kde(bw_method = 0.65,title = 'BW:0.5')          #bw_method = 0.65
p4 = df. plot(kind = 'kde',ind = np. linspace(-8,8,20),        #指定评估点
                    title = 'IND:20 pts')
```

完整代码见文件 pandas_density. py。运行程序，绘制的图形如图 8-44 所示。

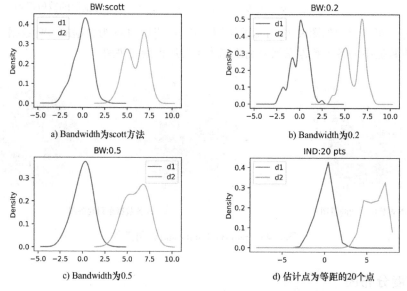

图 8-44   pandas. DataFrame 绘制密度分布图

8.2.7 六边箱形图

调用 pandas. DataFrame. plot（kind = 'hexbin'）或. plot. hexbin()函数，可以绘制基于 x、y 坐标的六边箱形图，以图形化的方式显示数据的分布情况。函数原型如下：

    pandas. DataFrame. **hexbin**(self,x,y,C = None,reduce_C_function = None,gridsize = None,** kwargs)

其中，参数 C 为所进行统计和显示的数据系列，默认时按出现在（x，y）点区域的数据个数来进行统计和显示；参数 reduce_C_function 为计算方法，如取平均值（np. mean）、取最大值（np. max）、求和（np. sum）或方差（np. std）等，默认为 numpy. mean；参数 gridsize 设置箱形图元在 x 和 y 方向的个数（用元组表示），或 x 方向的个数（这时 y 方向的个数按图元为正六边形计算得出），默认值为 100。

【例 8-30】 绘制一组随机二维数据值的分布情况的六边箱形图。

```
#产生数据
x = np. random. normal(2,1.5,(200,3))
y = np. random. normal(7,1.5,(200,3))
df = pd. DataFrame(np. vstack((x,y)),columns = ['x','y','value'])

#绘制 hexbin 图
p1 = df. plot. hexbin(x = 'x',y = 'y',gridsize = 20)          #指定坐标系列
p2 = df. plot(kind = 'hexbin',x = 'x',y = 'y',               #指定坐标系列
                    C = 'value',                             #指定所显示的数据系列
                    reduce_C_function = np. std,             #指定 C 的计算方法
                    gridsize = 20,cmap = "gist_rainbow")
```

完整代码见文件 pandas_hexbin. py。运行程序，绘制的图形如图 8-45 所示。

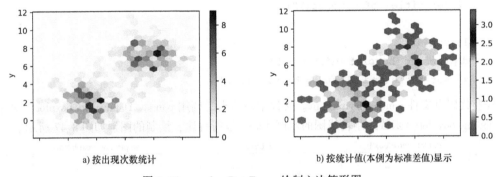

a) 按出现次数统计　　　　　　　　　　　b) 按统计值(本例为标准差值)显示

图 8-45　pandas. DataFrame 绘制六边箱形图

8.2.8　面积图

调用 pandas. DataFrame. plot（kind = 'area'）或 . plot. area()方法，可以绘制面积图。

【例 8-31】　绘制一组数据的面积图（完整代码见文件 pandas_area. py）。

```
#产生 4 组数据
x = np. random. randint(3,9,(40,)). reshape(10,4)
df = pd. DataFrame(x,columns = ['CHN','USA','UK','IND'])
df['Day'] = pd. date_range('2021 - 09 - 05',periods = 10,freq = 'D')

#绘制 area 图
p = df. plot(kind = 'area',
            x = 'Day',          #指定坐标系列
            y = ['CHN','USA','UK'])
                                #指定绘图系列
```

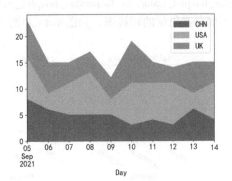

运行程序，绘制的图形如图 8-46 所示。

8.2.9　箱线图

调用 pandas. DataFrame. plot（kind = 'box'）函数、

图 8-46　pandas. DataFrame 绘制面积图

.plotting.boxplot()函数或.boxplot()函数,再或者调用pandas.plotting.boxplot()函数,可以绘制不同风格的箱线图。

【例8-32】 载入鸢尾花数据集,绘制数据各特征值的箱线图。

```
iris = datasets.load_iris(return_X_y = False)
df = pd.DataFrame(iris.data,columns = iris.feature_names)

fig,(ax1,ax2,ax3) = plt.subplots(1,3,figsize = (8,3))
df.plot(kind = 'box',y = df.columns,rot = 45,ax = ax1)
ax1.set_title("df.plot(kind = 'box')")

df.boxplot(column = df.columns.tolist(),notch = True,
           patch_artist = True,rot = 45,ax = ax2)
ax2.set_title("df.boxplot()")

plt.sca(ax3)
pd.plotting.boxplot(df,rot = 45)
ax3.set_title("pd.plotting.boxplot(df)")
```

完整代码见文件 pandas_boxplot.py。文件中还给出了调用 pandas.DataFrame.boxplot()或 pandas.plotting.boxplot()函数绘制箱线图的示例代码。运行程序,绘制的图形如图 8-47 所示。

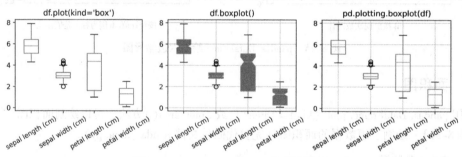

图 8-47　pandas.DataFrame 绘制箱线图

当需要绘制各属性按照不同分类的箱线图,或按照不同分类绘制各属性箱线图时,可以调用 pandas.plotting 的.boxplot_frame()和.boxplot_frame_groupby()函数来完成。运行示例代码 pandas_boxplot_frame.py 和 pandas_boxplot_frame_groupby.py,可以得到对鸢尾花数据按照不同属性、不同分类绘制的箱线图,如图 8-48 和图 8-49 所示。

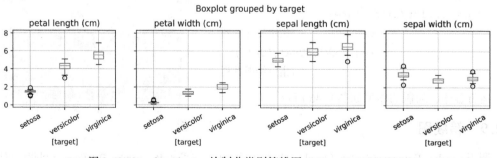

图 8-48　pandas.plotting 绘制分类别箱线图 (.boxplot_frame())

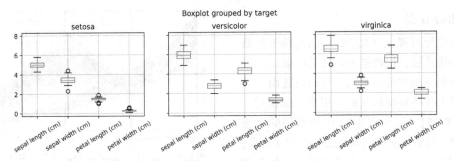

图 8-49 pandas.plotting 绘制分类别箱线图（.boxplot_frame_groupby()）

8.2.10 其他图形

1. 调和曲线图

调和曲线图（也称为 Andrews 曲线图）常用于估计数据集的欧几里得度量特性。如果一组数据的 Andrews 曲线较为靠近，彼此纠缠在一起，则可说明数据点间的欧几里得度量较为接近，利于进行聚类分析，因此 Andrews 曲线常用于反映多元数据的结构特征。

【例 8-33】 对于例 8-32 中所使用的鸢尾花数据集，使用 pandas.plotting.andrews_curves() 函数，绘制数据集的 Andrews 曲线图。

```
#将数据的 target 属性中的 0,1,2 数值,映射为名称,显示为图形 legend
df_iris['target'] = df_iris.target.map(dict(zip([0,1,2],iris.target_names)))
pd.plotting.andrews_curves(df_iris,class_column = 'target',lw = 0.5,)
```

完整代码见文件 pandas_andrews_curves.py。运行程序，可以得到如图 8-50 所示的调和曲线图。

2. 平行坐标系图

平行坐标系图也是一种将高维数据可视化的表示方法。图形由平行排列的，代表每个属性的一簇坐标轴构成。对象每个属性的值映射到与该属性相关联的坐标轴上的点，并将这些点连接起来形成代表该对象的线。

平行坐标系图适用于对象的类别或分组较少，每个分组内的数据点具有类似属性值，而数据对象的数量不太多的数据。其缺点在于模式的检测可能依赖于坐标轴的顺序。

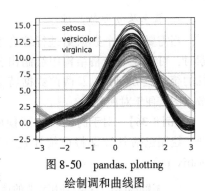

图 8-50 pandas.plotting
绘制调和曲线图

【例 8-34】 对于例 8-32 中所使用的鸢尾花数据集，使用 pandas.plotting.parallel_coordinates() 函数，绘制数据集的平行坐标系图。

```
#绘制图形
pd.plotting.parallel_coordinates(df_iris,'target',alpha = 0.35,
                                 colormap = 'rainbow')
```

示例代码见文件 pandas_parallel_coordinates.py。运行示例程序，可以得到如图 8-51 所示的平行坐标系图。

可以看出，类别 setosa 的花瓣长度明显小于其他两个类别，可考虑用该特征来对该类别进行区分。

3. Radviz 图

径向坐标可视化（Radviz）图是基于弹簧张力最小化算法，把数据集的特征映射成二维目标空间单位圆中的一个点，点的位置由分布在单位圆上的各特征对其的"引力"来决定。

【例 8-35】 对于例 8-32 中所使用的鸢尾花数据集，使用 pandas. plotting. radviz( )函数，绘制数据集 Radviz 图（完整代码见文件 pandas_radviz. py）。

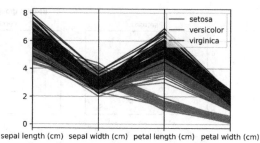

图 8-51　pandas. plotting 绘制平行坐标系图

```
#绘制图形
pd. plotting. radviz(df_iris,'target',alpha = 0.35,
                    colormap = 'rainbow'). set_axis_off()
```

运行程序，可以得到如图 8-52 所示的 Radviz 图。

从图 8-52 中可以看出，类别为 versicolor 和 virginica 的数据，在 4 个特征上的数值分布较为均衡，即随着鸢尾花长大，花瓣和花萼也在均衡生长；而类别 setosa 的花萼片的宽度要比其他特征值明显偏大。

4. 散点及分布矩阵图

当需要对一个数据集进行综合性探索时，可以在一个格结构中绘制出各特征的统计直方图，以及两两数据特征的散点图，便于对照分析。

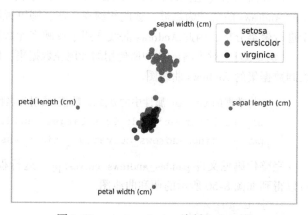

图 8-52　pandas. plotting 绘制 Radviz 图

【例 8-36】 对于例 8-32 中所使用的鸢尾花数据集，调用 pandas. plotting. scatter_matrix( )函数，绘制包括各数据特征统计直方图和散点图的矩阵图（完整代码见文件 pandas_scatter_matrix. py）。

```
#读取数据。这里,使用经典的鸢尾花数据集
from sklearn. datasets import load_iris
iris = load_iris(return_X_y = False)
df_iris = pd. DataFrame(iris. data,columns = iris. feature_names)
df_iris['target'] = iris. target

#绘制图形。这里,target_name = 'versicolor'
pd. plotting. scatter_matrix(
    df_iris[df_iris. target = =1]. drop('target',axis =1),
    alpha = 0.7,figsize = (7,7),diagonal = 'hist',
    hist_kwds = dict(histtype = "bar",linewidth = 2,bins = 20))
```

运行程序，可以得到 versicolor 类别鸢尾花数据的两两特征散点图和各特征数据分布图，如图 8-53 所示的。

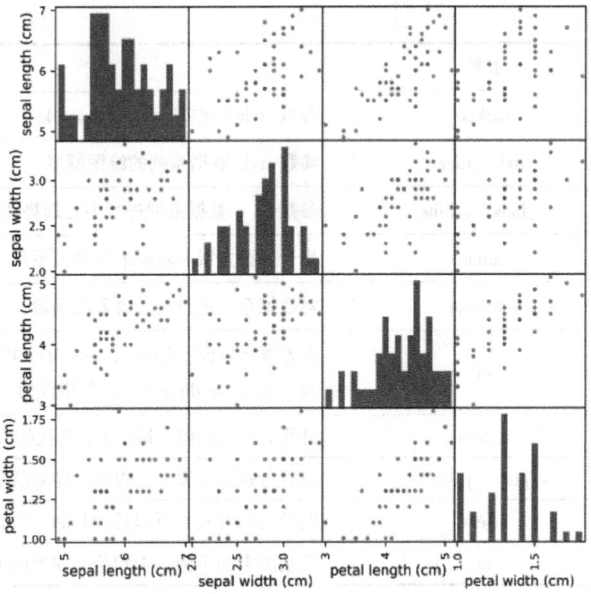

8.3 Seaborn 绘图

Seaborn 扩展库再次对 Matplotlib 扩展库进行了封装，能够较为简便地（无需设置繁杂的绘图参数）绘制条形图、箱线图、小提琴图、计数图、概率分布图、核密度图、分布散点图和热力图等图形。

使用 seaborn 绘制图形，须以 import seaborn as sns 导入该扩展库。

8.3.1 散点图

当以不同大小、颜色、符号的散点

图 8-53 pandas. plotting 绘制散点及分布矩阵图

来表示数据变量的分布情况时，可以调用以下函数来绘制图形。函数原型如下：

seaborn. **scatterplot** (x = None, y = None, hue = None, style = None, size = None, data = None, palette = None, hue_order = None, hue_norm = None, sizes = None, size_order = None, size_norm = None, markers = True, style_order = None, x_bins = None, y_bins = None, units = None, estimator = None, ci = 95, n_boot = 1000, alpha = 'auto', x_jitter = None, y_jitter = None, legend = 'brief', ax = None, ** kwargs)

参数说明见表 8-15。

表 8-15 seaborn. scatterplot( )参数说明

参数	说 明
x, y	图形横、纵坐标数据，可以是参数 data 数据中的数据系列或数据系列的名称
hue	以不同颜色表示的数据系列或数据系列的名称
style	以不同线型和图标表示的数据系列或数据系列的名称
size	以不同图元尺寸表示的数据系列或数据系列的名称
data	绘图数据集，可以是 DataFrame，array 或 array 列表。如果未定义参数 x 和 y，则以宽表呈现，否则以长表呈现
palette	参数 hue 数据系列的颜色，可以是已定义的调色板的名称、列表、字典等
hue_order	参数 hue 数据系列的绘图顺序
hue_norm	参数 hue 数据系列进行标准化的算法
sizes	参数 size 数据系列的取值所对应的图形尺寸，为列表、字典、元组等
size_order	参数 size 数据系列的绘图顺序，否则按 data 中的数据顺序
size_norm	参数 size 数据系列进行标准化的算法，用于重设图元的大小

（续）

参数	说　明
markers	参数 style 数据系列的线条 marker，可以是 True/False、列表或字典
style_order	参数 style 数据系列的绘图顺序
x_bins，y_bins	参数 x，y 数据系列进行中心趋势和置信区间估计时，离散化分箱的个数
units	用于进行多级 bootstrap 的数据系列名
estimator	对数据系列进行统计计算的函数，例如 numpy. median，numpy. mean 等
ci	误差置信区间，例如 ci = 95 表示 95% 的置信区间；如果设为"sd"，则绘制观测值的标准差（standard diviation）；如果设为 None，则不绘制误差条
n_boot	计算置信区间时，bootstrap 迭代的次数
x_jitter，y_jitter	设置分别在 x 和 y 上的显示扰动幅度，以避免图形符号重叠
legend	图例绘制形式，可以是{"brief","full",False}
ax	绘制图形的子图，否则绘制在当前子图

【例 8-37】　在素材数据文件 tips. csv 中给出了 244 条就餐支付小费情况的数据（也可在网络连接的情况下，执行 seaborn. load_dataset（"tips"）实时加载），如下：

	total_bill	tip	sex	smoker	day	time	size
0	16. 99	1. 01	Female	No	Sun	Dinner	2
1	10. 34	1. 66	Male	No	Sun	Dinner	3
2	21. 01	3. 50	Male	No	Sun	Dinner	3
…	…	…	…	…	…	…	…
241	22. 67	2. 00	Male	Yes	Sat	Dinner	2
242	17. 82	1. 75	Male	No	Sat	Dinner	2
243	18. 78	3. 00	Female	No	Thur	Dinner	2

其中，以数据中变量 time 区分颜色（参数 hue = "time"），以变量 size 区分图元尺寸（参数 size = "size"），以变量 day 区分图元形状（参数 style = "day"），绘制变量 tip（参数 y = "tip"）和变量 total_bill（参数 x = "total_bill"）数值的分布和关联情况。绘图结果如图 8-54a 所示。示例代码见文件 seaborn_scatterplot. py。

另外，也可以以 pandas. DataFrame 数据 index 为横坐标，各系列数据为纵坐标，绘制如图 8-54b 所示的多系列散点图。

8.3.2　分布散点图

在 seaborn 扩展库中，实现了可按照不同分类绘制数据分布散点图的函数：seaborn. stripplot（）和 seaborn. swarmplot（），二者的表现形式略有差别。其中，seaborn. stripplot（）函数的原型如下：

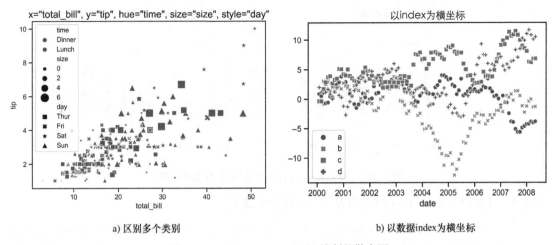

图 8-54　seaborn. scatterplot( )绘制的散点图

seaborn. **stripplot** (x = None, y = None, hue = None, data = None, order = None, hue_order = None, jitter = True, dodge = False, orient = None, color = None, palette = None, size = 5, edgecolor = 'gray', linewidth = 0, ax = None, ** kwargs)

参数说明见表 8-15 和表 8-16。seaborn. swarmplot( )函数原型与 stripplot( )函数相类似。

表 8-16　seaborn. stripplot( )参数说明

参数	说　明
order	参数 x 数据系列的绘图顺序
jitter	显示扰动幅度，以避免图形符号重叠
dodge	参数 hue 数据系列的图形，是否需要沿分类轴展开而避免重叠
orient	图形绘制方向，可以是｛'v'，'h'｝分别表示竖直方向和水平方向。通常由输入变量（x 和 y）的数据类型来推断，也可以在分类变量为数值型或由宽表数据绘图时指定
color	图形的颜色或渐变色的种子
size	图形标记的半径，单位为像素点
edgecolor	图形单元的边框颜色
linewidth	图形单元的线条宽度

对于例 8-37 中所使用的 tips 数据，可以绘制出如图 8-55 所示的，以变量 sex 区分颜色（参数 hue = 'sex'），一星期中不同日期（参数 x = 'day'）的 total_bill 数据（参数 y = 'total_bill'）的分布散点图。代码见文件 seaborn_stripplot. py。

在图中，stripplot( )将数据点绘制在一条竖直线条上（可以设置参数 jitter 值使其略为散开，以便观察），用点的密集程度来表示分布情况；而 swarmplot( )是用分散开的点群来表示数据的分布情况。

8.3.3　折线图

需要绘制变量 y 在变量 x 各取值上数量变化趋向图及对应置信区间，以便进行数据的分析和

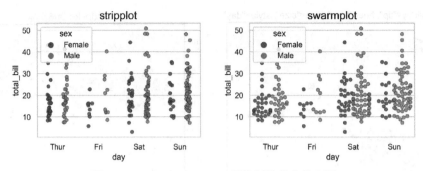

图 8-55　seaborn. stripplot( )等绘制的分布散点图

评估时，可使用 seaborn. lineplot( )来完成。函数原型如下：

seaborn. **lineplot** (x = None, y = None, hue = None, size = None, style = None, data = None, palette = None, hue_order = None, hue_norm = None, sizes = None, size_order = None, size_norm = None, dashes = True, markers = None, style_order = None, units = None, estimator = 'mean', ci = 95, n_boot = 1000, seed = None, sort = True, err_style = 'band', err_kws = None, legend = 'brief', ax = None, ** kwargs)

参数说明见表 8-8、表 8-12、表 8-15、表 8-16 和表 8-17。

表 8-17　seaborn. lineplot( )参数说明

参数	说　明
dashes	参数 style 数据系列图形的线型，应设为 dash codes 格式
sort = True	对参数 x，y 数据系列按取值排序绘图，否则将按数据集中的顺序绘制
err_style	绘制置信区间的方式，默认为灰度带"band"，也可以是竖线段"bars"
err_kws = None	设置修饰 err_style 的 keywords

函数可以通过参数 hue、size 和 style 来设置不同的分类对照组，展示参数 x 和 y 所指定的数据特征之间的关系。例如，对于核磁共振成像数据，考查不同 timepoint 的 signal 的变化规律时，可以绘制如图 8-56 所示的可视化分析图。

图 8-56 中，左上图形为原始数据变化图；右上和左下图形为按照不同分类绘制的信号均值变化图，并分别以灰色带和竖线段来表示均值估计的置信区间；右下图形为进行了对数标准化后的图形。示例代码见文件 seaborn_lineplot. py。

8.3.4　计数图

在 seaborn 扩展库中，实现了可按照不同分类绘制数据计数图的函数。函数原型如下：

seaborn. **countplot** (x = None, y = None, hue = None, data = None, order = None, hue_order = None, orient = None, color = None, palette = None, saturation = 0. 75, dodge = True, ax = None, ** kwargs)

参数说明见表 8-15。

对于例 8-37 中所使用的 tips 数据，可以绘制如图 8-57 所示的计数图。其中，按照 sex 属性分类，分别绘制了一星期中不同日期的 tip 属性的计数图（示例代码见文件 seaborn_

seaborn.lineplot()

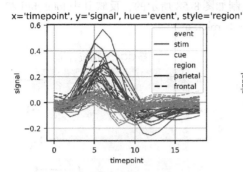

x='timepoint', y='signal', hue='event', style='region'

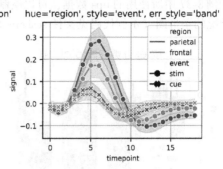

hue='region', style='event', err_style='band'

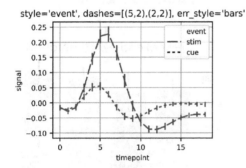

style='event', dashes=[(5,2),(2,2)], err_style='bars'

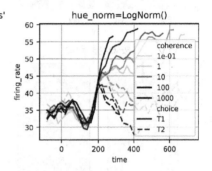

hue_norm=LogNorm()

图 8-56 seaborn. lineplot( )绘制的统计折线图

countplot. py)。可以看出，周末"Male"外出就餐的比例明显加大。

8.3.5 条形图

调用 seaborn. barplot( )可对多组数据进行分类统计汇总，并以条形图来显示不同数据特征的均值和标准差数值。函数原型如下：

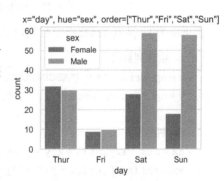

x="day", hue="sex", order=["Thur","Fri","Sat","Sun"]

```
seaborn. barplot (x = None, y = None, hue =
None, data = None, order = None, hue_order = None,
estimator = < function mean > , ci = 95, n_boot =
1000, units = None, seed = None, orient = None,
color = None, palette = None, saturation = 0. 75,
errcolor = '. 26 ', errwidth = None, capsize =
None, dodge = True, ax = None, ** kwargs)
```

图 8-57 seaborn. countplot( )
绘制的计数图

参数说明见表 8-15 和表 8-18。

表 8-18 seaborn. barplot( )参数说明

参数	说 明
saturation	颜色饱和度
errcolor	表示置信区间的线条的颜色
errwidth	误差线条（有些图形也包括端线）的线宽
capsize	误差线条端线宽度

对于例 8-37 中所使用的 tips 数据，可以绘制如图 8-58 所示的，反映其中 total_bill 和 tip 的数值分布情况的条形图（示例代码见文件 seaborn_barplot. py）。

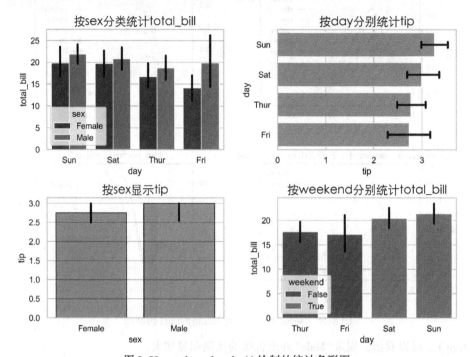

图 8-58　seaborn. barplot( )绘制的统计条形图

也可以为 barplot( )函数指定数据序列，直接（不进行分类统计）绘图。示例代码如下：

```
#产生序列数据
x = np. array(list("ABCDEFGHIJ"))
y = np. random. randint(1,11,10) - 5.5

#绘制图形
ax = sns. barplot(x = x,y = y,palette = "deep")
ax. axhline(0,color = "k",clip_on = False)
```

绘制出的图形如图 8-59 所示。

8.3.6　箱线图

在 seaborn 扩展库中，实现了按照不同分类绘制数据箱线图的函数。函数原型如下：

seaborn. **boxplot** (x = None,y = None,hue = None,data = None,order = None,hue_rder = None,orient = None,color = None,palette = None,saturation = 0.75,width = 0.8,dodge = True,fliersize = 5,linewidth = None,whis = 1.5,ax = None,** kwargs)

其中，参数 width 为箱线图的箱体宽度；参数 fliersize 为奇异点图形单元的大小；其他参数可参考表 8-15 和表 8-18 中的内容。

对于例 8-37 中所使用的 tips 数据，可以绘制如图 8-60 所示的箱线图。其中，按照变量 sex

分类（参数 hue = 'sex'），分别绘制了一星期中不同日期的数据的箱线图（示例代码见文件 sea-born_boxplot. py）。

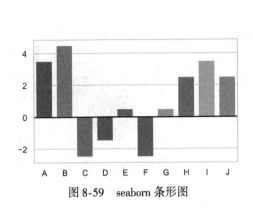

图 8-59　seaborn 条形图

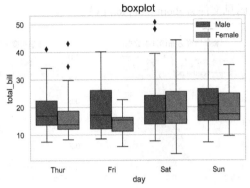

图 8-60　seaborn. boxplot( )绘制的箱线图

8.3.7　核密度图

在 seaborn 扩展库中，实现了绘制数据概率密度分布曲线的 . kdeplot( )函数，可调用该函数绘制二维核密度图。函数原型如下：

seaborn. **kdeplot** (data,data2 = None,shade = False,vertical = False,kernel = 'gau ',bw = 'scott',gridsize = 100,cut = 3,clip = None,legend = True,cumulative = False, shade_lowest = True,cbar = False,cbar_ax = None,cbar_kws = None,ax = None,** kwargs)

参数说明见表8-8、表8-12、表8-15、表8-18 和表8-19。

表 8-19　seaborn. kdeplot( )参数说明

参数	说　　明
data，data2	一维输入数据。如果给出 data2，则产生二维 KDE 图
shade	是否在 KDE 曲线下方绘制填充，或是否在二维 KDE 图中绘制填充色
vertical	是否将观测值绘制在纵轴（即横向绘制）
kernel	所使用的核函数，可以是 { 'gau'，'cos'，'biw'，'epa'，'tri'，'triw'}。二维 KDE 使用高斯核函数
bw	平滑带宽，可以是 { 'scott'，'silverman'，数值，数值对儿}，用于确定核尺寸、缩放因子等算法参数
gridsize	估算网格中离散点的数量
cut	数据处理范围的扩展倍数，实际值会与参数 bw 值相乘。cut = 0 表示使用数据值的极值
clip	估算数据的上下界，可以是数值对儿或一对儿数值对儿（用于二维 KDE）
cumulative	是否绘制累积概率分布
shade_lowest	当绘制二维 KDE 且设置参数 shade = True 时，是否遮蔽最底层图形
cbar	是否绘制二维 KDE 图的 colorbar
cbar_ax	绘制 colorbar 所用的 Axes
cbar_kws	colorbar 的 keywords 参数（字典类型）

例如，对于均值分别为0和2.5、标准差为1的两组随机数，可以绘制如图8-61所示的两种不同形式的KDE图。图8-61a绘制了KDE曲线；图8-61b绘制了两组数据的二维KDE图（示例代码见文件seaborn_kdeplot.py）。

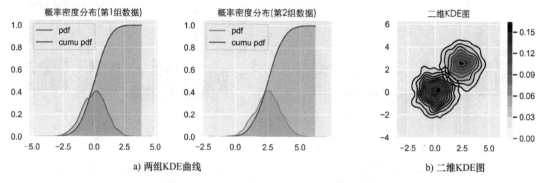

图 8-61　seaborn.kdeplot()绘制的核密度图

8.3.8　概率分布图

在seaborn扩展库中，实现了绘制数据概率分布图的函数。函数原型如下：

> seaborn.**distplot**(a,bins = None,hist = True,kde = True,rug = False,fit = None,
> hist_kws = None,kde_kws = None,rug_kws = None,fit_kws = None,color = None,vertical =
> False,norm_hist = False,axlabel = None,label = None,ax = None)

参数说明见表8-15、表8-19和表8-20。

表 8-20　seaborn.**distplot**()参数说明

参数	说　　明
a	一维数据序列，可以定义为pandas.Series、数组或列表
bins	直方图条的个数，如未指定，则按照一定的规则估算
hist，hist_kws	是否绘制直方图；直方图的keywords参数（字典类型）
kde，kde_kws	是否绘制核密度KDE曲线；KDE曲线的keywords参数（字典类型）
rug，rug_kws	是否绘制"地毯"图；"地毯"图的keywords参数（字典类型）
fit，fit_kws	具有fit()方法的类对象，其返回值能够作为pdf()的输入数据来生成概率密度函数；fit图的keywords参数（字典类型）
norm_hist	是否将直方图数值归一化，转换为密度值，即是否绘制成KDE
axlabel	横坐标标签，可以是字符串；如果为False则不显示；为None则使用a.name
label	图例标签

该函数组合了Matplotlib的hist()、seaborn的kdeplot()和rugplot()函数，并使用scipy.stats中的算法来估计概率密度函数并绘制曲线，还可以完成对指定分布模型的拟合。

对于例8-37中所使用的tips数据，可以使用seaborn.distplot()绘制其概率分布图，如图8-62所示。这里，绘制了total_bill数据的概率分布图，并根据概率分布形态，选择卡方概率分布对象

（fit = scipy. stats. chi2）对数据按最大似然法进行概率分布拟合，得到图中红色（粗线）曲线（示例代码见文件 seaborn_distplot. py）。

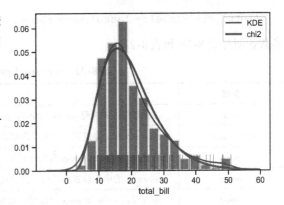

图 8-62　seaborn. distplot( )绘制的概率分布图

8.3.9　小提琴图

在 seaborn 扩展库中，实现了按照不同分类绘制数据小提琴图的函数。函数原型如下：

```
seaborn. violinplot (x = None, y =
None, hue = None, data = None, order =
None, hue_order = None, bw = 'scott',
cut = 2, scale = 'area', scale_hue =
True, gridsize = 100, width = 0.8, inner = 'box', split = False, dodge = True, orient =
None, linewidth = None, color = None, palette = None, saturation = 0.75, ax = None, **
kwargs)
```

参数说明见表 8-15、表 8-18、表 8-19 和表 8-21。

表 8-21　seaborn. violinplot( )参数说明

参数	说　　明
scale	图形的表现方式，可以是{"area","count","width"}，分别表示各图形面积相等、图形宽度代表观测数量、各图形等宽
scale_hue	使用参数 hue 分类绘图时，是否按分组分别根据参数 hue 进行调整
inner	设置小提琴图内部的内容，可以是{"box","quartile","point","stick",None}，分别表示箱线图、四分位线、散点、短横线和无
split	当使用参数 hue 分类绘图时，设置是否将一个小提琴图按分类划分为多个部分来表示

小提琴图是箱线图和核密度图的结合体，从图 8-63 所示的小提琴图中可以看出，图形中部的深色盒型和细须线以及中部的白点，构成箱线图；对称的外部轮廓即为核密度估计。

图 8-63 所示的小提琴图是根据例 8-37 中所使用的 tips 数据，按照参数 sex 分类（参数 hue = "sex"）绘制的一星期中不同日期 total_bill 数据的小提琴图（示例代码见文件 seaborn_violinplot. py）。

8.3.10　热力图

在 seaborn 扩展库中，实现了绘制数据热力图的 . heatmap( )函数。函数原型如下：

```
seaborn. heatmap (data, vmin = None,
vmax = None, cmap = None, center = None, ro-
bust = False, annot = None, fmt = '.2g', an-
not_kws = None, linewidths = 0, linecolor =
'white', cbar = True, cbar_kws = None, cbar_
ax = None, square = False, xticklabels =
```

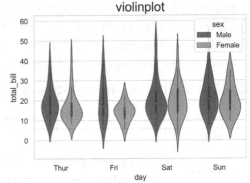

图 8-63　seaborn. violinplot( )绘制的小提琴图

'auto',yticklabels = 'auto',mask = None,ax = None,** kwargs)

参数说明见表8-19和表8-22。

表 8-22   seaborn. heatmap( )参数说明

参数	说　明
data	二维数据。如果是 pandas. DataFrame 数据，则使用其 index 和 columns 作为列和行的标签
vmin，vmax	colormap 的锚定范围，如不指定则由数据值和其他参数确定
cmap	显示热力图的 colormap 名称或对象
center	colormap 的中心位置，可用于显示极端值
robust	是否（在 vmin 和 vmax 未设定的情况下）由分位数计算 colormap 范围，而非使用极值
annot	是否在单元格中显示标注，可以是 True/False 或二维的数据集
annot_kws	单元格标注的 keywords 参数（字典类型）
fmt	单元格标注的数值格式，例如".2f"
linecolor	各单元格边框颜色，例如：'r'，'green'
square	是否纵横轴比相等，单元格为正方形
xticklabels，yticklabels	横坐标和纵坐标的标签
mask	屏蔽数据。如果为 True，则对应单元格被屏蔽显示。可以是布尔类型数组或 DataFrame

对于一组二维数据，例如二维数组或 pandas. DataFrame 数据，可以绘制如图 8-64 所示的数据热力图，来直观展现数据分布以及对比关系（示例代码见文件 seaborn_heatmap. py）。图中最左上角单元格使用参数 mask 进行了屏蔽。

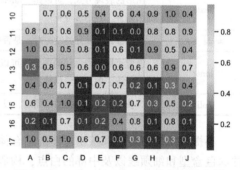

图 8-64   seaborn. heatmap( )绘制的热力图

8.3.11   回归分析图

当需要按照不同的算法对数据进行回归分析，并绘制变量的散点图和回归分析结果图时，可以使用 seaborn. regplot( )函数。函数的原型如下：

seaborn. **regplot** (x,y,data = None,x_estimator = None,x_bins = None,x_ci = 'ci',
scatter = True,fit_reg = True,ci = 95,n_boot = 1000,units = None,seed = None,order = 1,
logistic = False,lowess = False,robust = False,logx = False,x_partial = None,y_par-
tial = None,truncate = True,dropna = True,x_jitter = None,y_jitter = None,label =
None,color = None,marker = 'o',scatter_kws = None,line_kws = None,ax = None)

参数说明见表 8-15、表 8-18、表 8-20 和表 8-23。

表 8-23   seaborn. regplot( )参数说明

参数	说　明
x_estimator	计算估计结果的回调函数（可处理离散的 x 变量值），例如 numpy. mean。如果设置了参数 x_ci，则据此进行 bootstrap，给出估计值的置信区间

（续）

参数	说　明
x_ci	参数 x 的中心趋势曲线数值的置信区间（0～100 的整数）；或为默认值"ci"，表示使用参数 ci 的值；或为"sd"，表示跳过 bootstrap 直接显示数据的标准差
scatter	是否绘制观测值（或 x_estimator 值）的散点图
scatter_kws	散点图绘图属性 keywords
fit_reg	是否估计和绘制回归模型
line_kws	曲线图绘图属性 keywords
order	回归阶数。如果不为默认值 1，则使用 numpy. polyfit 完成多项式回归
logistic	是否对二元变量 y 使用 statsmodels 扩展库估计 logistic 回归模型
lowess	是否使用 statsmodels 扩展库来估计非参数局部加权回归（LOWESS）模型
robust	是否使用 statsmodels 扩展库来进行稳健回归估计（降低最小二乘法中异常值的权重）
logx	是否使用 y～log（x）的模式进行线性回归（x 必须为正值）
x_partial，y_partial	x 的混淆变量；y 的混淆变量
truncate	回归曲线是否受 x 数值范围局限（或超出 x 轴范围）
dropna	是否忽略带有缺失值的数据

对于例 8-37 中所使用的 tips 数据，可以绘制出如图 8-65 所示的，采用不同的回归方法，对变量 total_bill 和变量 tip 之间的关系进行分析和展示的结果（示例代码见文件 seaborn_regplot. py）。

图 8-65 中，左上为数据线性回归及其 95% 置信区间图形（包括原始数据散点）；右上为 y 变量均值变化情况及其 95% 置信度图形（及线性回归图形）；左下为使用高阶多项式回归的结果；右下为在新定义了按 12.5% 为标准的小费大方（big_tip）列后，以其为二元变量进行 Logsitic 回归的结果。

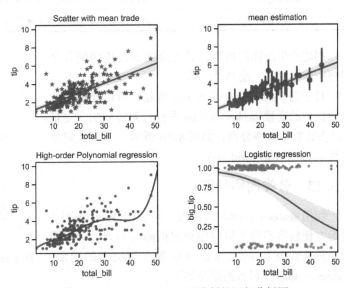

图 8-65　seaborn. regplot（）绘制的回归分析图

8.3.12　图格绘图

当需要将数据按照不同的属性进行分类，并绘制在网格化的图形中时，可以使用 seaborn. FacetGrid（）函数创建网格框架 FacetGrid 对象，再进一步调用 FacetGrid. map（）函数，绘制出图形。seaborn. FacetGrid（）函数的原型如下：

```
seaborn. FacetGrid (data,row = None,col = None,hue = None,col_wrap = None,sharex =
True,sharey = True,height = 3,aspect = 1,palette = None,row_order = None,col_order =
```

```
None,hue_order = None,hue_kws = None,dropna = True,legend_out = True,despine = True,
margin_titles = False,xlim = None,ylim = None,subplot_kws = None,gridspec_kws =
None,size = None)
```

参数说明见表8-14、表8-23和表8-24。

表8-24　seaborn.FacetGrid()参数说明

参数	说　明
data	DataFrame 数据对象
row，col，hue	图格的 row、col 的数据序列和 hue 的数据序列
col_wrap	每行图格的个数
sharex，sharey	是否共用 x 和 y 坐标轴，可按'col'或'row'共用
height，aspect	图格的高度（单位为英寸）和宽高比
row_order，col_order，hue_order	row、col 和 hue 的内容排列顺序
hue_kws	hue 分类特征的 keywords 参数（字典类型）
legend_out	是否将图例绘制在图像外的右侧中间位置
despine	是否移除网格右上边线
margin_titles	是否将 row 变量的标题显示在最后一列的右侧
subplot_kws = None	子图特征的 keywords 参数（字典类型）
gridspec_kws	网格的 keywords 参数（字典类型），通过 plt.subplots 传递给 gridspec 模块

创建产生绘图图格后，需将绘图函数应用到各个图格中的数据上，绘制出图形。

对于例 8-37 中所使用的 tips 数据，可以绘制出按照数据中的变量 smoker 和 time 进行行列排列的，变量 total_bill 数据概率分布，如图 8-66 所示（示例代码见文件 seaborn_FacetGrid.py）。

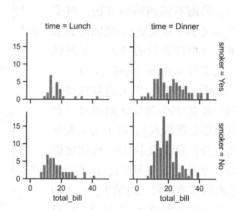

图 8-66　seaborn.FacetGrid()绘制的图格

8.3.13　分类图格绘图

使用 seaborn.catplot()函数，可以较 FacetGrid()更为方便地将不同变量应用到图格的行和列，以不同的外观来绘制如 strip、bar、box 等多种类型的图形。seaborn.catplot()函数的原型如下：

```
seaborn.catplot(x = None,y = None,hue = None,data = None,row = None,col = None,col_
wrap = None,estimator = mean,ci = 95,n_boot = 1000,units = None,seed = None,order = None,
hue_order = None,row_order = None,col_order = None,kind = 'strip',height = 5,aspect =
1,orient = None,color = None,palette = None,legend = True,legend_out = True,sharex =
True,sharey = True,margin_titles = False,facet_kws = None,** kwargs)
```

其中，参数 kind 定义图表类型，具体见第 8.2 节中的相关内容；参数 legend 和 legend_out 分别设置是否显示 hue 的图例，和是否将其显示在图形区域之外（右侧中部）；参数 facet_kws 为设置

facet 特征的 keyword（字典类型）；其他
参数可参考表 8-24 中的内容。

对于例 8-37 中所使用的 tips 数据，
可以绘制出如图 8-67 所示的，按照变量
day 分图（参数 col = "day"）并按照 sex
分类（参数 hue = "sex"）的，变量 total_
bill 的数据分布情况（示例代码见文件
seaborn_catplot. py）。还可以将 kind =
"strip"换成 kind = "point"或kind = "violin"
来绘制不同表现形式的对比图形。

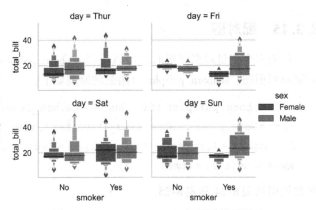

图 8-67 seaborn. catplot( )绘制的分类图格

8.3.14 关系绘图

使用 seaborn. relplot( )函数，可以在 FacetGrid 中绘制 Figure 级别的图形，通过设置参数，可
以完成 scatter、line 等多种图形的绘制。seaborn. relplot( )函数的原型如下：

> seaborn. **relplot** (x = None, y = None, hue = None, size = None, style = None, data =
> None, row = None, col = None, col_wrap = None, row_order = None, col_order = None,
> palette = None, hue_order = None, hue_norm = None, sizes = None, size_order = None, size_
> norm = None, markers = None, dashes = None, style_order = None, legend = 'brief', kind =
> 'scatter', height = 5, aspect = 1, facet_kws = None, ** kwargs)

参数说明参考表 8-15、表 8-16、表 8-19、表 8-24 和 catplot( )的相关内容。

对于例 8-37 中所使用的 tips 数据，可以使用 relplot( )函数绘制出按照变量 sex 和 time 进行分
图，按照 day、time 和 size 分类的，变量 tip 与变量 total_bill 的散点图，如图 8-68 所示。

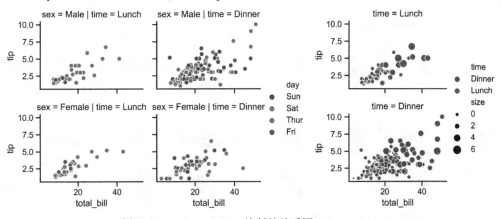

图 8-68 seaborn. relplot 绘制的关系图（data = tips）

图 8-69，是使用 relplot( )函数绘制
的 FMRI 数据集按其变量 region 分图，
按 event 分类的，变量 signal 与变量
timepoint 的变化关系图。图中给出了数
值出现的置信区间（示例代码见文件
seaborn_relplot. py）。

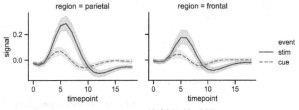

图 8-69 seaborn. relplot( )绘制的关系图（data = fmri）

8.3.15　配对图

绘制多个变量对照图形时，可以使用 seaborn.pairplot( ) 函数或 seaborn. PairGrid( ) 函数，绘制配对对照图。seaborn.pairplot( ) 函数的原型如下：

seaborn. **pairplot** (data,hue = None,hue_order = None,palette = None,vars = None,x_vars = None,y_vars = None,kind = 'scatter',diag_kind = 'auto',markers = None,height = 2.5,aspect = 1,corner = False,dropna = True,plot_kws = None,diag_kws = None,grid_kws = None,size = None)

参数说明见表 8-24 和表 8-25。

表 8-25　seaborn. pairplot( ) 参数说明

参数	说　　明
vars	data 中进行绘图的变量的列表，未指定则绘制所有数值型变量
x_vars，y_vars	分别为绘制在图格行和列方向的变量列表，因此可以构建一个非方形图格
diag_kind	指定图格对角线上的图形类型，可以是 {'auto'，'hist'，'kde'，None}，默认类型取决于是否指定参数 hue
corner	是否仅绘制对角线及左下角图格
diag_kws	图格对角线图形的 keywords 参数（字典类型）
grid_kws	图格的 keywords 参数（字典类型），供 PairGrid 类构造器使用

使用经典的鸢尾花数据集 iris，可以绘制出如图 8-70 所示的图形（示例代码见文件 seaborn_pairplot. py）。

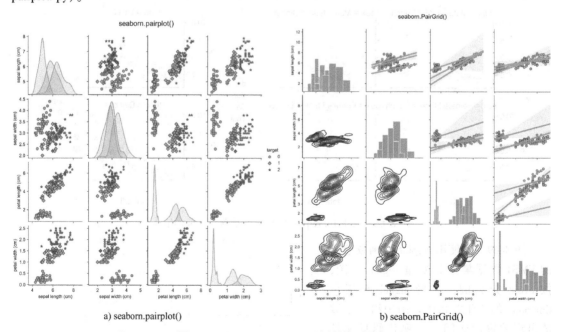

a) seaborn.pairplot()　　　　　　　　b) seaborn.PairGrid()

图 8-70　seaborn. pairplot( ) 绘制的配对图

pairplot()函数的使用较为简单,只要指定数据集、分类变量、图形类型和一些外观属性即可,但不能定制图形的类型,显得不够灵活。PairGrid()函数则较为灵活,可以分别在图格对角线、左下三角区和右上三角区绘制不同的图形。

8.3.16 联合图

与 pairplot()相类似,可以使用 seaborn. jointplot()或 seaborn. JointGrid()函数绘制如图 8-71 所示的图形,可显示二维数据分布情况以及各数据系列的分布情况(示例代码见文件 seaborn_jointplot. py)。

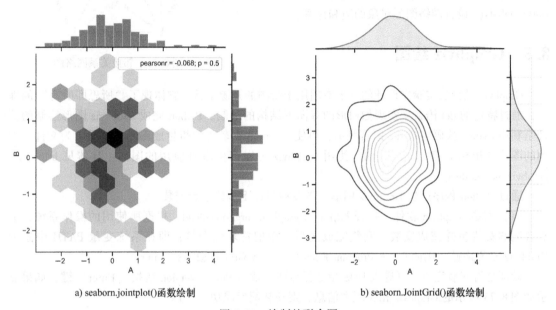

a) seaborn.jointplot()函数绘制   b) seaborn.JointGrid()函数绘制

图 8-71 绘制的联合图

8.4 Networkx 绘图

Networkx 是一个用 Python 语言开发的图和复杂网络建模工具,支持创建简单无向图、有向图和多重图,其中内置了常用的标准图论与复杂网络分析算法,可以方便地进行复杂网络数据分析、仿真建模等工作。Networkx 定义的结点可为任意数据,也支持任意的边值维度,功能丰富,简单易用。利用 Networkx 可以以标准化和非标准化的数据格式存储网络、分析网络结构、建立网络模型、研究网络分析算法等。

【例8-38】 根据文件 networkx_data. csv 所给定的数据,绘制各对象之间的关系网络图。绘图时,可使用 nx. circular_layout(DG)函数来计算节点的布局,还可以使用:

```
nx.bipartite_layout()
nx.fruchterman_reingold_layout()
nx.kamada_kawai_layout()
nx.random_layout()
nx.shell_layout()
```

```
nx.spectral_layout()
nx.spring_layout()
```

来计算多种形态的节点布局数据（代码见文件 networkx_
plotting.py）。

运行程序，可以绘制出如图 8-72 所示的邻接关系网
络图。

另外，也可以先创建图形对象 nx.draw（DG, pos =
pos），然后调用 nx.draw_networkx_edges() 和 nx.draw_net-
workx_labels()设置网络图形对象的边和标签。

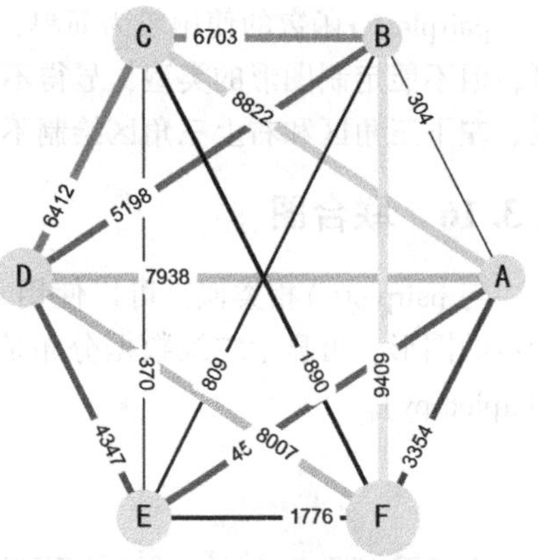

图 8-72   邻接关系网络图

8.5   Graphviz 绘图

Graphviz 是贝尔实验室设计的一个专门用于绘图的开源工具，它体现了"所思即所得"的理
念，通过特定的 dot 语言来实现如树形图等图形结构的绘制。Python 完成 Graphviz 图形绘制的原
理是利用 Python 代码生成 dot 语言脚本，再使用 Graphviz 软件解析生成图片，并导出为文件。常
用的图片导出格式有.png 和 pdf。使用 Graphviz 可以产生多种应用的图形，具体见 https：//
graphviz.org/gallery。

通过 Python 程序产生 Graphviz 图形，需要通过以下步骤进行安装。

（1）安装 Graphviz 软件。打开 https：//graphviz.org/download，根据所使用的操作系统，下
载合适的安装包并完成安装。安装完成之后，需配置环境变量，即在系统变量 PATH 中添加
Graphviz 安装路径（例如 C：\ Program Files（x86）\ Graphviz2.38\ bin）。

验证是否安装完成，可进入 DOS 命令行界面，输入 dot - version 后按〈Enter〉键，如果显
示如图 8-73 所示的 Graphviz 相关版本信息，则安装配置成功。

（2）安装 Python 的 graphviz 扩展库。可直接使用 pip 进行安装：

C：\ > pip install graphviz

（3）通过 Python 语句编写简单示例。

```
>>> from graphviz import Digraph
>>> g = Digraph('测试图片')
>>> g.node(name = 'a',color = 'red')
>>> g.node(name = 'b',color = 'blue')
>>> g.edge('a','b',color = 'green')
>>> g.view()
```

这里，创建 Digraph 实例，使用其.node() 绘制结点，.edge() 绘制边，并且可以指定相应的
属性。绘制结果如图 8-74 所示。

【例 8-39】   根据 sklearn 扩展库所给出的 iris 数据集，进行决策树分类分析，并利用 graphviz
扩展库绘制决策树模型（代码见文件 graphviz_tree.py）。

实现时，对数据集进行处理，并完成决策树分类分析，建立分类模型 classifier 后，可以使用
sklearn 扩展库的 tree 模块导出 dot 数据，由 graphviz 扩展库对其渲染生成.png 文件和.pdf 文件
（默认）。示例代码如下：

图 8-73 查看 Graphviz 的版本号

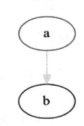

图 8-74 Graphviz 有向图

```
#产生决策树分类模型结构
import graphviz
from sklearn import tree
dot_data = tree.export_graphviz(classifi-
er,out_file=None,rounded=True)
graph=graphviz.Source(dot_data)

#生成图形,输出为图形文件
graph.render(filename='iris_decision_
tree',format='png')
graph.view()
```

运行程序,渲染产生一个.png 格式的图像文件和一个.pdf 格式的文件,并显示如图 8-75 所示的决策树分类模型。

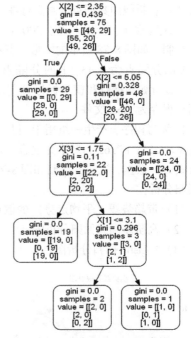

图 8-75 由 Graphviz 生成的
决策树分类模型

单元练习

1. 摆动序列要求:(1)序列中的所有数都是整数;(2)序列中的数两两不相等;(3)如果第 $i-1$ 个数比第 $i-2$ 个数大,则第 i 个数比第 $i-2$ 个数小;如果第 $i-1$ 个数比第 $i-2$ 个数小,则第 i 个数比第 $i-2$ 个数大。

编写程序,产生并输出 n 个初始值为 i 的摆动序列数,反序绘制成折线图,并将图形保存到图像文件中。程序运行时,以逗号分隔,输入数据个数 n 和起始值 i。数据序列的输出格式为(例如当 $n=10$,$i=100$):

100,108,98,125,80,127,66,136,48,137

绘制的图形如图 8-76 所示,横轴标注为 "x",纵轴标注为 "y";折线图的数据点以圆点标注。

2. 如果一个 N 个元素的排列 $P = [p_1, p_2, \cdots, p_N]$ 中的任意元素 p_i 都满足 $|p_i - i| \leq M$，就称 P 是 M-偏差排列。编写程序，产生一个长度为 N 的 M-偏差排列，输出这组数据，并绘制成如图 8-77 所示折线图进行检验，将图形保存到图像文件中。运行时输入以逗号分隔的参数 N 和 M（例如：10，5），输出序列的数值格式为（例如当 $N = 10$，$M = 5$）：

3.41 4.44 1.24 7.97 1.97 3.13 7.84 3.63 5.73 6.30

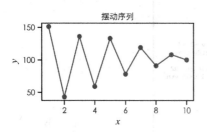

图 8-76　绘制摆动序列数

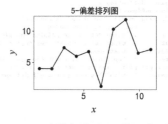

图 8-77　10 个数据点的 5-偏差序列数

图形应以实际输入的 M 值生成"M-偏差排列"字样作为标题，横轴标注为"x"，纵轴标注为"y"；折线图数据点以圆点标注（见图 8-77）。

3. 编写程序，产生不少于 200 组 (x, y) 随机数据，绘制出如图 8-78 所示的图形。其中，数据的分隔线：X 的分隔点为 0.43，Y 的分隔点分别为 0.33 和 0.47。设置如图标题和横坐标标签与纵坐标标签，并将图形保存为 .png 文件。

4. 编写程序，产生一组用于回归分析的，以直线方程 $y = 3.25x + 7.65$ 为基准并混合一定幅度随机扰动的 (x, y) 数据，完成并绘制如图 8-79 所示的以下几项回归分析：

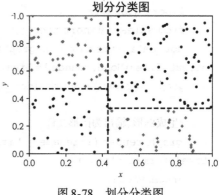

图 8-78　划分分类图

（1）带趋势线（平均走势）的散点分析图。

（2）高阶多项式回归分析图。

（3）Logistic 回归分析图。

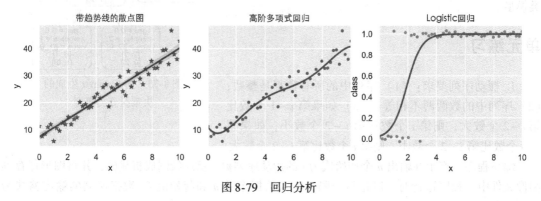

图 8-79　回归分析

5. 编写程序，生成由幅度为 1 频率为 1 和幅度为 1 频率为 4 的两条正弦波叠加而成的数据序列，数据个数不少于 300，并绘制成以时间 t 为横坐标，幅度 amp 为纵坐标的波形图（示例图形见图 8-80），并仿照示例图形标注 x 和 y 坐标轴标识、带箭头说明及波形公式。

6. 采集到一组供货品名的统计数据，依次为：sugar，apple，coke，apple，pork，coke，apple，apple，pork，apple，beer，coke，apple，coke，pork，sugar，pork，beer，coke，sugar，apple，pork，sugar，coke，apple，apple。编写程序，分别绘制饼图和直方图，表现货品数量的情况。示例如图 8-81 所示。

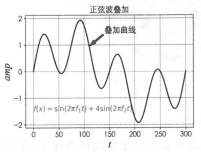

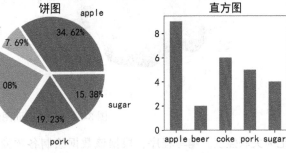

图 8-80　绘制正弦波叠加曲线　　　　　　图 8-81　货品数量饼图和直方图

7. 试从 https：//wwwbis.sidc.be/silso/INFO/sndtotcsv.php 下载太阳黑子活动日数据，绘制最近 5 年太阳黑子活动的箱线图进行统计分析。数据中包括的属性有：①年份；②月份；③日期；④十进制日期；⑤黑子数；⑥日标准差；⑦观测次数；⑧确定/临时指标：1 表示确定，0 临时值。示例如图 8-82 所示。

8. 使用例 7-5 中的线性判别分析数据（见素材文件 LDA.csv），以不同颜色绘制不同分类（class 列）的散点图，并在上侧、右侧绘制不同分类数据的 x、y 坐标数据的分布图，如图 8-83 所示。

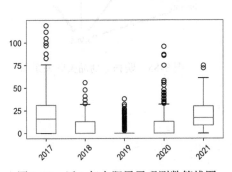

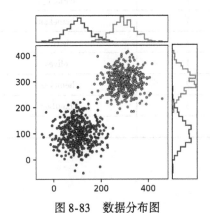

图 8-82　近 5 年太阳黑子观测数箱线图　　　　图 8-83　数据分布图

9. 试根据下列方程，分别绘制三维曲面图。

（1）$z = \sin(|x|^2 + |y|^2)$

（2）$z = \dfrac{\sin(\sqrt{x^2 + y^2})}{\sqrt{x^2 + y^2}}$

示例如图 8-84 所示。

10. 购物篮事务数据格式见表 8-26（数据见素材文件 trans.csv），CUSTOMER 编号相同的购物单中的各项商品是同一次购买的，被认为是相互关联的，其在整个数据集中共同出现的次数

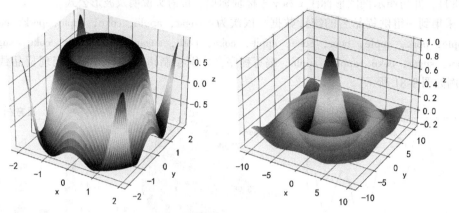

图 8-84　三维曲面图绘图结果示例

记为关联强度。编写程序，根据该数据绘制各项商品间的关联关系图（示例图形如图 8-85 所示），用边的颜色和粗细表示商品之间关联度的强弱。

表 8-26　购物篮事务数据（部分）

CUSTOMER	PRODUCT
0	bourbon
0	corned_b
0	hering
0	olives
1	corned_b
1	heineken
1	hering
1	olives
2	heineken
3	bourbon
…	…

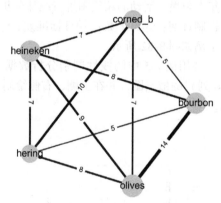

图 8-85　购物篮商品关联关系图

## 第 9 章

数据分析

在数据科学的范畴中，数据分析是非常核心的部分，需要通过统计分析过程，对数据的特征、规律进行探究和分析；还需要对数据的主要构成和成分进行解析和把握，提升数据分析工作的效率；数据分析过程中，还需要运用不同的分析方法，建立能够反映数据内在关联、内在结构以及数据变化规律的模型并进行进一步的应用。本章按照数据分析过程中所涉及的各项分析方法和所使用的各种分析算法，以及所建立的多种模型进行数据分析介绍。

9.1 统计分析

9.1.1 描述性统计

描述性统计对调查总体中变量的有关数据进行统计性描述，主要包括数据的频数分析、集中趋势分析、离散程度分析等。

1. 频数分析

对于 pandas. Series 数据对象，可以调用其 .unique( ) 函数提取该数据系列中所出现的值；可以调用其 .value_counts( ) 函数来对数据系列中数值的频数进行统计。pandas. DataFrame 是 pandas. Series 的聚合，因此也可以使用 .value_counts( ) 进行数值频次统计。

value_counts( ) 函数原型如下：

```
pandas. Series. value_counts (normalize = False, sort = True, ascending = False,
bins = None, dropna = True)
pandas. DataFrame. value_counts (subset = None, normalize = False, sort = True, as-
cending = False)
```

其中，参数 subset 指定进行计数的数据系列；参数 normalize 设置是否给出占比结果（而非频数）；参数 sort 和 ascending 设置输出结果是否按频数排序及是否按升序排序。

例如：

```
>>> df      #原始数据
        num_legs   num_wings
falcon     2          2
dog        4          0
cat        4          0
```

```
ant          6           0
bee          6           4
```

```
>>> df['num_legs'].unique()                    #统计'num_legs'的取值
array([2,4,6],dtype=int64)
```

```
>>> df['num_legs'].value_counts(normalize=True)    #统计取值频次比例
6    0.4
4    0.4
2    0.2
Name:num_legs,dtype:float64
```

```
>>> df.value_counts()                          #统计 df 各系列数据取值的组合
                                               #情况的频次

num_legs  num_wings
    4         0          2
    6         4          1
              0          1
    2         2          1
dtype:int64
```

2. 集中趋势分析

可以使用表 9-1 所列的 pandas.Series 和 pandas.DataFrame 数据对象函数，来计算数据的集中趋势指标。

表 9-1　数据集中趋势分析常用函数

函数	说　明
.mean()	计算数据中各系列的均值
.median()	计算数据中各系列的中位数值
.mode()	计算数据中各系列的众数值
.quantile()	计算数据中各系列的四分位数值

例如：

```
>>> df = pd.DataFrame(np.random.randint(1,100,(50,3)),
          columns = list('ABC'))          #产生数据
>>> df.mean()                             #计算 pandas.DataFrame 中各数据系
                                          #列的均值
A    48.32
B    47.28
C    48.54
dtype:float64
```

```
>>> df['A'].mean()                          #计算 pandas.Series 的均值
48.32

>>> df.median()                             #计算各数据系列的中位数值
A    47.5
B    47.5
C    55.0
dtype:float64

>>> df['A'].mode()                          #计算 pandas.Series 的众数值
0     1
1    36
2    66
dtype:int32

>>> df.quantile(q=[0.0,0.25,0.5,0.75,1.0])  #计算各数据系列的四分位数
          A       B       C
0.00    1.00    4.00    1.00
0.25   29.75   27.50   21.75
0.50   47.50   47.50   55.00
0.75   76.75   67.25   73.00
1.00   96.00   99.00   95.00

>>> df['A'].quantile(q=0.35)                #计算特定分位数值
36.0
```

3. 离散程度分析

可以使用表9-2 中所列的 pandas.Series 和 pandas.DataFrame 数据对象函数，来计算数据的离散程度。

表9-2 数据离散程度分析常用函数

函数	说　明
.max() .min()	计算数据中各系列的最大值和最小值
.std()	计算数据中各系列的标准差值
.mad()	计算数据中各系列的绝对中位差值，计算公式为 $MAD = median(\mid X_i - median(X) \mid)$
.cov()	计算数据中各系列的协方差值
numpy.ptp()	计算数据中各系列的极差值

例如，对于上面例子中的 df 数据，有：

```
>>> df.max()           #计算 df 中各数据系列的最大值
A    96
```

```
B    99
C    95
dtype:int32
```

```
>>> df.std()              #计算 df 中各数据系列的标准差值
A    29.143165
B    26.264774
C    28.829697
dtype:float64
```

```
>>> df.mad()              #计算 df 中各数据系列的绝对中位差值
A    24.6656
B    21.1200
C    25.3184
dtype:float64
```

```
>>> df.cov()
          A              B            C
A  849.324082    -126.866939   63.599184
B  -126.866939   689.838367    9.743673
C  63.599184     9.743673      831.151429
```

```
>>> np.ptp(df['A'])     #计算 df 中数据系列的极差值
95
```

4. 其他

对于 pandas. Series 或 DataFrame 数据,可以调用 .describe( )函数来计算数据中各系列的多项描述性统计值。例如:

```
>>> df.describe()
             A          B           C
count  50.00000   50.000000   50.000000
mean   56.90000   50.900000   45.680000
std    30.62562   30.125757   30.615749
min    1.00000    2.000000    2.000000
25%    39.00000   21.000000   17.250000
50%    57.00000   55.500000   41.000000
75%    84.00000   73.500000   74.750000
max    99.00000   99.000000   99.000000
```

对于 pandas. Series 或 DataFrame 数据,可以调用 .apply( )函数或 .aggregate( )函数,并设计相应的处理函数 func,来对数据进行统计计算。例如:

```
>>> df.apply(np.median,axis =0)
A    57.0
```

```
B     55.5
C     41.0
dtype:float64
```

```
>>> df.aggregate(np.max,axis=0)
A     99
B     99
C     99
dtype:int32
```

9.1.2 汇总统计

1. 时序数据汇总

对于以日期时间变量作为 index 的 pandas. Series 或 DataFrame 数据，可以调用 .resample() 函数进行向上或向下抽样，并进一步调用如 .sum()，.mean() 或 .apply（func）等函数，对抽样结果中的数据序列进行统计汇总等运算。函数原型如下：

pandas. DataFrame. **resample** (rule,axis = 0,closed = None,label = None,convention = 'start',kind = None,loffset = None,base = None,on = None,level = None,origin = 'start_day',offset = None)

例如：

```
>>> df = pd.DataFrame(np.random.randint(1,5,(7,2)),
        pd.date_range('1/1/2000',periods = 7,freq = 'T'),list("AB"))
>>> df
                       A  B
2000 - 01 - 01 00:00:00   3  3
2000 - 01 - 01 00:01:00   1  3
2000 - 01 - 01 00:02:00   3  2
2000 - 01 - 01 00:03:00   1  4
2000 - 01 - 01 00:04:00   3  2
2000 - 01 - 01 00:05:00   4  2
2000 - 01 - 01 00:06:00   2  3
```

```
>>> df.resample('3T').sum()          #按 3 个样本进行汇总
                       A  B
2000 - 01 - 01 00:00:00   7  8
2000 - 01 - 01 00:03:00   8  8
2000 - 01 - 01 00:06:00   2  3
```

```
>>> df.resample('4min').mean()        #按 4 分钟进行汇总
                       A       B
2000 - 01 - 01 00:00:00   2.0   3.000000
```

```
2000-01-01 00:04:00  3.0  2.333333
```

2. 交叉表

调用 pandas.crosstab() 函数，可以生成交叉表数据。函数原型如下：

```
pandas.crosstab(index,columns,values = None,rownames = None,colnames = None,
aggfunc = None,margins = False,margins_name = 'All',dropna = True,normalize = False)
```

参数说明见表9-3。函数返回结果为 pandas.DataFrame 数据对象。

表 9-3   pandas.crosstab() 参数说明

参数	说　　明
index	交叉表中的行的属性（可以是多个属性）
columns	交叉表中的列的属性（可以是多个属性）
values	进行汇总的值或属性
rownames	交叉表行数据名称（如果设定为特定值，个数必须与所给的行变量个数匹配）
colnames	交叉表列数据名称（如果设定为特定值，个数必须与所给的列变量个数匹配）
aggfunc	汇总算法函数，使用时必须设置 values 参数
margins	是否给出各行或各列的汇总数据，如小计和总计等
margins_name	汇总行或列的名字（当参数 margins = True 时）
dropna	是否剔除数据中全为 NaN 值的列
normalize	当结果以百分比表示时，数据的计算方法（'all'或 True 表示对所有数据之和计算百分比；'index'或 0 表示按各行计算百分比；'columns'或 1 表示按各列计算百分比）。这时，汇总行或列也以百分比表示

【例9-1】 根据素材数据文件 crosstab_data.csv 中给出的数据，创建基于数据集中 outlook 属性和 temperature 属性的交叉表。

```
#读入数据
df = pd.read_csv('crosstab_data.csv')

#创建交叉表
ct = pd.crosstab([df.outlook,df.windy],df.play,
    rownames = ['OUTLOOK','WINDY'],colnames = ['PLAY'],margins = True,
    margins_name = '合计',normalize = 'index',dropna = True)
print(ct)
```

完整代码见文件 pandas_crosstab.py。运行程序，所产生的 crosstab 的内容如下：

```
PLAY                 no      yes
OUTLOOK  WINDY
overcast False  0.142857  0.857143
         True   0.333333  0.666667
rainy    False  0.285714  0.714286
         True   0.666667  0.333333
```

```
sunny     False   0.285714   0.714286
          True    0.500000   0.500000
合计               0.352941   0.647059
```

可将 crosstab 的数据绘制为直方图（见程序运行结果所产生的图形）。

3. 分类汇总

对 pandas. DataFrame 数据进行分类汇总，需要首先调用以下函数完成数据分类。

pandas. DataFrame. **groupby** (by = None,axis = 0,level = None,as_index = True,sort = True,group_keys = True,squeeze,observed = False,dropna:bool = True)

参数说明见表 9-4。函数返回一个 DataFrameGroupBy 类型的数据对象，随后可以调用该数据对象的 . mean()，. sum() 或 . count() 等方法，进行汇总统计。

表 9-4 pandas. DataFrame. groupby( )参数说明

参数	说 明
by	数据中进行分类的属性
axis	指定按行（axis = 0）或按列（axis = 1）进行分类
level	指定 MultiIndex 数据中进行分类的属性的等级
as_index	在分类结果中，是否将分类属性作为 index，还是按如 SQL 查询结果的形式输出
sort	是否对分类属性进行排序
group_keys	是否将分类属性设置为数据的 index
observed	对 Categorical 属性的分类汇总，是否显示有统计结果的项，还是所有分类汇总组合项（即结果中的统计值或为 0）
dropna	是否剔除分类属性结果为 N/A 的项

【例9-2】 根据素材文件 groupby_data. csv（即 weather. numeric. arff）中给出的数据，进行分类汇总分析。

```
df = pd. read_csv('groupby_data. csv',engine = 'python')    #获取数据
gb = df. groupby(by = ['outlook','windy'])                  #groupby 处理
avg = gb. mean()                                            #分类汇总均值
print (avg)
```

运行程序，可以得到以下分类汇总平均值的结果。

```
                temperature   humidity
outlook   windy
overcast  False     78.000     81.00
          True      68.000     77.50
rainy     False     68.750     87.00
          True      62.875     71.25
sunny     False     76.000     76.25
          True      80.000     79.20
```

完整代码见文件 pandas_ groupby. py。

4. 数据透视表

数据透视表是一种可以对数据动态排布并且分类汇总的表格格式。使用 pandas. pivot_table( ) 函数，可以生成数据透视表。函数原型如下：

```
pandas. pivot_table (data,values = None,index = None,columns = None,aggfunc = '
mean',fill_value = None,margins = False,dropna = True,margins_name = 'All',observed
= False)
```

其中各参数的说明见表9-3 和表9-5。

表 9-5 pandas. pivot _table( )参数说明

参数	说　　明
data	数据
values	进行数值统计的数据系列
index	进行分组统计的数据系列（grouper），数据透视表行标签
columns	进行汇总统计的数据系列，数据透视表列标签
aggfunc	汇总统计的计算方法，可以是函数（默认为 numpy. mean）或函数列表，也可以是字典（key 为进行汇总统计的系列，value 为所使用的函数或函数列表）
fill_value	数据透视表结果数据中，代替缺失值的内容或标识
dropna	是否剔除具有缺失值的数据
observed	是否显示分类（Categorical）型的 grouper 的所有取值，还是仅显示有统计值的项

【例9-3】 根据素材文件 pivot_data. csv 中给出的 NBA 联赛比赛数据，进行分类汇总分析，统计：①主客场的胜负场次；②主客场的胜负结果中，命中、投篮和得分数的总数和平均数；③各对手胜负场次主客场的助攻、得分和篮板的平均数。

```
#读入数据
df = pd. read_csv('pivot_data. csv',engine = 'python')

#统计分析主客场胜负情况
pivot1 = pd. pivot_table(df,values = ['对手'],
                         aggfunc = 'count',
                         index = ['主客场','胜负'],
                         observed = True)
print(pivot1,'\n')

#分析主客场、不同胜负情况下,投篮数、命中、和得分三项指标的情况
pivot2 = pd. pivot_table(df,values = ['投篮数','命中','得分'],
                         index = ['主客场','胜负'],
                         aggfunc = [np. sum,np. mean],
                         margins = True,
                         margins_name = '总计')
print(pivot2,'\n')
```

#分析与不同对手比赛,不同胜负情况下,主客场时,助攻、得分、和篮板三项指标的情况

```
pivot3 = pd.pivot_table(df,index = [u'对手',u'胜负'],
                        columns = [u'主客场'],
                        values = ['得分','助攻','篮板'],
                        aggfunc = [np.mean],
                        fill_value = 0)
print(pivot3)
```

运行程序,可以得到不同的统计场景下的数据透视结果。统计分析主客场胜负情况的结果如图 9-1 所示。与不同对手比赛,不同胜负情况下,主客场时,助攻、得分和篮板三项指标的情况如图 9-2 所示(为显示清楚,对输出结果进行了适当修饰)。主客场、不同胜负情况下,投篮数、命中和得分三项指标的情况如图 9-3 所示。

主客场	胜负	对手
主	胜	9
	负	3
客	胜	12
	负	1

图 9-1 主客场胜负情况

		mean					
		助攻		得分		篮板	
对手	主客场 / 胜负	主	客	主	客	主	客
76人	胜	0	13	0	27	0	3
	负	7	0	29	0	4	0
勇士	胜	0	11	0	27	0	6
国王	胜	0	9	0	27	0	3
太阳	胜	0	7	0	48	0	2
小牛	胜	7	0	29	0	3	0
尼克斯	胜	10	9	37	31	2	5
开拓者	胜	0	3	0	48	0	8
掘金	胜	9	0	21	0	8	0
步行者	胜	10	15	29	26	8	5
湖人	胜	0	9	0	36	0	4
灰熊	胜	8	7	38	29	4	5
	负	8	8	22	20	5	4
爵士	胜	13	3	56	29	2	5
猛龙	负	11	0	38	0	6	0
篮网	胜	8	0	37	0	10	0
老鹰	胜	0	11	0	29	0	3
骑士	胜	13	0	35	0	11	0
鹈鹕	胜	17	0	26	0	1	0
黄蜂	胜	0	11	0	27	0	10

图 9-2 不同对手、胜负、主客场时助攻、得分和篮板的情况

主客场	胜负	sum			mean		
		命中	得分	投篮数	命中	得分	投篮数
主	胜	95	308	191	10.555556	34.222222	21.222222
	负	24	89	66	8.000000	29.666667	22.000000
客	胜	120	384	253	10.000000	32.000000	21.083333
	负	6	20	19	6.000000	20.000000	19.000000
总计		245	801	529	9.800000	32.040000	21.160000

图9-3　投篮数、命中和得分在主客场和不同胜负下的情况

完整代码见文件 pandas_pivot.py。

9.1.3　参数估计与假设检验

1. 正态性检验

进行正态性检验，可以绘制样本序列的概率密度分布图和 $Q-Q$ 图，以图形状况来进行判断，也可以以 $K-S$ 检验来进行判断。

【例9-4】 产生服从 N (5，3.0) 的样本序列，绘制概率密度分布图和 $Q-Q$ 图，判定其是否服从正态分布 （完整代码见文件 kde_QQplot.py）。

```
from statsmodels.graphics.api import qqplot

#产生数据
df = pd.DataFrame(np.random.normal(loc = 5,scale = 3.0,size = (500,)),
                  columns = ['value'])

#绘制概率密度分布图
fig,ax = plt.subplots(figsize = (5,3))
df.plot.kde(ax = ax)

#绘制 Q - Q 图
fig,ax = plt.subplots(figsize = (5,3))
qqplot(df.values.reshape(-1,),line = 'q',fit = True,ax = ax)
```

运行程序，可以得到样本观测值概率密度分布图和 $Q-Q$ 图，如图9-4所示。从图形可以看出，样本序列服从正态分布。

使用 scipy.stats.kstest() 函数对样本进行 $K-S$ 检验，即与正态分布的样本进行拟合优度检验。通过检验结果，也可以确定样本分布的正态性。函数原型如下：

```
scipy.stats.kstest(rvs,cdf,args = (),N = 20,alternative = 'two - sided',mode =
'auto')
```

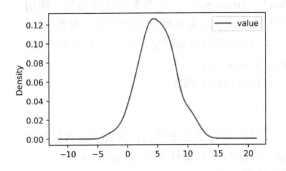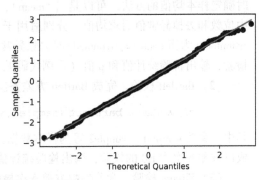

图 9-4 概率密度分布图和 Q - Q 图

其中，参数 rvs 为样本数据序列；参数 cdf 为参考样本序列或分布（例如 cdf = 'norm'）；参数 args 为当 cdf 被定义为 'poisson'⊖或 'norm' 时的分布参数；参数 N 为当参数 rvs 定义为字符串或回调函数时所产生的样本个数；参数 alternative 为备择假设，可以是 'two - sided'，'less' 或 'greater'；参数 mode 为估算 p 值时所选用的不同分布模式，可以是｛'auto'，'exact'，'approx'，'asymp'｝，分别为自动选择、精确分布、单侧概率近似和渐进分布模式。函数完成以随机样本与给定分布相同为 H0 的 K - S 检验，函数返回 K - S 检验统计量和 p 值。

例如，产生随机数，与服从 $N(5，3.0)$ 正态分布模型进行正态性拟合优度检验。

```
import numpy as np
from scipy. stats import kstest,norm
np. random. seed(1234)
ks_res = kstest(np. random. normal(loc =5,scale =3.0,size =(500,)),
                cdf = norm. cdf,args = (5,3.0))
print(ks_res)
```

输出结果如下：

```
KstestResult(statistic =0.028471332239411007,pvalue =0.801391977936581)
```

其中，p 值远大于 0.05，不能拒绝原假设，代码中用 np. random. normal()函数所产生的数据序列服从 N（5，3.0）分布。

2. 方差齐次检验

方差齐次检验的方法较多，可使用 Levene 检验、巴特勒特（Bartlett）检验、Fligner 检验和 K - S 检验等。

（1）Levene 检验。使用 leneve()函数进行方差齐次检验，适用于非严格正态分布数据的检验。函数原型如下：

```
scipy. stats. levene (sample1,sample2,…,center = 'median',proportiontocut =
0.05)
```

其中，参数 sample1，sample2 等为样本数据，可以是非等长的一维数据序列；参数 center 为检验

⊖ 参考第 4.1.2 节的相关内容。

时确定样本均值的方法，可以是｛'mean'，'median'，'trimmed'｝，分别表示计算均值、使用中位数和去掉异常值后求均值，分别适用于对称中拖尾、偏态和长拖尾分布的情况；参数 proportiontocut 为当 center = 'trimmed'时去除异常值的比例。函数对输入数据完成以方差齐次为 H0 的检验，输出检验统计值和 p 值（示例代码见文件 scipy_leneve.py）。

（2）Bartlett 检验。完成 Bartlett 方差齐次检验，可以使用以下函数：

```
scipy. stats. bartlett (sample1,sample2,…)
```

其中，参数 sample1，sample2 等为样本数据，可以是非等长的一维数据序列；函数对输入数据完成以方差齐次为 H0 的检验，输出检验统计值和 p 值（示例代码见文件 scipy_bartlett. py）。

（3）Fligner 检验。为非参数方差齐次检验，可以使用以下函数：

```
scipy. stats. fligner (sample1,sample2,…,center = 'median',proportiontocut =
0.05)
```

其中，参数 sample1，sample2，…，以及参数 center 和 proportiontocut 的作用与 levene（）函数的相同。函数对输入数据完成以方差齐次为 H0 的检验，输出检验统计值和 p 值（示例代码见文件 scipy_fligner. py）。

3. T 检验

T 检验对样本均值的差异是否显著进行检验。分为单样本检验、两独立样本检验和配对样本检验，可以分别使用 scipy. stats 扩展库中定义的 ttest_1samp（）、ttest_rel（）和 ttest_ind（）函数来完成。

（1）单样本检验函数 ttest_1samp（）。函数原型如下：

```
scipy. stats. ttest_1samp (a,popmean,axis =0,nan_policy = 'propagate')
```

其中，参数 a 为样本的观测值，可以同时检验多数据序列；参数 popmean 为所要比较的总体均值，个数与数据序列的数目相同；参数 axis 为对多数据序列进行组织的维度取向（为 None 则将参数 a 所指定的数据作为一个整体）；参数 nan_policy 为 NaN 值的处理方法，可以是｛'propagate'，'raise'，'omit'｝，分别表示返回 NaN 值、抛出异常和忽略 NaN 值。函数完成以独立观测样本 a 的期望均值等于给定的 popmean 值为 H0 假设的双侧 T 检验，返回各数据序列的 t 值和双侧检验 p 值（示例代码见文件 scipy_ttest_1samp. py）。

（2）两独立样本检验函数 ttest_ind（）。函数原型如下：

```
scipy. stats. ttest_ind (a,b,axis =0,equal_var =True,nan_policy = 'propagate')
```

其中，参数 a、b 为待检的观测样本序列；参数 equal_var 设置是否采用 T 检验（正态或方差齐次），还是 Welch 检验。函数完成以两独立样本具有相同的期望均值为 H0 假设的双侧 T 检验，返回各数据序列的 t 值和双侧检验 p 值（示例代码见文件 scipy_ttest_ind. py）。

当两总体方差不确定时，应先利用上文中介绍的方差齐次检验方法，对两总体是否方差齐次进行检验，再针对地选择不同的参数（如果两总体不具有方差齐次，应设置参数 equal_val = False）。

（3）配对样本检验函数 ttest_rel（）。函数原型如下：

```
scipy. stats. ttest_rel (a,b,axis =0,nan_policy = 'propagate')
```

其中，参数 a、b 为同阶观测样本序列。函数完成以配对样本等期望均值为 H0 的双侧 T 检验，返回各数据序列的 t 值和双侧检验 p 值。

【例 9-5】 对配对样本进行 T 检验（完整代码见文件 scipy_ttest_rel. py）。

```python
from scipy. stats import norm,ttest_rel
import numpy as np

#产生数据
np. random. seed(1245)
rvs1 = norm. rvs(loc = 5,scale = 10,size = 500)
rvs2 = norm. rvs(loc = 5,scale = 10,size = 500) + norm. rvs(scale = 0.2,size = 500)
rvs3 = norm. rvs(loc = 8,scale = 10,size = 500) + norm. rvs(scale = 0.2,size = 500)
print("rvs1,mean = % .4f" % rvs1. mean())
print("rvs2,mean = % .4f" % rvs2. mean())
print("rvs3,mean = % .4f" % rvs3. mean())

#进行 t 检验
print(ttest_rel(rvs1,rvs2))
print(ttest_rel(rvs1,rvs3))
```

运行程序，输出结果如下：

```
rvs1,mean = 4. 7067
rvs2,mean = 5. 2558
rvs3,mean = 7. 6420
Ttest_relResult(statistic = - 0.8695295811827474,pvalue = 0.3849755886170384)
Ttest_relResult(statistic = - 4.574970362842562,pvalue = 6.016847402752989e - 06)
```

检验 rvs1、rvs2 得到的 p 值约为 0.385，远大于 0.05，不能拒绝原假设，其均值相同；检验 rvs1、rvs3 得到 p 值远小于 0.05，拒绝原假设，均值不同。

4. F 检验

使用 scipy. stats 中定义的 f_oneway( ) 函数，可以完成长度不等的两组或多组数据序列的 one - way ANOVA 检验，其 H0 假设为数据序列具有相同的均值。函数原型如下：

```
scipy. stats. f_oneway (* args,axis = 0)
```

其中，参数 sample1，sample2 等为各组输入数据序列；参数 axis 指定输入数据中进行检验的数据的轴向。函数返回检验的统计值和 p 值。值的注意的是，ANOVA 检验有样本独立、样本来自正态分布总体和方差齐次的前提假设，因此在检验前，应对此进行检验（示例代码见文件 scipy_f_oneway. py）。

5. 卡方检验

可以使用 scipy. stats. chisquare( ) 函数来完成单侧卡方检验，H0 表示对照样本数据值的频率相等。函数原型如下：

> scipy. stats. **chisquare** (f_obs,f_exp = None,ddof = 0,axis = 0)

其中，参数 f_obs 为各类别的观测频率；参数 f_exp 为各类别对应的期望频率值；参数 ddof 为自由度偏差，即在计算 p - value 时使用自由度为 k - 1 - ddof 的卡方分布；axis 为数据序列的轴向。函数返回卡方检验统计值和显著性水平。

【例9-6】 掷骰子 1000 次，观测到的骰子不同点数的次数如下：

点数：	1	2	3	4	5	6
次数：	168	168	166	169	170	159

使用卡方检验判定结果是否符合点数均等的预期。

```
from scipy import stats


pips = [170,168,164,169,172,157]
chisq,p = stats. chisquare(f_obs = pips,f_exp = [1000/6] * 6)
print(chisq,p)
```

完整代码见文件 scipy_stats_chisquare. py。运行程序，结果如下：

```
0.884 0.9713691536737348
```

根据输出结果，可以判定各点数的样本个数之间不存在显著差异。

6. 概率密度函数估计

核密度估计是一种非参数的随机变量概率密度函数估计方法。可以使用 scipy. stats. gaussian_kde()函数，完成单变量或多变量数据的概率密度函数估计。该函数的原型如下：

> scipy. stats. **gaussian_kde** (dataset,bw_method = None,weights = None)

其中，参数 dataset 为进行密度估计的一维或二维数据；参数 bw_method 设置计算估计器带宽的方法，可以是'scott'（默认），'silverman'，标量常数（即为 kde. factor）或函数（须以 gaussian_kde 实例作为唯一一参数，且返回一个标量值）；参数 weights 为数据加权值，须与数据同阶，默认为均等加权。

该函数使用高斯核函数，可以在估计过程中自动确定数据带宽。用于单峰分布数据效果最佳，双峰或多峰分布数据可能会产生过度平滑（如图 9-5 所示，左图为不同 bw_method 参数的多峰分布数据的估计，右图为单峰分布数据的估计。示例代码见文件 scipy_stats_gaussian_kde_modals. py）。

完成对数据的估计后，可以通过模型的 factor, covariance 和 inv_cov 属性分别得到 kde 的带宽因子、协方差矩阵和协方差矩阵的逆矩阵。进而，还可以通过 evaluate(), integrate_gaussian(), integrate_box_1d(), integrate_box(), integrate_kde(), pdf(), logpdf(), resample(), set_bandwidth() 和 covariance_factor() 等类方法，完成结果 pdf 的评估、pdf 定积分、pdf 与给定函数乘积的积分、基于 pdf 的随机样本采样、设置估计器带宽和计算不同方法带宽因子等。

【例9-7】 产生一组在平面中呈一定分布的随机数序列，使用 scipy. stats. gaussian_kde()函

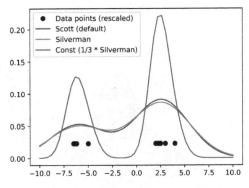 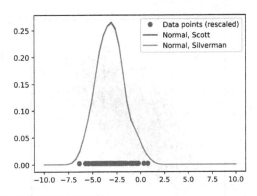

图9-5 多种带宽确定方法处理结果比较

数进行概率密度函数的估计，并通过平面图和三维图形显示分布形态（完整代码见文件 scipy_stats_gaussian_kde. py）。

```python
from scipy import stats

def measure(n):#产生 2 组数据
     m1 = np. random. normal(size = n)
     m2 = np. random. normal(scale = 0. 5,size = n)
     return m1 + m2,m1 - m2

m1,m2 = measure(2000)
xmin,xmax = m1. min(),m1. max()
ymin,ymax = m2. min(),m2. max()

#对数据进行核密度估计
X,Y = np. mgrid[ xmin:xmax:100j,ymin:ymax:100j]
positions = np. vstack([ X. flatten(),Y. flatten()])
data = np. vstack([ m1,m2])
kernel = stats. gaussian_kde(data)
kernel. set_bandwidth(bw_method = 'silverman')
Z = np. reshape(kernel(positions). T,X. shape)

#绘制图形(略,见完整的示例代码)
#......
```

运行程序，可得到如图9-6所示的，由不同形式表示的估计所得的核密度分布情况。

9.1.4 相关性分析

在 numpy 和 pandas 扩展库中，都提供了进行相关性计算和分析的函数。

对于 numpy 扩展库，可以调用 numpy. corrcoef() 方法进行相关系数矩阵计算。该函数原型如下：

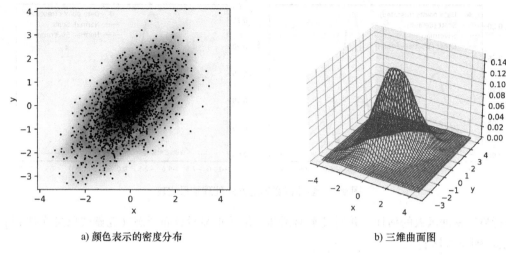

a) 颜色表示的密度分布   b) 三维曲面图

图9-6   核密度估计结果

```
numpy. corrcoef (x, y = None, rowvar = True)
```

其中，参数 rowvar 决定以行或列为变量进行相关系数计算。

对于 pandas 扩展库，可以调用以下函数进行相关系数矩阵计算。

```
pandas. DataFrame. corr (self, method = 'pearson', min_periods = 1)
```

其中，参数 method 规定所采用的计算相关系数的算法，可以是 {'pearson', 'kendall', 'spearman'}，分别表示皮尔森相关系数、Kendall Tau 相关系数和 Spearman rank 相关系数。返回值为 DataFrame 数据类型。

【例9-8】 计算 Excel 文件地区经济发展竞争力评价 . csv 中各项指标的相关系数（完整代码见文件 pandas_corr. py）。

```
data = pd. read_csv('地区经济发展竞争力评价 . csv', index_col = 0, engine = 'python',
encoding = 'gb2312')
corr = data. corr()                         #计算产生相关系数矩阵
print(corr)


corrcoef = np. corrcoef(data, rowvar = False)    #或者, 使用 numpy. corrcoef()


#绘制相关系数矩阵热力图
import seaborn as sns
sns. heatmap(corr,  annot = True)
```

程序运行结果如图9-7 和图9-8 所示。

可以看出，数据中"固定资产投资"与"国内生产""工业总产值"与"国内生产"之间，有较强的正相关关系。

	国内生产	居民消费	资产投资	职工工资	货物周转	消费价格指数	商品价格指数	工业产值
国内生产	1.000000	0.266765	0.950584	0.190384	0.617238	-0.272560	-0.263631	0.873744
居民消费	0.266765	1.000000	0.426137	0.717755	-0.151012	-0.235139	-0.592727	0.363099
资产投资	0.950584	0.426137	1.000000	0.399368	0.430623	-0.280486	-0.359052	0.791861
职工工资	0.190384	0.717755	0.399368	1.000000	-0.355975	-0.134348	-0.538389	0.103789
货物周转	0.617238	-0.151012	0.430623	-0.355975	1.000000	-0.253175	0.021722	0.658577
消费价格指数	-0.272560	-0.235139	-0.280486	-0.134348	-0.253175	1.000000	0.762838	-0.125217
商品价格指数	-0.263631	-0.592727	-0.359052	-0.538389	0.021722	0.762838	1.000000	-0.192074
工业产值	0.873744	0.363099	0.791861	0.103789	0.658577	-0.125217	-0.192074	1.000000

图 9-7 由 pandas. DataFrame. corr( )计算得出的相关系数矩阵

9.1.5 词云

可以使用 wordcloud 扩展库中所定义的 WordCloud( )方法产生和绘制词云图像。函数原型如下：

```
wordcloud. WordCloud (font _
path = None, width = 400, height =
200, margin = 2, ranks_only = None,
prefer_horizontal = 0.9, mask =
None, scale = 1, color_func = None,
max_words = 200, min_font_size =
4, stopwords = None, random _
state = None, background_color =
'black', max_font_size = None,
font_step = 1, mode = 'RGB', rela-
tive _ scaling = 0.5, regexp =
None, collocations = True, color-
map = None, normalize_plurals =
True)
```

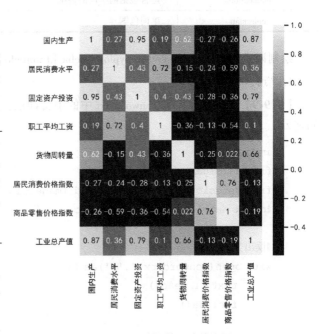

图 9-8 相关系数矩阵热力图

其中各参数的说明见表9-6。

表 9-6 wordcloud. WordCloud( )参数说明

参数	说 明
font_path	字体路径，如：font_path = '黑体 . ttf'
width，height	画布尺寸，单位为像素
prefer_horizontal	词语水平方向排版出现的比例
mask	背景图像
scale	画布缩放比例
min_font_size，max_font_size	字体大小的最小值和最大值
font_step	字体大小变化步长
max_words	显示词汇的最大个数

（续）

参数	说　　明
stopwords	停用词列表，如果为空，则使用内置的 STOPWORDS
background_color	背景颜色
mode	图像模式（当参数为"RGBA"且 background_color 不为空时，背景为透明）
relative_scaling	词频和字体大小的关联性
color_func	颜色生成函数
regexp	正则表达式，用于分割输入的文本
collocations	是否包括两个词的搭配
colormap	单词色图

绘制词云时，需要 matplotlib. pyplot、jieba 和 wordcloud 扩展库的支持。

1. 绘制词云

【例 9-9】　读取文本文件 cnword. txt 中的中文词汇，以图片 CiYunBkgrd. jpg 为背景模板，绘制词云。

```python
import jieba
from skimage.io import imread
from wordcloud import WordCloud,ImageColorGenerator
import matplotlib.pyplot as plt

#读出文本内容
with open('cnword.txt','r')as f:
    text = f.read()
    f.close()

#处理文本
cut_text = jieba.cut(text)                          #分词
string = ' '.join(cut_text)                         #用空格进行分隔
string = string.replace('\n','')

#生成词云
back_img = imread('CiYunBkgrd.jpg')                 #获取背景图片
wc = WordCloud(
    font_path = 'simhei.ttf',                       #字体路径
    background_color = 'white',                      #背景颜色
    max_font_size =100,min_font_size =5,            #字体大小
    mask = back_img,                                #设置背景图片
    max_words =1000)
wc.generate(string)                                 #生成词云
```

```
#显示词云图片
image_colors = ImageColorGenerator(back_img)        #基于彩色图像生成相应色彩
plt.imshow(wc.recolor(color_func = image_colors))
```

运行结果如图 9-9 所示。其中 ImageColorGenerator( )和 wc. recolor( )部分代码，使所生成的词云的色彩由背景图片的对应颜色来设置。

a) 词云背景图片   b) 词云

图 9-9　词云（未处理停用词）

完整代码见文件 wordcloud_WordCloud. py。

2. 停用词处理

所获取的词汇中，有很多对于词云统计无意义的词汇，例如"和""我们""并且""但是"等，不宜进行统计和处理，这类词汇称为停用词，需要将其从统计词汇中去除。在绘制词云进行词汇处理时，可以将停用词汇集为一个文件：停用词表。绘制词云时，可以通过参数，为词云生成函数设置停用词表。

【例 9-10】　对于【例 9-9】，使用存放在文本文件 stopwords. txt 中的停用词表，绘制词云（完整代码见文件 wordcloud_WordCloud_with_stop_words. py）。

```
import jieba
from wordcloud import WordCloud,STOPWORDS,ImageColorGenerator

#读取词源文本
with open('cnword. txt')as f:
    text = f. read()
    f. close()

#补充 jieba 分词词汇
jieba. add_word('阿桑奇')              #向 jieba 词库添加分词词汇,其将被处理为
                                      #一个单词
cut_words = jieba. cut(text,cut_all = True)

#构建停用词
with open('stopwords. txt')as f:
```

```
            stop_text = f.readline()
            while stop_text:                    #stopwords 文本中词的格式是'一词一行'
                    stopwords = STOPWORDS.add(stop_text)
                    stop_text = f.readline()
        f.close()
        stopwords = STOPWORDS.add('就是')              #补充停用词

        #创建词云对象
        back_img = imread('CiYunBkgrd.jpg')            #获取背景图片
        wc  =  WordCloud(font_path = "simhei.ttf", #指定显示的文字字体
                    mask = back_img,                    #词云背景,不为空时,width 和 height
                                                        #会被忽略
                    max_font_size = 100,min_font_size = 5,#字体大小
                    stopwords = stopwords,              #使用内置的屏蔽词,再添加特别停用词
                    max_words = 500,                    #最大词数
                    background_color = 'white')         #背景颜色
        wc.generate(text)#产生词云
```

图 9-10   词云(处理停用词后)

运行结果如图 9-10 所示。

如果需要查看调用 cut_words = jieba.cut( )后的分词结果,可以将 cut_words 组成文本字符串后进行查看:source_text = ' '.join(cut_words)。

9.2   回归分析

在 Python 的多个扩展库中,均定义和实现了回归分析模块。例如 sklearn 扩展库中实现了多种进行线性回归和非线性回归的模块,scipy 和 statsmodels 扩展库中也都实现了进行多种回归分析(如 Logistic 回归)的模块。利用 numpy 扩展库的多项式拟合函数,也可以完成回归分析的模型参数估计的工作。

9.2.1   线性回归

在 sklearn 扩展库的 linear_model 模块中,实现了多种进行线性回归的算法,较常用的算法见表 9-7。

表 9-7   sklearn 扩展库的 linear_model 模块中的线性回归算法

所在模块	名　称	说　　明
linear_model	ARDRegression	贝叶斯自动相关性确定(Automatic Relevance Deterimination)回归
	BayesianRidge	贝叶斯岭回归
	ElasticNet ElasticNetCV	施以系数 L1 正则化和 L2 正则化的线性回归 沿正则化路径迭代拟合的 ElasticNet

（续）

所在模块	名 称	说 明
linear_model	HuberRegressor	以特殊方法处理 $\left\|\dfrac{y - X'W}{\sigma}\right\| < \varepsilon$ 的样本，以提高模型异常值鲁棒性的线性回归
	Lars LarsCV	最小角回归模型（Least Angle Regression） 带交叉验证的 Lars
	Lasso LassoCV	系数 L1 正则化的线性回归，会产生系数稀疏 沿正则化路径迭代拟合的 Lasso
	LinearRegression	线性回归
	PassiveAggressiveRegressor	基于被动感知算法的线性回归
	RANSACRegressor	基于随机抽样一致性算法的线性回归
	Ridge RidgeCV	（L2 正则化）岭回归 （L2 正则化）岭回归（带交叉验证）
	SGDRegressor	以梯度下降法来使正则损失最小化的方法拟合的线性回归模型
	TheilSenRegressor	Theil – Sen 多变量回归
neighbors	RadiusNeighborsRegressor	基于固定半径内邻域的线性回归

以其中 LinearRegression 算法为例，使用表 9-7 中所列的算法进行回归分析的过程如下：

（1）准备数据。必要时进行标准化处理。

（2）创建模型。调用算法类构造函数，创建回归算法模型。例如 LinearRegression 模型，采用最小二乘法求解模型系数。其构造函数原型如下：

```
sklearn.linear_model.LinearRegression(*,fit_intercept=True,normalize=
False,copy_X=True,n_jobs=None)
```

其中，参数 fit_intercept 设置是否计算模型的截距；参数 normalize 设置是否对数据进行标准化；参数 copy_X 设置是否另存 X 的副本，否则 X 将被改写；参数 n_jobs 为处理多标签的海量数据时的任务数。

（3）拟合模型。调用模型类的 fit()方法，使用训练数据集对模型进行拟合，产生模型参数。常用的回归模型中定义的类方法见表 9-8。

表 9-8 回归模型主要类方法

fit（self, X, y, sample_weight = None）
使用数据集 X，y 拟合回归模型，参数 sample_weight 为每一样本的权值
predict（self, X）
对数据 X 进行预测，返回预测结果
score（self, X, y, sample_weight = None）
计算模型基于给定数据集 X，y 的决定系数 R^2 值

（4）评估模型。调用模型实例的 score()方法，可以得到决定系数 R^2 值，从而对模型进行评估。

（5）回归预测。调用模型实例的 predict( )方法，可以对给定的样本进行回归预测。

（6）查看参数。完成模型拟合，可以由模型对象的 coef_和 intercept_属性得到模型的系数，由 rank_属性值（X 为非稀疏矩阵时）得到模型的阶数，由 singular_属性值（X 为非稀疏矩阵时）得到模型的奇异值。

【例 9-11】 使用 sklearn. datasets. make_regression( )函数，产生具有 4 个特征（其中包括 1 个目标特征）的用于回归分析的数据，使用 sklearn. linear_model 中 LinearRegression 方法建立线性回归模型，并进行分析。

```python
from sklearn. linear_model import LinearRegression

#产生样本数据
X,y = datasets. make_regression(n_samples =100,n_features =4,
                                n_targets =1,noise =20,random_state =4)

#建立模型,并进行拟合
LR = LinearRegression(). fit(X,y)
#评估模型
R2 = LR. score(X,y)
print("模型评估:",
      "\n% 10s"% "R2 =",R2,end =" \n\n")
#模型参数
print("模型系数:",
      "\n% 10s"% "coef =",LR. coef_,
      "\n% 10s"% "intercept =",LR. intercept_,end =" \n\n")
print("模型阶数:",
      "\n% 10s"% "rank =",LR. rank_,end =" \n\n")
print("模型奇异值:",
      "\n% 10s"% "singular =",LR. singular_)
```

运行程序，输出结果如下：

```
模型评估:
    R2 =0. 9848578999295948

模型系数:
    coef =[68. 13100405  6. 52631571 88. 36953459 77. 63245852]
    intercept =0. 8749648992142802

模型阶数:
    rank =4

模型奇异值:
    singular =[11. 19778943 10. 36131519  8. 99961285  8. 5733943 ]
```

如果设置参数 n_features =2，则可以产生具有 2 个特征属性的数据，并建立二元线性回归模型（$z = ax + by + c$），进而根据模型参数，绘制如图9-11所示的数据与模型图形。

完整代码见文件 sklearn_LinearRegression.py。

【例9-12】 使用表9-7中所列的 sklearn 扩展库中实现的各种线性回归算法，对给定数据进行回归分析，并通过可视化的模型形态，对不同算法的回归结果进行比较和评估。

使用不同的回归模型，对以下数据进行回归拟合。

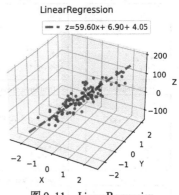

图9-11 LinearRegression
线性回归结果

```
#生成数据集
X_train = np.linspace(0.05, 0.95, 20).reshape(-1, 1)
y_train = [1.18, 1.45, 1.70, 1.31, 0.66, 0.76, 0.55, 1.16, 0.86, 1.89,
           1.57, 2.01, 3.18, 3.23, 3.47, 3.42, 3.45, 3.87, 4.75, 4.60]
X_test = np.linspace(0, 1, 100).reshape(-1, 1)
```

所使用的15种不同线性回归模型定义如下：

```
models = [LinearRegression(),
          Lars(),
          LarsCV(),
          ARDRegression(),
          BayesianRidge(),
          HuberRegressor(),
          TheilSenRegressor(),
          PassiveAggressiveRegressor(random_state = 0),
          Lasso(alpha = 0.05),
          LassoCV(cv = 5, random_state = 0),
          Ridge(),
          RANSACRegressor(random_state = 0),
          SGDRegressor(),
          ElasticNet(),
          RadiusNeighborsRegressor()]
```

对每一个模型进行拟合和预测，并调用模型的.score()方法进行评估。

```
for i in range(len(models)):
    model = models[i]    #建模、拟合
    model.fit(X_train, y_train)
    y_pred = model.predict(X_test)    #预测
    print("% s = % .4f"% (model.__class__.__name__, model.score(X_train, y_train))
```

运行程序，可以得到如图9-12所示的结果。

完整代码见文件 sklearn_linear_regressors.py。

除此之外，可以使用其他扩展库中所定义的线性回归方法进行求解。包括以下几种：

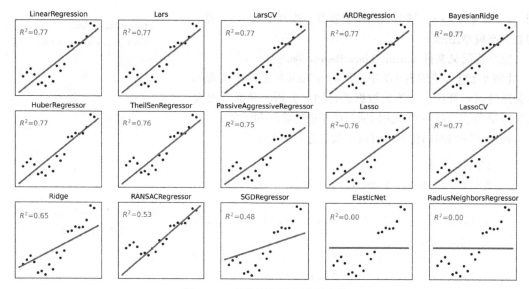

图9-12　多种线性回归结果比较

（1）scipy. stats. linregress（）。处理一维数据的最小二乘回归，不适合进行广义线性模型和多元回归拟合，模型返回模型系数，决定系数R^2值、p值和标准差（示例代码见文件 scipy_stats_linregress. py）。

（2）scipy. optimize. curve_fit（）。可以根据用户设计的回归方程（即回调函数）模板，按照误差最小原则进行拟合，估计最佳参数。进行线性回归时，只需将回调函数设置为线性表达式（$y = ax + b$）（示例代码见文件 scipy_curve_fit. py）。

（3）numpy. linalg. lstsq（）。可以较快捷地完成一元或多元线性回归分析，得到模型系数和残差（注意，在调用函数之前必须在 X 数据后加一列 1 来计算截距项）。该函数也用于通过计算欧几里得 2 -范数$\|b - ax\|_2$最小化的向量 x 来求解方程 $ax = b$（示例见第 6.1.9 节内容，示例代码见文件 numpy_linalg_lstsq. py）。

或者，使用 numpy. polyfit（）来产生拟合曲线，建立一元（可以是一阶或高阶）方差，得到一元线性回归模型（详细内容见第 5.10 节，示例代码见文件 numpy_polyfit. py）。

（4）Statsmodels. OLS（）。对于线性回归，可使用该扩展库中的 OLS 或一般最小二乘函数来获得估计过程中完整的统计信息。注意，在使用时，须手动给数据 X 添加一列常数来计算截距，否则默认情况下只会得到系数（示例代码见文件 statsmodel_OLS. py）。

1. Lasso 回归

Lasso 回归对特征变量系数进行 L1 正则化，拟合估计产生稀疏的特征变量系数，即：

$$\min_{\omega}\frac{1}{2n}\|X\omega - y\|_2^2 + \alpha \ \|\omega\|_1 \tag{9-1}$$

Lasso 回归根据正则化的程度不同，估计产生稀疏的特征变量，其系数部分为零。利用这个特性，可以选择较为重要的特征变量。

在 sklearn 扩展库中实现的 Lasso 回归采用坐标下降法进行特征变量系数的拟合（另一算法为最小角回归算法 Lars，即 LassoLars（））。

以下示例，说明在不同的正则化惩罚程度下（即式(91) 中的 α），所估计的特征变量系数的变化情况（代码见文件 sklearn_Lasso. py）。这里使用 sklearn 内置的糖尿病指标数据集（调用

load_diabetes( )函数），原始数据中共有 10 个特征变量（即 ['age', 'sex', 'bmi', 'bp', 's1', 's2', 's3', 's4', 's5', 's6']）。

运行程序，可以得到下列模型系数输出值和准确率数值，以及如图 9-13 所示的结果。

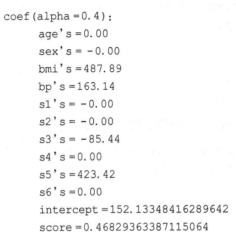

```
coef(alpha = 0.4):
        age's = 0.00
        sex's = -0.00
        bmi's = 487.89
        bp's = 163.14
        s1's = -0.00
        s2's = -0.00
        s3's = -85.44
        s4's = 0.00
        s5's = 423.42
        s6's = 0.00
        intercept = 152.13348416289642
        score = 0.46829363387115064
```

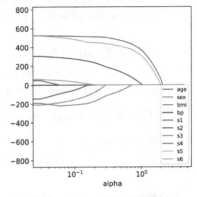

图 9-13　Lasso 回归系数变化

从输出结果中可以看出，当 $\alpha = 0.4$ 时，数据集的 10 个特征变量中的 6 个的系数为 0，可以对数据特征进行选择并进行有效降维。

2. Ridge 回归

Ridge 是可用于共线性数据分析的有偏估计回归方法，是一种改良的最小二乘估计法。算法通过放弃最小二乘法的无偏性，以损失部分信息和降低精度为代价，获得回归系数更为符合实际且更为可靠的回归模型。Ridge 回归对特征变量系数进行 L2 正则化，拟合估计产生特征变量系数，即：

$$\min_{\omega} \|X\omega - y\|_2^2 + \alpha \|\omega\|_2^2 \tag{9-2}$$

例如，图 9-14 为同样使用上一节示例中的糖尿病指标数据集，在不同的 L2 正则化惩罚程度下（即式(9-2) 中的 α 值），进行 Ridge 回归分析所得到的特征变量系数的变化情况（代码见文件 sklearn_Ridge.py）。可以看出，与 Lasso 回归不同，随着 α 值的增加，各特征变量系数以较为接近的程度同时减小。

3. Logistic 回归

利用 sklearn. linear_model. LogisticRegression 模块，可以建立 Logisitc 回归模型，并进行回归分析。建立模型的过程为：建立模型—拟合模型—评估分析—预测。

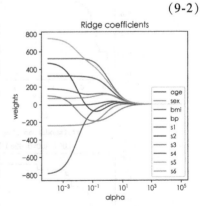

图 9-14　Ridge 回归系数变化

【例 9-13】 利用素材文件 bankloan_cleaned. csv 中的房贷违约事件记录数据，建立 Logisic 回归模型，并对模型的准确率进行评估。

载入数据，并进行标准化处理，再拆分为训练数据集和测试数据集后，即可建立回归模型。

```
#建立 sklearn. linear_model. LogisticRegression 模型,并进行训练
LR_model = LogisticRegression().fit(X_train,y_train)


#输出模型系数
```

```
print('模型系数为:',LR_model. intercept_,LR_model. coef_,end = ' \n \n')

#计算模型的训练准确率
accuracy_score = LR_model. score(X_train,y_train)
print(u'训练准确率:% f' % accuracy_score)

#计算模型的测试准确率
accuracy_score = LR_model. score(X_test,y_test)
print(u'测试准确率:% f' % accuracy_score)
```

完整代码见文件 sklearn_ LogisticRegression. py。运行程序,输出结果如下:

模 型 系 数 为:[- 1.73454888] [[0.22579983　　0.11667759 - 1.54575121 - 0.7243574 - 0.28112115　0.50323451　1.23281898　0.18345789]]

拟合准确率:0.8095238095238095
测试准确率:0.8142857142857143

其中包括所建立的 Logistic 回归模型的系数(共有 9 个数值,对应于 Logistic 回归公式 $p = \dfrac{e^{\beta_0+\beta_1 x_1 + \cdots + \beta_8 x_8}}{1 + e^{\beta_0+\beta_1 x_1 + \cdots + \beta_8 x_8}}$ 的 β_0 和 8 个特征的系数)及模型的拟合准确率和测试准确率。

根据模型数据,可绘制出如图 9-15a 所示的接受者操作特性曲线(ROC 曲线)。

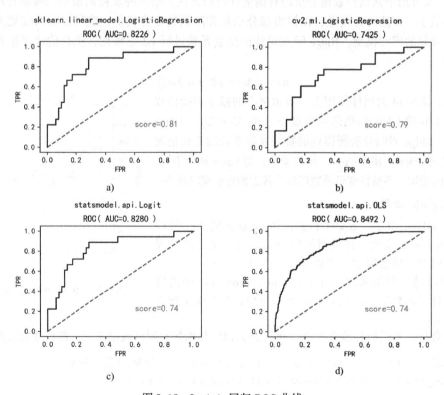

图 9-15　Logistic 回归 ROC 曲线

除此之外，可以使用其他扩展库中所定义的 Logistic 回归方法进行求解。主要有以下几种：

（1）opencv. ml. LogisticRegression( )。可以完成 Logistic 回归的建模、评估和预测，得到的 ROC 曲线如图 9-15b 所示。示例代码见文件 cv2_ml_LogisticRegression. py。

（2）statsmodels. api. Logit( )。得到的 ROC 曲线如图 9-15c 所示。示例代码见文件 statsmodel_Logit. py。

（3）statsmodels. api. OLS( )。得到的 ROC 曲线如图 9-15d 所示。示例代码见文件 statsmodel_OLS. py。

9.2.2 非线性回归

在 sklearn 扩展库的多种模块中，实现了多种非线性回归的算法，较常用的算法见表 9-9。

表 9-9　sklearn 扩展库模块中常用的非线性回归算法

所在模块	名　称	说　明
ensemble	AdaBoostRegressor	基于 Adaboost 方法的集成回归
	BaggingRegressor	基于袋装方法的集成回归
	ExtraTreesRegressor	基于多随机决策树结果平均化的集成回归
	GradientBoostingRegressor	基于决策树的梯度提升 Boosting 的集成回归
	RandomForestRegressor	基于随机森林的集成回归
gaussian_process	GaussianProcessRegressor	高斯过程回归
svm	SVR	支持向量机回归
neighbors	KNeighborsRegressor	K 近邻回归
neural_network	MLPRegressor	多层感知器回归
tree	DecisionTreeRegressor	决策树回归
	ExtraTreeRegressor	用于 ExtraTreesRegressor 集成回归中的 ExtraTree 回归

【例 9-14】　使用表 9-9 中所列的各种非线性回归算法，对【例 9-12】中给定数据进行回归分析，直观地通过可视化的模型形态对不同算法进行比较，并通过参数对模型进行评估。

所使用的 11 种不同的非线性回归模型定义如下：

```
models = [ExtraTreeRegressor(),
        ExtraTreesRegressor(),
        DecisionTreeRegressor(max_depth = 4, random_state = 0),
        DecisionTreeRegressor(criterion = "mae", random_state = 0),
        GradientBoostingRegressor(),
        AdaBoostRegressor(),
        GaussianProcessRegressor(),
        BaggingRegressor(),
        RandomForestRegressor(),
        KNeighborsRegressor(),
        SVR(),
        MLPRegressor(max_iter = 1000, random_state = 0)]
```

对每一个模型，进行拟合和预测，并调用模型的 .score( )方法进行评估。

```
for i in range(len(models)):
    model = models[i]          #建模、拟合
    model.fit(X_train,y_train)
    y_pred = model.predict(X_test)   #预测
    print("%s=%.4f"% (model.__class__.__name__,model.score(X_train,y_
train)))
```

完整代码见文件 sklearn_nonlinear_regressors.py。运行程序，得到如图9-16所示的结果。

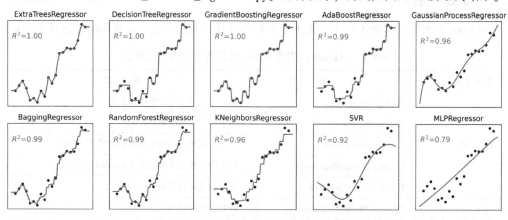

图9-16　多种非线性回归结果比较

从图9-16可以看出，各种算法对训练数据的拟合程度有很明显的差异，在实际应用中应合理选择。

除此之外，可以使用其他扩展库中所定义的方法完成非线性回归分析。例如前文中多次提到的 numpy.polyfit( )函数，可以对数据进行多项式拟合，得到高次拟合函数。代码见文件 numpy_polyfit_regression.py。

9.3　时间序列分析

时间序列分析是根据观察所得的与时间相关的随机序列数据，通过与时间相关的计算、拟合和参数估计，来建立数学模型的理论和方法。时间序列分析常用于金融管理、气象预测和商业分析等领域。

9.3.1　序列检验和分析

进行有效的时间序列分析的前提是该随机序列具有平稳性。对于平稳时间序列，可通过多种自回归模型、移动平均模型或自相关分析等手段来对其进行分析或建模，完成随机序列特征标识和分析、推断与预测等处理。只有对平稳随机序列的分析、计算和建模才具有有效性，因此在应用 Python 的时间序列分析模型进行分析前，要对时间序列的平稳性进行检验，并进行相应处理。

1. 平稳性检验

使用 statsmodels.tsa.stattools 中定义的 adfuller( )函数，可以计算时间序列的平稳性指标增广迪基-富勒（Augmented Dickey-Fuller，ADF），完成平稳性检验。函数的原型如下：

> statsmodels. tsa. stattools. **adfuller** (x,maxlag = None,regression = 'c',autolag = 'AIC',store = False,regresults = False)

其中，参数 x 为时间序列数据；参数 maxlag 为测试中包含的最大滞后阶数；参数 regression 为回归中的常数和趋势项阶数，可以是 'c'，'ct'，'ctt'，'nc'（c 表示常数项，第一个 t 表示有一次项，第二个 t 表示有二次项）；参数 autolag 为需要自动确定滞后阶数时所采用的方法，可以是 'AIC'（Akaike Information Criterion），'BIC'（Bayesian Information Criterion），'t-stat'（基于 maxlag 的 T 检验显著性方法），None（使用 maxlag 定义的滞后阶数值）；参数 store 设置是否随 ADF 统计结果返回模型实例；参数 regresults 设置是否返回完整的回归结果。

函数返回 ADF（测试统计值），pvalue 值，usedlag（所用的滞后阶数值），nobs（用于 ADF 回归和计算临界值的观测值的个数），critical values（在 1%、5% 和 10% 置信水平下的临界值），icbest（参数 autolag 不为 None 时的最大化的 Information Criterion 值），resstore（回归结果，包括 OLS 系数等，可使用 resstore. resol. summay()等进行查看）。

【例 9-15】 根据素材文件上证指数 . csv 中给出的上海证券交易所股票交易指数数据（其中包括：日期 Date、开盘价 Open、最高价 High、最低价 Low、收盘价 Close 和成交量 Volumne），使用 statsmodels. tsa. stattools 中的 adfuller()函数，对其中开盘价 Open 数据序列进行平稳性检验，并使用 statsmodels. graphics. tsaplots 中的 plot_acf()函数绘制 ACF 图。

```python
#计算时间序列的 ADF,以检验其平稳性
from statsmodels. tsa. stattools import adfuller
adf = adfuller(df['Open'],maxlag =20,regression = 'ctt')    #生成 adf 结果
print("'Open' feature")
output(adf)


#对数据序列进行一阶差分过程平稳化处理
diff = df['Open']. diff(1). dropna()
adf_d = adfuller(diff,maxlag =7)                             #生成 adf 检验结果
print("'Open' 1st order diffence:")
output(adf_d)


#绘制 acf 图
from statsmodels. graphics. tsaplots import plot_acf,plot_pacf
plot_acf( df['Open'],title ="Open 的自相关图")               #生成自相关图
plot_pacf(df['Open'],title ="Open 的偏自相关图")             #生成偏自相关图
```

完整代码见文件 statsmodels_acf&adf. py。运行程序，可以得到下列 ADF 计算结果，以及如图 9-17所示的 ACF 图、PACF 图。

```
'Open' feature
        ADF = -2.0204
        pvalue =0.2777
        critical values:
                1% : -3.4861
                5% : -2.8859
```

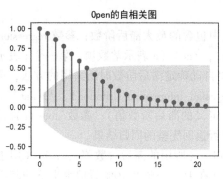
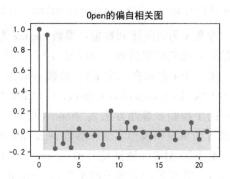

a) 原始数据的ACF图和PACF图

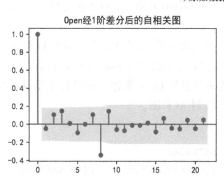
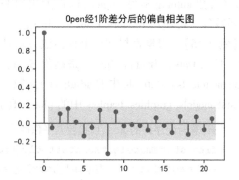

b) 经过差分平稳化后的ACF图和PACF图

图 9-17 时间序列的 ACF 和 PACF 图

从结果中可以看出，原始 Open 数据序列的 ADF 结果为 -2.0204，大于 1% 、5% 、10% 置信水平下的临界值，且 p 值为 0.2777，远大于 0.05，接受原假设，因此为非平稳过程。

有多种方法对时间序列进行平稳化处理，例如移动平滑、对数处理和差分处理。这里，对非平稳的 Open 数据序列进行了 1 阶差分处理，得到的 ADF 结果如下：

```
'Open' 1st order diffence:
    ADF = -3.5516
    pvalue = 0.0068
    critical values:
        1% : -3.4861
        5% : -2.8859
        10% : -2.5798
```

这时 ADF 结果为 -3.5516，均小于 1% 、5% 、10% 置信水平下的临界值，且 p 值为 0.0068，远小于 0.05，很好地拒绝了原假设。经过差分处理后的时间序列为一个平稳过程。从图 9-17b 中也可以明显看出，自相关系数很快收敛到置信区内，表明这是一个平稳过程。

此外，可以使用 statsmodels. tsa. stattools 的 acf( )和 pacf( )函数，计算出自相关系数和偏自相关系数的数值，以便进行判断分析。示例代码如下：

```
from statsmodels. tsa. stattools import acf,pacf
```

```
v_acf = acf(df['Open'])
v_pacf = pacf(df['Open'])
```

2. 自相关分析

平稳时间序列的宽平稳性要求时间间距相同的两个子序列相关性不随时间而变化。通过自相关分析图，可以直观地对随机序列的自相关性，也就是数据序列的前后依赖关系进行分析和检验。

使用 pandas. plotting. lag_plot( )函数，可以绘制出以散点图的形式表现观测值与第 k 个后续观测值（即 k 阶滞后）之间的关系变化的图形，从而对序列的自相关性进行分析。如果图形呈较为聚集的对角形态，则观测值为强自相关的随机序列，即由序列的 y_{i-1} 可以很大程度地推测出 y_i，利于建立回归模型对序列进行预测。

使用 pandas. plotting. autocorrelation_plot( )函数，可以绘制出归一化的序列自相关系数随滞后阶数 k 之间变化的趋势，图形中会以水平实线标注 95% 置信区间带，水平虚线标注 99% 置信区间带。

【例 9-16】 对于【例 9-15】中的股票交易数据中的开盘价（Open）数据，绘制 lag_plot 图和自相关图（完整代码见文件 pandas_lag_plot. py）。

```
#绘制序列的自相关图和 lag_plot
pd. plotting. lag_plot(df[['Open']],lag = 1,c = 'b',label = 'lag = 1')
pd. plotting. autocorrelation_plot(df[['Open']])

#绘制经过差分处理以后,序列的自相关图和 lag_plot
pd. plotting. lag_plot(df[['Open']]. diff(1). dropna(),lag = 1,c = 'b',label = 'lag = 1')
#经过差分处理后的序列的自相关图
pd. plotting. autocorrelation_plot(df[['Open']]. diff(1). dropna())
```

运行程序，可以得到如图 9-18 所示的结果。

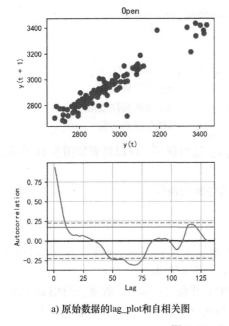
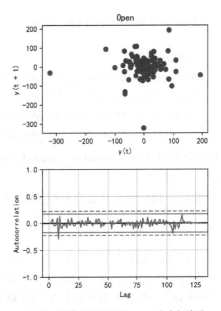

a) 原始数据的lag_plot和自相关图　　　　　　　b) 经一阶差分处理后的lag_plot和自相关图

图 9-18　lag_plot 图和自相关图

从图 9-18a 可以看出，滞后期为 1 的相关散点图基本呈较为聚集的对角线排列，具有较强的自相关性；图 9-18b 为经过一阶差分处理使随机序列平稳化后，再次绘制 lag = 1 的 lag_plot 和自相关图，呈较弱的自相关性。

另外，可以使用 statsmodels. stats. diagnostic. acorr_ljungbox( ) 函数，对 m 阶滞后范围内随机序列的自相关性是否显著，或序列是否为白噪声等进行 LB（Ljung-Box）检验，或对时序模型的残差是否存在自相关性（是否为白噪声）进行检验，其统计量服从自由度为 m 的卡方分布。

例如，对于【例 9-15】中的股票交易数据中的开盘价（Open）数据，运行以下示例程序。

```
from statsmodels. stats import diagnostic

lbvalue,pvalue = diagnostic. acorr_ljungbox(df[['Open']],lags = 5)
print(lbvalue,pvalue)
```

可以得到 1 ~ 5 阶的滞后范围的 LB 检验结果：

```
[115. 94094655 213. 84686021 293. 51163515 354. 87097331 401. 42117875]
[4. 896623e - 27 3. 662219e - 47 2. 523383e - 63 1. 556784e - 75 1. 465411e - 84]
```

其中 p 值均远小于 0.05，拒绝原假设，说明对于 1 ~ 5 阶的滞后范围，数据序列为非白噪声。

9.3.2　趋势、周期性和残留分析

对于具有一定规律的时间序列数据，可以使用 statsmodels. tsa. seasonal 中的 seasonal_decompose 模块，调用其 . trend( ) 函数提取该序列随时间变化的趋势；调用 . seasonal( ) 函数获取序列呈周期变化的成分；调用 . resid( ) 函数获取去除趋势和周期成分后的残留成分。

【例 9-17】　对于【例 9-15】中的股票交易数据中的开盘价（Open）数据，将其拆分为趋势、周期性和残留几个部分，并绘制图形。

```
from statsmodels. tsa. seasonal import seasonal_decompose

#分解时间序列
decomposition = seasonal_decompose(df['Open'],period = 7)
trend = decomposition. trend. dropna()              #提取趋势数据
seasonal = decomposition. seasonal. dropna()        #提取周期性数据
residual = decomposition. resid. dropna()           #提取残差数据
```

完整代码见文件 statsmodels_seasonal_decompose. py。运行程序，可以得到如图 9-19 所示的拆分图。

从图 9-19 可以看出开盘价走势和所呈现的变化趋势和周期性。

9.3.3　移动平均

计算时间序列的移动平均值，可以将时间序列数据组织成 pandas. Series 或 pandas. DataFrame 结构，并调用 . rolling（n）. mean( )计算基数为 n 的移动平均数据。

【例 9-18】　对于【例 9-15】中的股票交易数据中的开盘价（Open）数据，使用 pandas. DataFrame. rolling(n). mean( )方法，计算并绘制上证指数的 5 日、10 日和 20 日移动平均线（完整代码见文件 pandas_rolling_mean. py）。

```
import mplfinance as mplf

ma5 = df[['Close']].rolling(5)
.mean()      #产生 5 日移动平均数据
    ma10 = df[['Close']].rolling
(10).mean()   #产生 20 移动平均数据
    ma30 = df[['Close']].rolling
(30).mean()   #产生 30 日移动平均数据
    plot5 = mplf.make_addplot(ma5)
      plot10 = mplf.make_addplot
(ma10)
        plot30 = mplf.make_addplot
(ma30)
        colors = mplf.make_marketcol-
ors
(up = 'red',down = 'cyan',
```

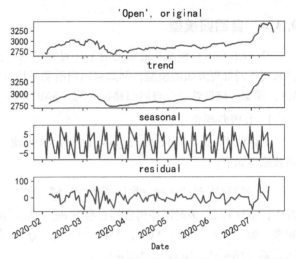

图 9-19　时间序列可拆分为趋势、周期性和残留部分

```
                        edge = 'black',wick = 'black',
                        volume = 'blue')          #设置线条色彩
    style = mplf.make_mpf_style(marketcolors = colors,
                        gridaxis = 'both',gridstyle = '-.')  #设置绘图属性
    mplf.plot(df,addplot = [plot5,plot10,plot30],
                type = 'candle',style = style)
```

运行程序，绘制带有 5 日、10 日和 30 日移动平均线的 K 线图，如图 9-20 所示。

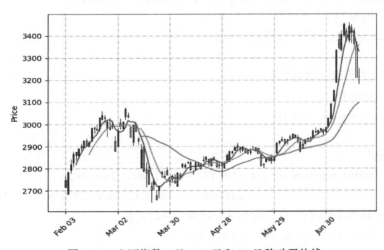

图 9-20　上证指数 5 日、10 日和 30 日移动平均线

另外，可以调用 pandas. DataFrame. ewm（alpha = 0.3）. mean（）来计算时间序列数据的加权移动平均数据，其中 alpha 为加权率。

9.3.4 自回归模型

自回归（AR）模型是最常见的平稳时间序列模型之一。在 AR 模型的基础上，衍生出了多种采用不同处理方法的模型，例如自回归滑动平均（ARMA）模型、差分自回归移动平均（ARI-MA）模型、周期性差分自回归移动平均（SARIMA）模型和增强版 SARIMAX 模型。

1. 自回归模型

可以使用 statsmodels. tsa. ar_model 中的 AR 模块，建立 AR 模型，并进行预测分析。AR 构造函数原型如下：

```
statsmodels. tsa. AR (endog,dates = None,freq = None,missing = 'none')
```

其中，参数 endog 为时间序列数据；参数 dates 为 datetime 时间序列数据；参数 freq 为时间序列的频率，如 {'B', 'D', 'W', 'M', 'A', 'Q'} 等；参数 missing 为数据中缺失值的处理方法，如 {'none', 'drop', 'raise'}。

调用构造函数 AR()建立自回归模型后，可以调用其.fit()方法来估计模型的参数，随后可调用.predict()方法进行回归预测。

【例 9-19】 对于【例 9-15】中使用的股票交易数据中的开盘价（Open）数据，建立自回归模型，拟合数据中最后 20 个样本的自回归数据，与真实数据进行比较，来评估模型的效果。使用模型，外推 30 个工作日的数据，进行预测分析（完整代码见文件 statsmodels_AR. py）。

```python
from statsmodels. tsa. ar_model import AR
from sklearn. metrics import mean_squared_error

#选择数据集中的'Open'数据序列,并划分为训练数据集和测试数据集
X = df['Open']
X_train,X_test = X[:-20],X[-20:]

#创建自回归模型,并进行训练
model = AR(X)
ar_result = model. fit()

#预测测试
X_ar1 = model. predict(start = len(X) - 20 + 1,end = len(X),
                       params = ar_result. params,dynamic = False)
X_ar1 = pd. Series(X_ar1,index = X. index[-20:])
error = mean_squared_error(X_test,X_ar1)
print('Test MSE:% .3f' % error)

#外推预测
n = 30
X_ar2 = model. predict(start = len(X),end = len(X) + n - 1,
                       params = ar_result. params,dynamic = True)
```

```
X_ar2 = pd. Series(X_ar2[ -n:],index = pd. date_range(X. index[ -1],
                        periods = n,freq = 'b'))
```

运行程序，可以得到如图9-21所示的结果。

图9-21中细实线为原始数据，虚线为根据 AR 模型拟合出的结果，可以看出与原始数据能很好地吻合，点画线为根据 AR 模型外推的结果。

2. 自回归滑动平均模型

自回归滑动平均（Autoregressive Moving Average，ARMA）模型可以理解为 AR（p）自回归模型和 MA（q）移动平均模型的结合。可以使用 statsmodels. tsa. arima_model. ARMA（）构建 ARMA 模型，其函数原型如下：

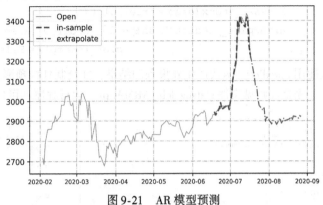

图9-21　AR 模型预测

```
statsmodels. tsa. arima_model. ARMA (endog,order,exog = None,dates = None,freq =
None,missing = 'none')
```

其中，参数 order 分别为 AR(p)和 MA(q)的(p,q)参数；参数 exog 为可选外生变量。

【例9-20】　对于【例9-15】中的股票交易数据中的开盘价（Open）数据，建立 ARMA 模型，拟合数据中最后20个样本的自回归数据，与真实数据进行比较，来评估模型的效果。使用模型，外推30个工作日的数据，进行预测分析。与【例9-19】相似，实现过程如下：

（1）读入数据并整理，保留2020年2月以后的数据。

（2）创建 ARMA 模型，并估计模型参数。

```
#创建 ARMA 模型
order = (6,1)   #(p,q)
model = ARMA(X,order = order)
arma = model. fit()
```

（3）对尾部20个数据进行拟合，并分析误差。

```
#使用模型结果的 .predict()函数,拟合模型
X_pred = arma. predict(start = len(X) -20 +1,end = len(X),dynamic = False)
X_pred. index = X. index[ -20:]
error = mean_squared_error(X_test,X_pred)
```

（4）外推预测。

```
#使用模型结果的 .predict()函数,进行 out-of-smaple 外推预测
X_extrap = model. predict(start = len(X),end = len(X) +n -1,
                            params = arma. params,dynamic = True)
X_extrap = pd. Series(X_extrap[ -n:],index = pd. date_range(X. index[ -1],
                        periods = n,freq = 'b'))
```

（5）绘制预测图形。可以使用模型预测结果的 .plot_predict()函数绘制外推预测图形及其置

信区间。

```
#绘制外推 n 个数据的图形
n = 30
X. reset_index(drop = True).plot()
arma. plot_predict(X. shape[0] - order[0], X. shape[0] + n, alpha = 0.2,
                                        plot_insample = False)
```

或使用 .predict( ) 函数产生外推预测结果，并绘制外推预测图形。

完整代码见文件 statsmodels_ARMA. py。运行程序，可以得到如图 9-22 所示的结果。

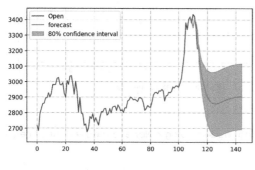
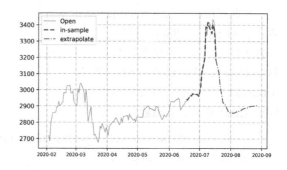

a) 预测与外推的结果(.plot_predict())　　　　　b) 预测与外推的结果(.predict())

图 9-22　ARMA 模型预测

其中，图 9-22a 为使用 .plot_predict( ) 函数绘制外推预测图形，图 9-22b 为根据 .predict( ) 函数结果绘制的外推预测图形。

3. 差分自回归移动平均模型

差分自回归移动平均(Auto Regressive Integrated Moving Average，ARIMA) 模型也称为集成移动平均自回归模型。相对于 ARMA 模型，ARIMA 模型对非平稳时间序列增加了进行差分预处理的过程，得到平稳过程后再进行建模。ARIMA 模型是自回归 AR(p)、移动平均 MA(q) 和差分预处理 diff(d) 的集成化处理模型。因此，相比于 ARMA(p，q) 的两个阶数，ARIMA 模型是一个表示为三阶数 ARIMA(p，d，q) 的模型。

建立 ARIMA 模型的构造函数的原型如下：

```
statsmodels. tsa. arima_model. ARIMA (endog, order, exog = None, dates = None, freq =
None, missing = 'none')
```

其中，参数 order 为阶数 (p，d，q)，分别为 AR 参数、差分阶数和 MA 参数。

可以调用 ARIMA 模型对象实例的 .fit( ) 方法对模型进行拟合训练，调用 .predict( ) 方法对序列进行预测和外推。

【例 9-21】　对于【例 9-15】中的股票交易数据中的开盘价（Open）数据，建立 ARIMA 模型，拟合数据中最后 20 个样本的自回归数据，与真实数据进行比较，来评估模型的效果。使用模型，外推 30 个工作日的数据，进行预测分析。与【例 9-20】相似，实现过程如下：

（1）读入数据并整理，保留 2020 年 2 月以后的数据。

（2）创建 ARIMA 模型，并估计模型参数。

```
#创建 ARIMA 模型
from statsmodels.tsa.arima_model import ARIMA
order = (5,1,6)      #(p,d,q)
model = ARIMA(X,order = order) #ARIMA 模型
arima = model.fit()
```

（3）对尾部数据进行预测，并分析误差。

```
#模型拟合预测
from sklearn.metrics import mean_squared_error
X_pred = arima.predict(start = len(X) - 20 + 1,end = len(X))
X_pred.index = X.index[ -20:]
X_pred = X_pred + X_test
print('Test MSE:%.3f' % mean_squared_error(X_test,X_pred))
```

（4）外推预测。

```
#外推预测
X_extrap = model.predict(start = len(X),end = len(X) + n - 1,
                            params = arima.params)
X_extrap = pd.Series(X_extrap[ -n:],
            index = pd.date_range(X.index[ -1],periods = n,freq = 'b'))
X_extrap = X_extrap.cumsum() + X[ -1]
```

（5）绘制预测图形。

完整代码见文件 statsmodels_ARIMA.py。运行程序，可以得到如图 9-23 所示的结果。

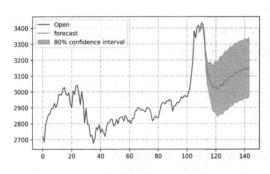 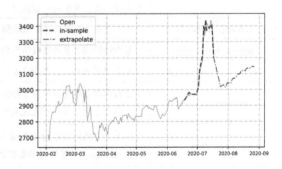

a）预测与外推的结果(.plot_predict())　　　　　　b）预测与外推的结果(.predict())

图 9-23　ARIMA 模型预测

其中，图 9-23a 为使用 .plot_predict( )函数绘制外推预测图形，图 9-23b 为根据 .predict( )函数结果绘制的外推预测图形。

4. 周期性差分自回归移动平均模型

周期性差分自回归移动平均（Seasonal AutoRegressive Integrated Moving Average with eXogenous，SARIMAX）模型是 SARIMA 模型的扩展，包括外生变量建模。SARIMAX 类对象实例的构造函数原型如下：

```
statsmodels.tsa.statespace.sarimax.SARIMAX(endog,exog = None,order = (1,0,0),
```

seasonal_order = (0,0,0,0),trend = None,measurement_error = False,time_varying_re-
gression = False,mle_regression = True,simple_differencing = False,enforce_sta-
tionarity = True,enforce_invertibility = True,hamilton_representation = False,con-
centrate_scale = False,trend_offset = 1,use_exact_diffuse = False,dates = None,
freq = None,missing = 'none',validate_specification = True,** kwargs)

参数说明见表9-10和前文中其他模型的相关内容。

表9-10 statsmodels. tsa. statespace. sarimax. SARIMAX( )参数说明

参数	说 明
order	(p, d, q) 阶数
seasonal_order	模型周期性部分（P, D, Q, s）阶数，分别是 AR 参数、差分阶数、MA 参数和周期数；s 为周期性的个数，4 表示季度性周期，12 表示月度性周期
trend	表征趋势的确定性多项式的参数，可以是字符串{'n','c','t','ct'}（c 表示常量，即趋势多项式的零度分量；t 表示一次项，即随时间的线性趋势；ct 表示两者都有），或者是定义了非零多项式指数的序列（例如，[1, 1, 0, 1] 表示 $a + bt + ct^3$）。默认不包括趋势组件
measurement_error	是否假定 endog 带有误差
time_varying_regression	当给定解释变量 exog 的情况下，是否允许外生回归系数随时间变化
mle_regression	是否使用估计外生变量的回归系数作为最大似然估计的一部分或通过卡尔曼滤波器（即递归最小二乘法）。如果 time_varying_regression = True，则必须为 False
simple_differencing	是否使用缩减的条件最大似然估计。如果为 True，则会在估计之前进行差分，从而丢掉部分初始行，导致更小的状态空间表达式；如为 False，则将完整的 SARIMAX 模型以状态空间形式，对所有数据点进行估计
enforce_stationarity	是否转换 AR 参数以增强模型自回归分量的平稳性
enforce_invertibility	是否转换 MA 参数以增强模型移动平均分量的可逆性
hamilton_representation	是否使用 ARMA 过程的 Hamilton 表示，否则以 Harvey 表示
concentrate_scale	是否将误差项的方差置于似然评估之外，这将使以最大似然法估计出的参数数量减少 1 个，但在方差参数中则无法获得标准差
trend_offset	相对于开始时间趋势值的偏移量。默认值为 1，这时如果 trend = 't'，趋势则等于 1，2, …, nobs。通常是在根据扩展以前的数据集来创建模型时才设置
use_exact_diffuse	是否对非平稳状态使用精确分散初始化，否则使用近似分散初始化

【例9-22】 对于【例9-15】中的股票交易数据中的开盘价（Open）数据，建立 SARIMAX
模型，对模型进行诊断和评估，并外推 30 个工作日的数据，进行预测分析。

与上文中的各示例相似，实现过程如下：

（1）获取数据并进行整理，保留 2020 年 2 月以后的数据。

（2）进行序列相关性分析。

```
#通过绘制自相关图和偏自相关图进行序列相关性分析
from statsmodels. graphics. tsaplots import plot_acf,plot_pacf
fig,axes =plt. subplots(1,2,figsize = (12,4))
```

```
plot_acf(X,zero = False,lags =100,ax = axes[0])
plot_pacf(X,zero = False,lags =100,ax = axes[1])
plt. show()
```

得到如图 9-24 所示的图形结果，具有相关性，可以进行自回归处理。

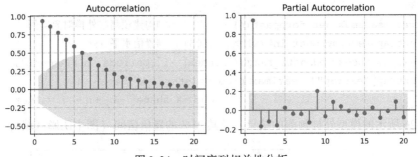

图 9-24 时间序列相关性分析

（3）建立 SARIMAX 模型，进行拟合训练，并对模型进行诊断评估。

```
#构建模型,进行拟合训练,并对模型进行诊断
from statsmodels. tsa. statespace. sarimax import SARIMAX
odr = (5,1,6)   #(p,d,q)
model = SARIMAX(X,order = odr)
sarimax = model. fit()
print(sarimax. summary())     #查看模型 profile
```

```
#诊断和评估模型
sarimax. plot_diagnostics()
```

得到如图 9-25 所示的模型诊断和评估结果，模型基本有效。

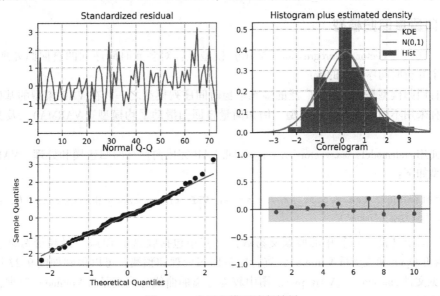

图 9-25 自回归模型诊断结果

另外，可以调用 sklearn. metrics. mean_squared_error( ) 函数，对照测试数据和基于此的预测数据，计算模型的 RMSE，对模型进行评估。

（4）外推预测。

```
#外推
n = 30
extrap = sarimax. get_forecast(n)          #构建预测与外推对象实例
df_extrap = extrap. conf_int(alpha = 0.05)    #置信水平 95%
df_extrap. index = pd. date_range(X. index[ -1], periods = n, freq = 'b')
df_extrap["extrap"] = sarimax. predict(start = X. shape[ -1],
                              end = X. shape[ -1] + n - 1). values
```

得到如图 9-26 所示的模型外推预测的结果，及其 95% 的置信区间（图中阴影区域）。

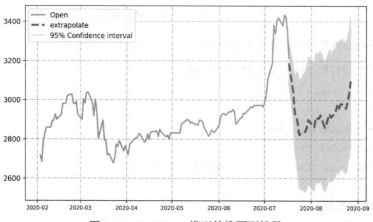

图 9-26　SARIMAX 模型外推预测结果

完整代码见文件 statsmodels_SARIMAX. py。

9.3.5　向量自回归模型

向量自回归（Vector Autoregression，VAR）模型是针对多元时间序列的自回归处理，是 AR 模型在多个并行时间序列上的推广。

向量自回归模型是应用最为广泛的多元平稳时间序列模型之一。在 VAR 模型的基础上，衍生出了多种采用不同处理方法的模型，例如向量自回归滑动平均模型（VARMA），及其增强版 VARMAX。

可以使用 statsmodels. tsa. vector_ar. var_model. VAR 完成向量自回归建模和处理，VAR( ) 构造函数的原型如下：

```
statsmodels. tsa. vector_ar. var_model. VAR (endog, exog = None, dates = None, freq =
None, missing = 'none')
```

例如，对于【例 9-15】中的股票交易数据（其中包括收盘价 Close、最高价 High、最低价 Low、开盘价 Open 和成交量 Volume），进行向量回归处理和预测，可以得到如图 9-27 所示的结果（代码见文件 statsmodels_VAR. py）。图中较为分离的曲线为成交量（Volume）数据，数值在右侧坐标轴标注。

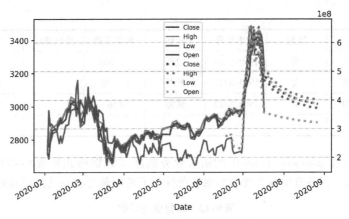

图 9-27 VAR 模型拟合与外推结果

向量自回归滑动平均（Vector Autoregression Moving-Average，VARMA）模型是 ARMA 模型对多个并行时间序列的推广。应用时，使用 VARMAX（VARMA with Exogenous），包括外生变量的建模。函数原型如下：

statsmodels. tsa. statespace. varmax. **VARMAX** (endog, exog = None, order = (1, 0), trend = 'c', error_cov_type = 'unstructured', measurement_error = False, enforce_stationarity = True, enforce_invertibility = True, trend_offset = 1, ** kwargs)

单元练习

1. 对于素材文件 student_scores. csv 中给出的学生成绩表数据（数据格式见表 9-11）：

（1）统计各单科成绩的频次，分别按成绩高低排序输出和按频次高低排序输出。

（2）计算各科成绩的均值、中位值、标准差或方差。

（3）比较男、女学生各科成绩是否存在差异。

表 9-11　成绩表数据格式

班级	学号	姓名	性别	语文	数学	英语	物理	化学	总分
1	100017	林文健	男	85	25	59	81	93	343
3	300047	陈勤	女	81	63	75	75	79	373
1	100016	叶武良	男	85	38	70	73	68	334
3	300044	王晶金	男	35	80	79	79	88	361
…	…	…	…	…	…	…	…	…	…

2. 对于表 9-12 中所列的工资单数据（数据见素材文件 payroll. csv），按照岗位津贴标准：助教为 800 元，讲师为 1500 元，副教授为 3400 元，教授为 7200 元，填补数据中空缺的"岗位津贴"列，并使用分类汇总统计各院系职工收入的平均值，以及不同职称职工收入的总额。

表 9-12　工资单数据（金额单位：元）

系别	姓名	性别	出生年月	职称	基本工资	岗位津贴	补贴	扣除
化工系	陈广路	男	1950/8/14	副教授	823		200	60

（续）

系别	姓名	性别	出生年月	职称	基本工资	岗位津贴	补贴	扣除
化工系	李峰	男	1959/6/14	教授	1,200		250	80
数学系	李雅芳	女	1955/8/12	教授	1,150		250	80
化工系	李月明	女	1966/8/21	讲师	650		150	40
…	…	…	…	…	…		…	…

3. 对于素材文件 transactions.csv 中的销售业务数据（数据格式见表9-13），利用数据透视表，统计不同大区中，各省份在自营和加盟经营性质下实际销售金额的总额和销售成本的均值。

表9-13　销售业务数据

店号	大区	省份	所在城市	性质	店名	本月指标	实际销售金额	完成率	毛利率	毛利额	销售成本
BJ001	华北	北京	北京	自营	AAAA-013	390000	249321.5	63.93%	64.45%	160698.1	88623.41
BJ002	华北	北京	北京	自营	AAAA-014	130000	99811	76.78%	63.64%	63515.03	36295.97
BJ003	华北	北京	北京	自营	AAAA-015	130000	87414	67.24%	61.92%	54125.8	33288.2
BJ004	华北	北京	北京	自营	AAAA-016	160000	104198	65.12%	64.23%	66924.4	37273.6
…	…	…	…	…	…	…	…	…	…	…	…

4. 表9-14 所列为1981—1993 年人均收入和消费额度数据（数据见素材文件 consum_incom_per_capita.csv），试研究人均收入对人均消费产生的影响。

表9-14　人均收入和消费额度数据

年份	人均收入（元）	人均消费（元）
1981	393.30	249
1982	419.14	267
1983	460.86	289
1984	544.11	329
…	…	…

5. 一对夫妇用一套面积为 200 平方米（1800 平方尺）、每年房屋税为 1500 美元、配有游泳池的住房，向银行提出抵押 19 万美元的申请。银行搜集的该地区房屋销售资料见表9-15。试以此判断该银行是否能接受这对夫妇的申请。

表9-15　住房销售数据

居住面积（百平方尺）	15	38	23	16	16	13	20	24	19	21	17
房屋税（百元）	1.9	2.4	1.4	1.4	1.5	1.8	2.4	4.0	2.3	2.6	2.1
游泳池（1=有，0=无）	1	0	0	0	1	0	0	0	0	1	0
销售价格（千元）	145	228	150	130	160	114	142	265	140	149	135

6. 使用美国波士顿房屋价格信息数据集，完成以下内容：

（1）使用 sklearn. ensemble. RandomForestRegressor 所定义的模型，进行非线性回归分析，输出模型评估结果。

（2）使用单因素特征选择方法，选出 6 个数据特征，完成问题（1）的分析，并比较二者的效果。

7. 对于素材文件 womens_weekly_earnings. csv 中给出的国外女性职工周收入数据（数据格式见表9-16），试分析其变化的趋势，是否具有周期性。

表9-16　国外女性职工周收入数据格式

Median. Weekly. Earnings	Year	Quarter	Decimal Year
546	2003	1	2003
551	2003	2	2003. 25
554	2003	3	2003. 5
560	2003	4	2003. 75
…	…	…	…

8. 对于上一题所使用的数据，试进行平稳性和相关性分析。

9. 从 https：//wwwbis. sidc. be/silso/INFO/snmtotcsv. php 下载太阳黑子活动月平均数据，试建立 SARIMAX 自回归模型，进行分析，并预测今后 2 年太阳黑子活动的情况。数据的格式为：年份（year），月份（month），十进制年份（decimal year），黑子数（SNvalue），月标准差（SNerror），观测次数（Nb observations）。数值为 -1 表示数据缺失。

10. 对于素材文件 trucks_border_crossings. csv 中给出的美国货车穿越州边界数量的统计数据（数据格式见表9-17），试建立自回归模型，进行分析和预测。

表9-17　美国货车穿越州边界数据格式

Date	Trucks	Month	Decimal Year
01/01/1999	677	1	1999.083333
02/01/1999	578	2	1999. 166667
03/01/1999	797	3	1999. 25
04/01/1999	924	4	1999. 333333
…	…	…	…

## 第 10 章

数据挖掘

数据挖掘（Data Mining）就是从大量的、不完全的、有噪声的、模糊的、随机的实际应用数据中，提取隐含在其中的、人们事先不知道的、但又是潜在有用的信息和知识的过程。简单地说，数据挖掘就是从大量数据中提取或"挖掘"知识。数据挖掘的主要方法有分类（Classification）、聚类（Clustering）、相关规则（Association Rule）、回归（Regression）和其他方法。

Python 中关于数据挖掘的算法，基本上都定义在 mlxtend 或 sklearn 这类有关机器学习技术的扩展库中，可以完成数据挖掘中关联分析、分类归纳和聚类分析方面的挖掘和处理。在一些专用扩展库（例如 pyclust 扩展库）中或其较为通用的扩展库的子模块（例如 scipy. clust 模块等）中，也实现了数据挖掘的算法应用。

10.1 关联分析

关联分析的过程分为以下步骤：①给定支持度阈值，产生频繁项集；②给定置信度或确信度等指标的阈值，根据频繁项集生成关联规则。其中，较为关键的步骤是产生频繁项集。常用的产生频繁项集的方法有暴力破解法、Apriori 算法和 FP‑Growth 算法。

利用 mlxtend 扩展库，可以方便地实现基于 Apriori 算法和 FP‑Growth 算法的关联分析。mlxtend 扩展库是一个完成日常数据科学分析、处理的算法程序的集合，其中定义了多个与关联分析相关的模块，例如进行数据预处理的 mlxtend. preprocessing 模块、生成频繁项集的 mlxtend. frequent_patterns 模块等。

10.1.1 Apriori 算法

使用 mlxtend 模块进行基于 Apriori 算法的关联分析的核心过程非常简单，即对于二元表示的事务数据集，调用 mlxtend. frequent_patterns. apriori( )产生频繁项集，再调用 mlxtend. frequent_patterns. association_rules( )生成关联规则。apriori( )的函数原型如下：

```
mlxtend. frequent_patterns. apriori (df,min_support = 0.5,use_colnames = False,
max_len = None,verbose = 0,low_memory = False)
```

其中，参数 df 为数据集；参数 min_support 为支持度阈值；参数 use_colnames 设置在结果中是使用 df 的 columns 文本，还是使用 index 文本；参数 max_len 为所产生的频繁项集项数的上限。

【例 10-1】 在素材文件 receipt_data. csv 中，采集了 200 人次顾客购物篮数据，其中列举的 apples、artichok 等共 21 项商品的购物事务数据，按购物篮事务的方式进行排列，如图 10-1 所示。其中 A 列为购物篮事务的编号，该事务所包含的数据项（商品）依次向右排列，未经过排序。

⁜	A	B	C	D	E	F	G	H	I
1	0	hering	corned_b	olives	ham	turkey	bourbon	ice_crea	
2	1	baguette	soda	hering	cracker	heineken	olives	corned_b	ham
3	2	avocado	cracker	artichok	heineken	ham	turkey		
4	3	olives	bourbon	coke	turkey	ice_crea			
5	4	hering	corned_b	apples	olives	steak	avocado	turkey	
......									
......									
......									
198	197	olives	bourbon	coke	turkey	ice_crea	peppers	artichok	
199	198	sardines	heineken	chicken	coke	ice_crea	bordeaux	olives	
200	199	olives	bourbon	coke	turkey	ice_crea	heineken	cracker	

图 10-1 购物篮事务数据排列形式

利用 mlxtend 扩展库，使用 Apriori 算法提取频繁项集，并生成关联规则。处理的过程如下：
（1）载入数据。

```
trans_df = pd. read_csv ('receipt_data.csv',header = None,
                          index_col = 0)
```

载入的数据形式如下：

```
      0         1         2         3         4         5         6         7         8

0    hering    corned_b  olives    ham       turkey    bourbon   ice_crea  NaN

1    baguette  soda      hering    cracker   heineken  olives    corned_b  ham

2    avocado   cracker   artichok  heineken  ham       turkey    sardines  NaN

3    olives    bourbon   coke      turkey    ice_crea  ham       peppers   NaN

4    hering    corned_b  apples    olives    steak     avocado   turkey    NaN

5    sardines  heineken  chicken   coke      ice_crea  peppers   NaN       NaN

    ....................................
    ....................................

198  sardines  heineken  chicken   coke      ice_ crea bordeaux  olives    NaN

199  olives    bourbon   coke      turkey    ice_ crea heineken  cracker   NaN

[200 rows x 8 columns]
```

可以看出，数据中共有200项事务数据，数据项数量有多有少，不足8数据项的部分用 NaN 表示。
（2）将数据转换为算法可处理的形式。载入的数据组织方式较为杂乱，不够齐整，需对数据进行整理，以较为规则的方式进行组织。这里，使用二元表示的方法组织数据。
完成二元表示法转换，首先使用以下语句：

```
trans_list = trans_df. stack (). groupby (level = 0). apply (list). tolist ()
```

或

```
def deal (data):
        return data. dropna (). tolist ()
df_arr = shopping_df. apply (deal,axis = 1). tolist ()
```

将数据转换为如下格式的列表。

```
[['hering',    'corned_b',  'olives',    'ham',       'turkey',   'bourbon',   'ice_crea'],
['baguette',   'soda',      'hering',    'cracker',   'heineken', 'olives',    'corned_b'  'ham'],
['avocado',    'cracker',   'artichok',  'heineken',  'ham',      'turkey',    'sardines'],
['olives',     'bourbon',   'coke',      'turkey',    'ice_crea', 'ham',       'peppers'],
['hering',     'corned_b',  'apples',    'olives',    'steak',    'avocado',   'turkey'],
['sardines',   'heineken',  'chicken',   'coke',      'ice_crea', 'peppers'],
[..................................],
[..................................],
['sardines',   'heineken',  'chicken',   'coke',      'ice_crea', 'bordeaux', 'olives'],
['olives',     'bourbon',   'coke',      'turkey',    'ice_crea', 'heineken', 'cracker']]
```

随后借助 mlxtend 扩展库中定义的 TransactionEncoder 模型，经过模型训练和转换，将数据转换为二元表示。代码如下：

```
from mlxtend.preprocessing import TransactionEncoder
TE = TransactionEncoder()                                #创建事务数据编码器实例
trans_arr = TE.fit_transform(trans_list).astype('int')   #训练应用模型
trans_bin_df = pd.DataFrame(trans_arr,columns = TE.columns_)
```

得到的二元表示数据中的每一事务项，出现的 item 的对应值为 1，未出现的为 0。

（3）计算频繁项集。调用 mlxtend.frequent_patterns.apriori() 函数，得到频繁项集。

```
from mlxtend.frequent_patterns import apriori
minSup = 0.15                                  #支持度阈值
freq_itemset = apriori(trans_bin_df,min_support = minSup,
             use_colnames = True)              #数据中使用元素名字,默认使用编号
```

频繁项集的数据形式如下：

```
     support    itemsets
10   0.575 (heineken)
13   0.515 (olives)
11   0.485 (hering)
8    0.465 (cracker)
7    0.440 (corned_b)
..   ...    ...
67   0.150 (soda,hering)
37   0.150 (bourbon,turkey)
44   0.150 (coke,turkey)
50   0.150 (corned_b,turkey)
81   0.150 (olives,turkey,    ice_crea)
[82 rows x 2 columns]
```

共有 82 项满足支持度阈值条件的频繁项集，使用语句：

```
max(freq_itemset.itemsets.apply(lambda x: len(x)))
```

可以得出其中最大为频繁 4 –项集（hering，corned_b，ham，olives），支持度为 0.15。

（4）生成关联规则。调用 mlxtend. frequent_patterns. association_rules（）函数，按照所给定的度量指标及其阈值，产生关联规则。例如：

```
#生成关联规则,置信度阈值为minConf定义
from mlxtend.frequent_patterns import association_rules
minConf = 0.8
ass_rule = association_rules(freq_itemset,metric = 'confidence',
                      min_threshold = minConf)#metric定义度量选项
```

得到所生成的关联规则如图 10-2 所示，共 16 项满足设定阈值的关联规则。随着关联规则输出的，还有前件和后件的支持度、置信度、提升度 lift、杠杆率 leverage 和确信度 conviction。

	antecedents	consequents	antecedent support	consequent support	support	confidence	lift	leverage	conviction
5	frozenset({'artichok', 'heineken'})	frozenset({'avocado'})	0.2300	0.3700	0.2000	0.8696	2.3502	0.1149	4.8300
1	frozenset({'hering', 'olives'})	frozenset({'corned_b'})	0.2550	0.4400	0.2150	0.8431	1.9162	0.1028	3.5700
3	frozenset({'soda', 'heineken'})	frozenset({'cracker'})	0.2350	0.4650	0.2100	0.8936	1.9218	0.1007	5.0290
2	frozenset({'corned_b', 'olives'})	frozenset({'hering'})	0.2550	0.4850	0.2150	0.8431	1.7384	0.0913	3.2831
8	frozenset({'baguette', 'heineken'})	frozenset({'hering'})	0.2150	0.4850	0.1850	0.8605	1.7742	0.0807	3.6908
14	frozenset({'hering', 'ham', 'olives'})	frozenset({'corned_b'})	0.1600	0.4400	0.1500	0.9375	2.1307	0.0796	8.9600
6	frozenset({'artichok', 'avocado'})	frozenset({'heineken'})	0.2100	0.5750	0.2000	0.9524	1.6563	0.0793	8.9250
4	frozenset({'soda', 'cracker'})	frozenset({'heineken'})	0.2300	0.5750	0.2100	0.9130	1.5879	0.0777	4.8875
15	frozenset({'corned_b', 'ham', 'olives'})	frozenset({'hering'})	0.1500	0.4850	0.1500	1.0000	2.0619	0.0772	inf
9	frozenset({'hering', 'ham'})	frozenset({'corned_b'})	0.2050	0.4400	0.1650	0.8049	1.8293	0.0748	2.8700
0	frozenset({'artichok'})	frozenset({'heineken'})	0.2700	0.5750	0.2300	0.8519	1.4815	0.0748	2.8688
10	frozenset({'corned_b', 'ham'})	frozenset({'hering'})	0.2000	0.4850	0.1650	0.8250	1.7010	0.0680	2.9429
13	frozenset({'hering', 'corned_b', 'ham'})	frozenset({'olives'})	0.1650	0.5150	0.1500	0.9091	1.7652	0.0650	5.3350
12	frozenset({'turkey', 'ice_crea'})	frozenset({'olives'})	0.1750	0.5150	0.1500	0.8571	1.6644	0.0599	3.3950
7	frozenset({'baguette', 'hering'})	frozenset({'heineken'})	0.2250	0.5750	0.1850	0.8222	1.4300	0.0556	2.3906
11	frozenset({'avocado', 'cracker'})	frozenset({'heineken'})	0.1650	0.5750	0.1500	0.9091	1.5810	0.0551	4.6750

图 10-2　所生成的关联规则

完整代码见文件 mlxtend_apriori. py。

另外，使用 efficient_apriori 扩展库，也可以完成基于 Apriori 算法的关联分析。调用其中的 apriori（）函数，可以同时得到频繁项集和关联规则（示例代码见 efficient_apriori_apriori. py）。

10.1.2　FP – Growth 算法

利用 mlxtend 扩展库，可以实现基于 FP – Growth 算法的关联分析，即对于二元表示的事务数据集，调用 mlxtend. frequent_patterns. fpgrowth（）函数产生频繁项集，然后调用 mlxtend. frequent_patterns. association_rules（）函数生成关联规则。

【例 10-2】　对于例 10-1 中使用的数据，利用 mlxtend 扩展库，采用 FP – Growth 算法提取频繁项集，并生成关联规则。与采用 Apriori 算法的区别在于，提取频繁项集时使用的是mlxtend. frequent_patterns. fpgrowth（）函数。例如：

```
#提取频繁项集,支持度阈值为minSup
from mlxtend.frequent_patterns import fpgrowth
minSup = 0.15
freq_itemset = fpgrowth(trans_bin_df,
              min_support = minSup,        #定义支持度阈值
```

```
        use_colnames = True,          #数据中使用元素名字,默认是使用编号
        verbose = True)
```

完整代码见文件 mlxtend_fpgrowth. py。

10.2 分类归纳

在 sklearn 等扩展库中,定义了多种分类算法和模型。本节主要介绍使用决策树分类、贝叶斯分类器、人工神经网络、支持向量机、随机森林等算法或框架,来实现分类归纳的方法,以及通过生成分类混淆矩阵、绘制 ROC 和计算 AUC 的方法,对分类模型进行评估的过程。

在 sklearn 扩展库中,各种不同算法和类型的分类模块均定义为面向对象的类,因此进行分类分析的一般过程如下:

(1) 对数据进行编码、标准化等预处理。

(2) 准备训练数据集和测试数据集。

(3) 创建模型。调用类构造函数,创建分类器实例对象。

(4) 训练模型。调用 fit( )类方法,使用训练数据集对模型进行训练。

(5) 评估模型。调用 score( )类方法,计算测试误差指标,或产生分类报告等。

(6) 分类预测。调用 predict( )类方法,对未分类样本进行分类预测。

对数据进行预处理的相关内容,可参考第 5 章的内容。例如,对数据进行标准化等处理可以参考第 5.7 节的内容;对数据进行编码处理可参考第 5.9 节的内容。

在准备训练数据集和测试数据集时,通常的做法是按照一定比例将数据集随机地划分为训练数据集和测试数据集。使用 sklearn. model_selection 模块的 train_test_split( )函数,可以非常方便地将数据进行随机划分。函数原型如下:

```
    sklearn.model_selection. train_test_split (* arrays,test_size = None,train_
  size = None,random_state = None,shuffle = True,stratify = None)
```

这里,可以设置以下参数:参数 arrays 为输入数据,应是等长的数据序列 (例如列表、数组、稀疏矩阵、pandas. DataFrame 等);参数 train_size 和 test_size 分别表示划分为训练数据集和测试数据集的体量,为 0.0 ~ 1.0 的浮点数则表示划分占比,为整数则表示划分样本数;参数 random_state 为随机状态值;参数 shuffle 设置是否在划分前打乱数据;参数 stratify 指定进行类别分层抽样的类别数据 (可以避免不同类别样本数量不均衡而导致例如测试数据集中不包含某个类别的样本)。

函数返回划分后的训练数据集数据和测试数据集数据。例如:

```
    X_train,X_test,y_train,y_test = train_test_split(
        X,y,
        train_size = 0.6,test_size = 0.3,
        shuffle = True,stratify = y,
        random_state = 3)
```

或参考第 5.2.1 节例 5-2。

10.2.1 决策树分类

进行决策树分类分析，可以使用 sklearn. tree 模块中定义的 DecisionTreeClassifier 类来完成。其构造函数的原型如下：

sklearn. tree. **DecisionTreeClassifier** (criterion = 'gini', splitter = 'best', max_depth = None, min_samples_split = 2, min_samples_leaf = 1, min_weight_fraction_leaf = 0.0, max_features = None, random_state = None, max_leaf_nodes = None, min_impurity_decrease = 0.0, min_impurity_split = None, class_weight = None, presort = False)

参数说明见表 10-1。

表 10-1 sklearn. tree. DecisionTreeClassifier( ) 主要参数说明

参数	说 明
criterion	不纯度度量指标，可以是 {'gini', 'entropy'}，分别表示使用 Gini 指标或基于熵的信息增益
splitter	结点的划分策略，可以是 {'best', 'random'}，分别表示使用最佳划分或随机划分
max_depth	决策树模型高度上限。如果为 None，则决策树会一直扩展到各叶结点为单一类别，或叶结点样本数少于 min_samples_split
min_samples_split	结点是否继续进行划分的样本数阈值。如果为整数，则为样本数；如果为浮点数，则为占数据集总样本数的比值
min_samples_leaf	叶结点样本数阈值（如果划分结果是叶结点样本数低于该阈值，则先进行剪枝）。如果为整数，则为样本数；如果为浮点数，则为占数据集总样本数的比值
min_weight_fraction_leaf	叶结点占总权重的最小权重比，如果没有设置参数 sample_weight，则各样本的权重相等
max_features	确定最佳划分时所使用的属性个数。如果为整数，则指属性个数；如果为浮点数，则是占数据属性总数的百分比值；为 'auto' 或 'sqrt'，则取值 sqrt（属性总数）；为 'log2'，则取值 log2（属性总数）；为 None，则为属性总数
max_leaf_nodes	叶结点个数上限
min_impurity_decrease	划分后不纯度降低的阈值，低于该值则决策树模型停止生长
class_weight	各分类类别加权权重，为 dict、dict 列表或 'balanced' 其中，dict 格式为 {class_label：weight}；对于多输出问题，须为每个类别的每一列指定权重；如果为 'balanced'，则按样本中各类别的频数，以反比进行加权（n_samples/（n_classes * np. bincount（y)))。注意，在进行 fit() 时，如果指定了 sample_weight，则这些权值将与 fit( )的 sample_weight 相乘
presort	是否在 fit 前对数据进行排序以提高处理速度

模型的常用类方法见表 10-2。调用表中的类方法，可以完成对模型的训练、评估和分类预测等处理。

表 10-2   sklearn 分类模型的主要类方法

fit（self，X，y，sample_weight = None）
使用数据 X，y 训练分类器。参数 X，y 为训练数据集；参数 sample_weight 为每一样本赋予的权值
predict（self，X）
对数据 X 进行分类预测，返回预测结果
predict_proba（self，X）
对数据 X 进行分类预测时，计算每一分类类别的概率估计值
predict_log_proba（self，X）
对数据 X 进行分类预测时，计算每一分类类别的概率估计对数值
score（self，X，y，sample_weight = None）
计算模型基于数据集 X，y 的平均分类精度值

【例 10-3】　根据素材文件 car_profiles. csv 中的汽车数据，建立决策树分类模型。汽车数据中的属性包括：序号、类型（微型，小型）、气缸（4）、涡轮式（Y，N）、燃料（1 型，2 型）、排气量（小，中）、压缩率（中，高）、功率（低，中，高）、换档（自动，手动）、车重（轻，中，重）、里程（低，中，高），其中里程为分类属性。

分析过程如下：

（1）数据读入。

（2）数值编码。分别为 Nominal 和 Ordinal 类型的属性，用不同的方式进行编码。

```python
#对名词(nominal)的属性值进行编码
from sklearn. preprocessing import LabelEncoder
label_encoder = LabelEncoder()

for col in ['涡轮式','燃料','换档']:   #nominal 属性编码
    X[col] = label_encoder. fit_transform(X[col])

#对有序(Ordinal)属性进行编码
X['类型'] = X['类型'].map({'微型':0,'小型':1})
X['气缸'] = X['气缸'].map({4:0,6:1})
X['排气量'] = X['排气量'].map({'小':0,'中':1})
X['压缩率'] = X['压缩率'].map({'中':0,'高':1})
X['功率']   = X['功率'].map({'低':0,'中':1,'高':2})
X['车重']   = X['车重'].map({'轻':0,'中':1,'重':2})
y = y. map({'低':0,'中':1,'高':2})
```

（3）划分训练数据集和测试数据集。

（4）建立模型，并训练和评估。

```python
from sklearn. tree import DecisionTreeClassifier
classifier = DecisionTreeClassifier (criterion = 'entropy')#创建模型
y_pred = classifier. fit(X_train,y_train). predict(X_test)#训练并测试
```

（5）模型可视化，使用 Graphviz 绘制决策树图形。

完整代码见文件 sklearn_tree _DecisionTreeClassifier. py。运行程序，可以得到如图 10-3 所示的决策树模型。

对模型评估通过后，可调用 classifier. predict( ) 函数，对未分类样本进行分类预测。

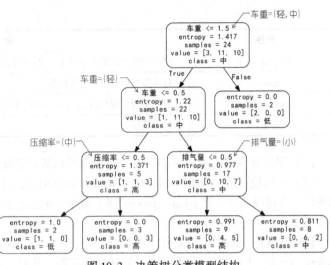

图10-3 决策树分类模型结构

10.2.2 贝叶斯分类器

贝叶斯分类器是以贝叶斯定理为核心的一类分类算法的总称。它通过在相关概率已知的情况下，利用误判损失评价来选择最优的类别分类。

在 sklearn. naive_bayes 模块中，定义了多种朴素贝叶斯分类器模型，例如伯努利贝叶斯分类器 BernoulliNB、类别贝叶斯分类器 CategoricalNB（适用于考虑类别分布的离散属性的分类）、完备贝叶斯分类器 ComplementNB、高斯贝叶斯分类器 GaussianNB、多项式贝叶斯分类器 Multinomi-alNB（适用于服从多项式分布的离散属性的分类⊖）等。应用的过程如下：

（1）组织数据并对其进行适当的编码和标准化处理。

（2）调用类构造函数，产生分类器对象实例模型。例如，CategoricalNB 构造函数原型如下：

sklearn. naive_bayes. **CategoricalNB** (* ,alpha =1.0,fit_prior =True,class_prior = None)

其中，参数 alpha 为概率值为 0（即无此类别的样本）时的平滑处理参数值，即平滑公式 $P(x_i|c_j) = \frac{n_{x_i|c_j} + \alpha}{n_{c_j} + \alpha n}$ 中的 α⊖；参数 fit_prior 设置是从数据中学习类先验概率，还是使用均匀先验概率；参数 class_prior 指定类先验概率（而非根据数据情况进行调整）。

（3）训练模型。调用 fit( ) 类方法，使用训练数据集对模型进行训练，构建出模型的各项属性。模型的常用类方法见表 10-2；模型的常用属性见表 10-3。

表 10-3 sklearn. naive _bayes. CategoricalNB 对象的常用属性说明

属性	说明
category_count_	各分类类别下，各属性值的统计数据（即 $P(x_i|c_j)$）列表
class_count_	训练数据样本中各分类类别统计数据，会被 .fit( ) 中所定义的参数 sample_weight 加权

⊖ 多项式贝叶斯分类器适合服从多项式分布的离散属性（例如文本分类中的字频属性）的分类处理，通常要求整数值，但在实际应用中也可以处理诸如 tf-idf 算法的浮点数。

⊖ $P(x_i|c_j)$ 为 c_j 类别中属性取值为 x_i 的条件概率，$x_{x_i|c_j}$ 为 c_j 类别中属性取值为 x_i 的样本数量，n_{c_j} 为 c_j 类别的样本数量，n 为数据维度（$\alpha = 1$ 时，称为 Laplace 平滑，$0 < \alpha < 1$ 时，称为 Lidstone 平滑）。

（续）

属性	说　　明
class_log_prior_	经过平滑处理的各分类类别的经验概率的对数值
classes_	样本数据中各分类类别标签
feature_log_prob_	经过平滑处理后的 category_count_的对数值列表
n_features_	样本特征数

（4）评估模型。调用 model. score( )，使用测试数据集对模型进行评估，最优值为1.0。

（5）应用模型进行分类预测。调用 model. predict( )，对未分类样本进行分类预测，得到类标签值。也可以通过计算 predict_proba（X）或 predict_log_proba（X）值，以判定概率为依据进行分类预测。

【例10-4】　根据素材文件 AllElectronics _customer. csv 中给出的客户信息（age，income，student，credit，buy_PC）数据，建立贝叶斯分类器，并对一名 {age：< =30，income：Medium，student：yes，credit：Fair} 的客户是否会购买计算机（buy_PC）进行预测。完成的过程如下：

（1）载入数据。

（2）对属性值进行编码。

```
#对各属性值进行编码
rule = {'age':['< =30','31..40','>40'],            #定义编码
        'income':['Low','Medium','High'],
        'student':['no','yes'],
        'credit':['Fair','Excellent']}
from sklearn. preprocessing import OrdinalEncoder
for c in rule. keys():
    OE = OrdinalEncoder(categories =[rule[c]])        #设置编码序号
    OE. fit(df[[c]])
    df[[c]] = OE. transform(df[[c]])
    df_to_pred[[c]]   = OE. transform(df_to_pred[[c]])
```

（3）建立贝叶斯分类模型，并进行训练和评估。

```
from sklearn. naive_bayes import CategoricalNB

NB = CategoricalNB()
NB. fit(X,y)

from sklearn. metrics import accuracy_score,confusion_matrix
from sklearn. metrics import classification_report

predict_results =NB. predict(X_test)
print('预测结果:',predict_results)
print('准确率:',accuracy_score(predict_results,y_test))
print('混淆矩阵:\n',confusion_matrix(y_test,predict_results))
```

```
print('分类结果分析: \n',classification_report(y_test,predict_results))
```

（4）对未分类样本进行预测。

```
predict_results =NB.predict(df_to_pred.iloc[:,:-1])
print('未分类样本预测结果:',predict_results)
```

（5）输出结果。

运行程序，得到以下输出结果。

```
预测结果:['no' 'yes' 'yes' 'yes' 'yes' 'yes' 'no']
准确率: 1.0
混淆矩阵:
        [[2 0]
        [0 5]]
分类结果分析:
            precision    recall  f1-score   support

        no      1.00      1.00      1.00         2
       yes      1.00      1.00      1.00         5

  accuracy                          1.00         7
 macro avg      1.00      1.00      1.00         7
weighted avg    1.00      1.00      1.00         7
```

```
未分类样本预测结果:['yes']
```

贝叶斯模型的属性值如下：

```
n_features_  =4
classes_     =['no' 'yes']
class_count_ =[5.9.]
class_log_prior_ =[-1.02961942 -0.44183275]
category_count_ =
            'no'              'yes'
          [3.0.2.]          [2.4.3.]
          [1.2.2.]          [3.4.2.]
          [4.1.]            [3.6.]
          [2.3.]            [6.3.]
feature_log_prob_ =
      'no'                              'yes'
[-0.69314718 -2.07944154 -0.98082925] [-1.38629436 -0.87546874 -1.09861229]
[-1.38629436 -0.98082925 -0.98082925] [-1.09861229 -0.87546874 -1.38629436]
[-0.33647224 -1.25276297]             [-1.01160091 -0.45198512]
[-0.84729786 -0.55961579]             [-0.45198512 -1.01160091]
coef_ =
```

$[-1.38629436\ -0.98082925\ -0.98082925]$　$[-1.09861229\ -0.87546874\ -1.38629436]$
$[-0.33647224\ -1.25276297]$　　　　$[-1.01160091\ -0.45198512]$
$[-0.84729786\ -0.55961579]$　　　　$[-0.45198512\ -1.01160091]$

intercept_ = $[-0.44183275]$
完整代码见文件 sklearn_CategoricalNB_allElectronics.py。

10.2.3　人工神经网络

人工神经网络（ANN）是从生物神经网络的研究成果中获得启发，试图通过模拟生物神经系统的结构，及其网络化的处理方法以及信息记忆方式，由大量处理单元互联组成一个非线性的、自适应的动态信息处理系统，实现对信息的处理。

可以使用多种扩展库中所提供的方法来构建人工神经网络，例如 tensorflow、keras、sklearn 和 numpy 等。tensorflow 作为一个后端的模块，下载、安装和配置较为复杂，优点是构建网络封装比较完善，对于网络层数的增改较为简便。keras 便于构建神经网络架构，通过连接 tensorflow 的程序接口，完成对深度学习模型的设计。

在 sklearn.neural_network 中，实现了三类人工神经网络模型，分别为伯努利受限玻尔兹曼机（BernoulliRBM）、多层感知分类器（MLPClassifier）和多层感知回归（MLPRegressor）。

下面介绍使用多层感知分类器构建人工神经网络。其构造函数原型如下：

sklearn.neural_network.**MLPClassifier** (hidden_layer_sizes = (100,),activation = 'relu',* , solver = 'adam',alpha = 0.0001,batch_size = 'auto',learning_rate = 'constant',learning_rate_init = 0.001,power_t = 0.5,max_iter = 200,shuffle = True,random_state = None,tol = 0.0001,verbose = False,warm_start = False,momentum = 0.9,nesterovs_momentum = True,early_stopping = False,validation_fraction = 0.1,beta_1 = 0.9,beta_2 = 0.999,epsilon = 1e - 08,n_iter_no_change = 10,max_fun = 15000)

主要参数说明见表 10-4。

表 10-4　sklearn.neural_network.MLPClassifier( ) 主要参数说明

参数	说　　明
hidden_layer_sizes	各隐藏层神经单元数，以元组表示
activation	隐藏层激活函数，可以是 'identity'（即 $f(x) = x$），'logistic'（即 $f(x) = \frac{1}{1+e^{-x}}$），'tanh' 或 'relu'
solver	优化算法，可以是 'lbfgs'（拟牛顿法，较适合小数据集），'sgd'（随机梯度下降法），'adam'（Kingma 等提出的基于随机梯度下降的优化方法，较适合大数据集）
alpha	L2 惩罚参数
batch_size	小批量随机梯度下降法（MBGD）的批量数，默认时为 200 和 n_samples 中的较小值
learning_rate	solver = 'sgd' 时的学习率的变化方式，可以是 'constant'（即 learning_rate_init 值），'invscaling'（逐次下降 t 的 power_t 次方），'adaptive'（训练误差下降则保持不变；改善不佳时则除以 5）

（续）

参数	说　明
learning_rate_init	学习率的初始值（仅适用于 solver = 'sgd'或'adam'时）
power_t	当 learning_rate = 'invscaling'，solver = 'sgd'时，学习率反比变化的幂次
max_iter	最大迭代次数
shuffle	是否每次迭代时打乱样本顺序（仅适用于 solver = 'sgd'或'adam'）
tol	优化迭代的容限公差。如果 learning_rate 不等于'adaptive'，在 n_iter_no_change 次连续迭代过程中，当损失值和有效验证结果的改善少于 tol，则停止训练
warm_start	是否重用前一处理结果作为初始状态
momentum	梯度下降更新动量，取值 0 ~ 1（仅适用于 solver = 'sgd'）
nesterovs_momentum	是否使用牛顿动量，仅适用于 solver = 'sgd'和 momentum > 0 的情况
early_stopping	是否在有效验证结果不再改善时，停止训练。为 True 时自动使用 10% 的训练数据进行有效验证，一旦在 n_iter_no_change 次连续迭代过程中，有效验证结果的改善少于 tol，则停止训练（仅当 solver = 'sgd'或'adam'时）
validation_fraction	当 early_stopping = True 时，训练数据集中用于进行有效验证的数据比例
beta_1，beta_2	adam 算法中一阶矩向量（期望值）和二阶矩向量（平方期望值）估计的指数衰减率，取值范围均为 $[0, 1)$
epsilon	adam 算法中的数值稳定性阈值
n_iter_no_change	至少改善 tol 情况下的迭代次数最大值（仅当 solver = 'sgd'或'adam'时）
max_fun	最大损失函数调用次数（仅适用于 solver = 'lbfgs'）

使用模型类的构造函数，可以构建多层感知分类器实例。可以看到构造函数的参数非常繁杂，分为模型结构、激活函数、优化算法、学习率和迭代停止条件等几个方面。

调用分类器类方法 fit()，可以对模型进行训练；使用 score()等方法可以对模型进行评估；使用 predict()方法可以对未分类样本进行分类预测。模型类方法见表 10-2。通过模型的类属性（见表 10-5），可以查看模型的结构和训练的状况。

表 10-5　sklearn. neural _network. MLPClassifier 对象的属性说明

属性	说　明
classes_	输出结果中的类标签
loss_	当前由损失函数计算出的损失值
coefs_	模型权重系数值（列表），其中第 i 个元素为模型第 i 到 $i+1$ 层的权值矩阵
intercepts_	模型神经单元的偏置值（列表），其中第 i 个元素为模型第 $i+1$ 层的偏置向量矩阵
n_iter_	模型训练的迭代次数
n_layers_	模型层数
n_outputs_	模型输出变量个数
out_activation_	输出层激活函数

【例10-5】根据素材文件 train-images. idx3-ubyte 和 train-labels. idx1-ubyte 中给出的手写数字

图像和标签值，建立多层感知器人工神经网络模型，对输入的手写图像进行预测。处理过程如下：

（1）读取数据。读入并整理手写图像数据 X 和标签数据 y。

（2）将数据集以 7:3 比例划分为训练数据集和测试数据集。

（3）构造模型，并进行训练。

```
from sklearn. neural_network import MLPClassifier
NNmodel = MLPClassifier(
    hidden_layer_sizes = (250,50),      #2 个隐藏层,分别有 250、50 个神经元
    activation = 'logistic',            #使用 sigmoid 激活函数
    learning_rate = 'invscaling',       #选择学习率优化方法
    max_iter = 30000)                    #最大迭代次数

NNmodel. fit (X_train,np. array(y_train). flatten())#训练模型
```

（4）评估模型。

```
print(model. score(X_test,y_test))#检验模型在测试集上的准确性

y_pred = model. predict (X_test)        #检验模型在测试集上的均方误差
err = np. mean(np. square(y_pred-y_test))
print("err2 = ",err)
```

（5）预测样本类别。

```
def readable_predict(idx,X,y):
    print('predict:',model. predict(X. T[:,idx]. reshape(1, -1)))
    print('real tag:',y[idx]. ravel())
    pyplot. imshow(X[idx]. reshape(28,28))      #显示该手写数字图像

readable_predict(3,X_test,y_test)
```

完整代码见文件 sklearn_MLPClassifier. py。运行程序，可以得到如图 10-4 所示的运行结果，其中预测值和实际值一致。

使用 tensorflow 或 keras，可以非常方便地建立较为复杂的人工神经网络模型，完成建模、训练、预测和部署等工作。较为常见的应用是建立适用于简单堆叠网络层的 Sequential 模型，其简易过程如下：

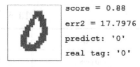

图 10-4　手写数字图像识别
模型评估及预测结果

（1）建立 Sequential 模型框架（调用 Sequential()函数）。

（2）添加多个网络层（多次调用 Sequential. add()函数，加入 layers. Dense()函数产生的网络层对象）。

（3）对模型进行编译优化。

（4）对模型进行训练。

（5）评估和使用模型。

【例 10-6】　使用【例 10-5】中所用素材，用 tensorflow 或 keras 建立人工神经网络分类模型，并对示例样本进行判定。

```
from tensorflow.keras.models import Sequential
from tensorflow.keras.layers import Dense
from tensorflow.keras.optimizers import Adam
from keras.utils import np_utils

from sklearn.model_selection import train_test_split
X_train,X_test,y_train,y_test=train_test_split(X,y,
            train_size=0.7,shuffle=True)
#对标签值进行编码
y_train_c=np_utils.to_categorical(y_train)
y_test_c=np_utils.to_categorical(y_test)

#建模
model=Sequential()
model.add(Dense(units=784,input_dim=1,input_shape=(784,),
                    activation='sigmoid'))
model.add(Dense(units=80,activation='sigmoid'))    #第二层隐藏元80个
model.add(Dense(units=10,activation='sigmoid'))

#编译、优化、训练模型
model.compile(optimizer=Adam(),loss='binary_crossentropy')
model.fit(X_train,y_train_c,batch_size=700,epochs=250,verbose=0)

#测试并评估
y_pred=model.predict(X_test)
err=np.mean(np.square(y_pred-y_test_c))
print("err2=",err)
```

完整代码见文件 TensorFlow.py。运行程序，可以看到如图 10-5 所示的结果。图中左侧为 10个示例数字的图像和预测结果，右侧为所建立的人工神经网络模型的预测输出。

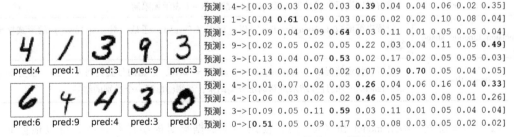

图 10-5　基于 tensorflow 的手写数字识别结果

在示例结果中，第二排第二个数字"4"，因书写较不规范，被判定为 9 的概率约为 33%，判定为 4 的概率约为 26% 等，最终为"9"，未能正确判定。

必要时，可以调用 Sequential.add() 函数，添加由 layers.Convolution2D() 创建的卷积层对象，添加由 layers.MaxPooling2D() 创建的池化层对象，构建卷积神经网络，完成更为高效的处理。

10.2.4 支持向量机

使用支持向量机原理构建分类器时，可以使用 sklearn. svm. SVC，sklearn. svm. NuSVC，sklearn. svm. LinearSVC 和 sklearn. svm. SVR 模块，以及 sklearn. linear_model. SGDClassifier 模块，完成支持向量机的构建和分类应用。

下面主要对 sklearn. svm. SVC 的使用进行介绍。应用过程如下：

（1）调用类构造函数，产生对象实例。sklearn. svm. SVC 类的构造函数原型如下：

sklearn. svm. **SVC** (* ,C = 1.0,kernel = 'rbf',degree = 3,gamma = 'scale',coef0 = 0.0, shrinking = True,probability = False,tol = 0.001,cache_size = 200,class_weight = None,verbose = False,max_iter = - 1,decision_function_shape = 'ovr',break_ties = False,random_state = None)

其中各参数的说明见表 10-1 和表 10-6。

表 10-6　sklearn. svm. SVC( )参数说明

参数	说　　明
C	L2 正则化参数。这里使用 L2 范数惩罚，正则化的程度与 C 值成反比
kernel	算法的核函数类型，可以是 {'linear', 'poly', 'rbf', 'sigmoid', 'precomputed', 可回调函数}
degree	当算法的核函数为多项式（即 kernel = 'poly'）时，指定其幂次数
gamma	对于'rbf'、'poly'和'sigmoid'核函数，设置其系数。可取值为'scale'（即 1/（n_features * X. var()））、'auto'（即 1/n_features）或一个浮点数
coef0	当算法的核函数为'poly'和'sigmoid'时，指定核函数中的独立项
shrinking	是否使用收缩的启发式算法
probability	是否启用概率估计，即调用 predict_prob() 和 predict_log_proba() 来计算未分类数据的类概率值，并以此进行分类判定
tol	停止迭代的公差标准
cache_size	指定核函数缓存的大小（MB）
max_iter	求解程序进行迭代计算的最大次数，默认值 –1 表示无限制
decision_function_shape	设置决策函数 decision_function() 以一对多（'ovr'），还是一对一（'ovo'）的形式输出结果
break_ties	是否在特定情况下（decision_function_shape = 'ovr'，数据的分类类别大于2），根据 decision_function() 的计算结果重新确定分类结果；否则输出第一个类别的结果

（2）训练模型。调用 model. fit（X，y），使用训练数据集对模型进行训练，可以根据 model. fit_status_属性值对训练结果进行判断。模型的属性见表 10-7。

（3）评估模型。调用 model. score（X，y），使用测试数据集对模型进行评估，最优值为 1.0。另外，可以通过 model. support_vectors_属性查看支持向量，并调用 model. decision_function（X）函数计算各输入数据的决策函数值并进行评估。

（4）分类预测。调用 model. predict（X），对未分类样本进行分类预测，得到类标签值。在调用构造函数生成 SVC 对象时，如果设置了 probability = True，则可以通过计算 predict_proba（X）或 predict_log_proba（X）值，以判定概率为指标进行分类预测（结果或与 . predict（X）的结果有差异，因概率判定的方法使用了交叉验证）。

表 10-7　sklearn. svm. SVC 对象的属性说明

属性	说明
support_	支持向量在数据集中的序号，格式为（n_SV,）数组
support_vectors_	支持向量，格式为（n_SV, n_features）数组
n_support_	各类别的支持向量数据的个数，格式为（n_class,）数组
dual_coef_	支持向量的系数（即决策函数的计算结果）
coef_	对于线性核模型，为各属性的权重
intercept_	决策函数中的常数项，格式为（n_class * (n_class − 1) /2,）数组
fit_status_	模型训练的结果状态，0 表示训练结果正确，1 表示异常
classes_	分类标签值，格式为（n_classes,）数组
probA_ probB_	当 probability = True 时，以决策函数输出值，进行 Platt scaling 处理求分类预测概率时，所得到的参数值
class_weight_	对各分类的（根据参数 class_weight 确定的）加权值
shape_fit_	训练数据集 X 的维度

【例 10-7】　将调用 sklearn. datasets. make_blobs()函数（详见第 4.1.6 节内容）产生出的数据集作为训练数据集，使用 sklearn. svm. SVC 建立并训练支持向量机分类器，并将模型可视化，标注支持向量、分割平面（线）和决策边界等。

对于二维数据，可以使用线性分类器。只需要在创建支持向量机模型时，为类构造函数 SVC()设置参数 kernel = 'linear' 即可。可得到如图 10-6 所示的模型示例，其中实线为分割线，虚线为决策边界线，虚线上的为支持向量。

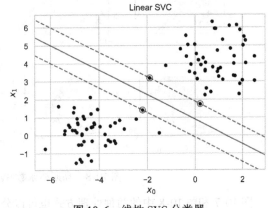

图 10-6　线性 SVC 分类器

代码见文件 sklearn_svm_SVC_linear. py。

对于多维数据，可以引入非线性核函数，使分割超平面更好地符合数据的模式，例如可以为 SVC()设置参数 kernel = 'rbf'，使用高斯核函数对数据进行转换处理。

图 10-7 所示为高斯核函数 SVC 分类器，数据具有多个分类类别（4 个类别，分别为 0、1、2、3）时，采用一对一的决策函数输出方式下，根据结果绘制的模型分类情况。图中的 6 列图形表示 0 - 1、0 - 2、0 - 3、1 - 2、1 - 3 和 2 - 3 共 6 种情况下的划分结果，上排图中，标注了支持向量、分割平面（线）和决策边界；下排图为分隔超平面的立体图（代码见文件 sklearn_svm_SVC_oneVSone. py）。

图 10-8 所示为采用一对多的决策函数输出方式下，绘制的模型分类情况图。图中的 4 列图

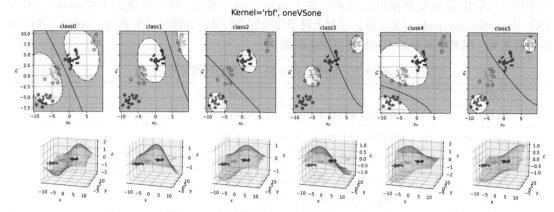

图 10-7　高斯核函数 SVC 分类器，oneVSone

形表示 0 – {1, 2, 3}、1 – {0, 2, 3}、2 – {0, 1, 3} 和 3 – {0, 1, 2} 共 4 种情况下的划分情况（代码见文件 sklearn_svm_SVC_oneVSrest.py）。

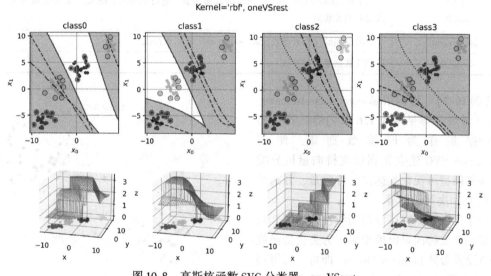

图 10-8　高斯核函数 SVC 分类器，oneVSrest

图 10-7 和图 10-8 中的两种处理方式也可以分别使用 sklearn.multiclass 中的 OneVsOneClassifier 和 OneVsRestClassifier 模块来完成。主要代码如下：

```
clf = SVC()                              #构建 SVC 对象实例 clf
clf.fit(X_train,y_train)                 #对 clf 进行训练
clf_ovr = OneVsRestClassifier(clf, -1)   #构建 OneVsRestClassifier 实例
clf_ovr.fit(X_train,y_train)             #对 clf 进行训练
clf_ovr.predict(X_test)                  #进行分类预测
```

这两种方法的示例代码见文件 sklearn_svm_SVC_OneVsOneClassifier.py 和 sklearn_svm_SVC_OneVsRestClassifier.py。

10.2.5 随机森林

随机森林分类器的原理是，多次使用从训练数据集中随机抽取的一定数量样本，构建出多个决策树分类器，构成一个由决策树组成的决策森林。在对未知样本进行判定时，由随机树林中的各决策树对该样本进行（分类）"投票"，最终选择"多数票"作为最终分类结果。

在 sklearn.ensemble 模块中，定义了 RandomForestClassifier 类。其构造函数如下：

sklearn.ensemble.**RandomForestClassifier** (n_estimators = 'warn', criterion = 'gini',max_depth = None, min_samples_split = 2, min_samples_leaf = 1, min_weight_fraction_leaf = 0.0, max_features = 'auto', max_leaf_nodes = None, min_impurity_decrease = 0.0, min_impurity_split = None, bootstrap = True, oob_score = False, n_jobs = None, random_state = None, verbose = 0, warm_start = False, class_weight = None)

其中，参数 n_estimators 为森林中决策树的数目；参数 bootstrap 为建立随机森林中的各决策树时，是否采用有放回的抽样方法选取训练数据样本，如果设为 False，则使用整个数据集建立决策树；参数 oob_score 设置是否使用袋外（out-of-bag）样本（即数据集中训练数据集以外的样本）来估计泛化精度；参数 n_jobs 为并行完成训练和预测的任务数量（默认值为 None 表示任务数为1；−1 则为等于处理器的数量）；参数 warm_start 设置是否重新生成随机森林，为 True 时，在上一次调用的结果上，添加更多的决策树，否则重新生成随机森林。其他参数见第10.2.1节中的相关说明。

DecisionTreeClassifier 实例的属性见表 10-8。

表 10-8 DecisionTreeClassifier 对象的属性说明

属性	说　　明
estimators_	决策树分类器 DecisionTreeClassifier 的集合
classes_	分类标签（单输出）数组，或者分类标签的数组列表（多输出问题）
n_classes_	分类类别数量（单输出问题），或各输出的分类类别数量列表（多输出问题）
n_features_	执行拟合时的特征数量
n_outputs_	执行拟合时的输出数量
feature_importances_	特征的重要性（值越高，特征越重要），为一个（n_features,）数组

【例 10-8】 产生一组包含3个分类类别的1000个样本的数据，使用随机森林算法建立分类模型进行分类处理，并绘制决策边界。

```
import matplotlib.pyplot as plt
from sklearn.ensemble import RandomForestClassifier
from mlxtend.plotting import plot_decision_regions

#产生数据
X,y = …(略)

#创建各种分类器初始模型
```

```
clf = RandomForestClassifier(n_estimators = 100, max_depth = 5)
r = clf.fit(X, y) #训练分类器模型
```

```
#根据模型绘制数据散点图,及分类区域图形
fig = plt.figure(figsize = (5,4))
fig.gca().set_title('Random Forest')
fig = plot_decision_regions(X = X, y = y, clf = clf, legend = 2)
plt.show()
```

运行程序,得到如图 10-9 所示的分类模型。

完整代码见文件 sklearn_svm_RandomForestClassifier.py。

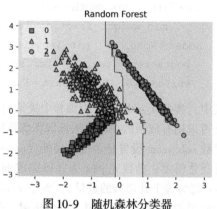

图 10-9 随机森林分类器

10.2.6 模型融合

当单一模型无法取得理想分类效果时,可以使用多种模型,对各模型的分类结果进行综合处理和评价,从而获得较为理想的分类模型。处理的方法有很多种,例如取平均(averaging)、堆叠(stacking)、交叉堆叠(blending)和投票(voting ensembles)等方法。以 voting ensembles 方法为例,其使用的过程如下:

(1)创建多种分类器模型。

(2)创建 EnsembleVoteClassifier 模型 evclf。构造函数原型如下:

```
mlxtend.classifier.EnsembleVoteClassifier(clfs, voting = 'hard', weights =
None, verbose = 0, use_clones = True, fit_base_estimators = True)
```

其中,参数 clfs 为分类器实例列表;参数 voting 为投票方式,可以是 'hard'(按分类预测的结果进行投票),或 'soft'(按预测概率和的最大值来进行投票);参数 weights 为('hard'时)对分类预测结果或('soft'时)分类预测概率进行加权的权重;参数 verbose 控制模型输出信息的详细程度,可以是 0、1、2 等的整数;参数 use_clones 设置是否复制分类器实例,以保证在进行堆叠融合分类时,能保证分类器不变,还是在 fit() 时重新训练分类器;参数 fit_base_estimators 设置是否重新训练参数 clfs 中所列的分类器。

(3)训练模型。调用 fit() 类方法进行训练。

(4)评估模型。调用 score() 类方法对模型进行评估。可以访问类属性 classes_、clf 和 clf_ 来查看模型元素。

(5)分类预测。调用 predict() 类方法,对未分类样本进行投票综合分类预测。

【例 10-9】 使用 mlxtend 扩展库中内置的 iris 数据,创建可以使用 Logistic 回归、支持向量机、随机森林和高斯朴素贝叶斯分类器结果进行分类预测的投票分类器模型,完成数据的分类分析,并绘制决策边界。处理的过程如下:

(1)载入数据。

(2)创建包括 voting ensembles 分类器在内的多种分类器实例。例如:

```
#创建各种分类器初始模型
```

```
from sklearn. linear_model import LogisticRegression
clf1 = LogisticRegression(random_state = 0)        #Logistic 回归分类器

from sklearn. ensemble import RandomForestClassifier
clf2 = RandomForestClassifier(random_state = 0)    #随机森林分类器

from sklearn. svm import SVC
clf3 = SVC(random_state = 0,probability = True)     #支持向量机

from sklearn. naive_bayes import GaussianNB
clf4 = GaussianNB()                                 #高斯朴素贝叶斯分类器

from mlxtend. classifier import EnsembleVoteClassifier
evclf = EnsembleVoteClassifier(clfs = [clf1,clf2,clf3,clf4],weights = [1,3,1,
2],voting = 'soft')
```

（3）训练分类器模型，并绘制决策边界。

```
gs = gridspec. GridSpec(2,4)
for clf,label,grd in zip([clf1,clf2,clf3,clf4],
        ['Logistic Regression','Random Forest','SVC','Naive Bayes'],
        itertools. product([0,1],repeat = 2)):
    clf. fit(X,y)
    ax = plt. subplot(gs[grd[0]],grd[1]],title = label)
    plot_decision_regions(X = X,y = y,clf = clf,legend = 2)
```

对于 EnsembleVoteClassifier，有：

```
evclf. fit(X,y)
plot_decision_regions(X = X,y = y,clf = evclf,legend = 2)
```

完整代码见文件 mlxtend_EnsembleVoteClassifier. py。运行程序，可以得到如图 10-10 所示的结果。

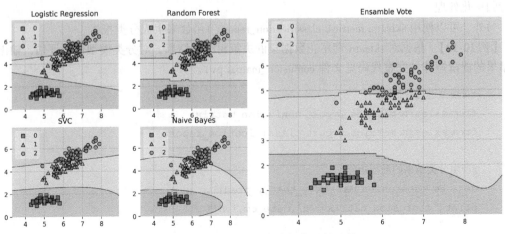

图 10-10　各种分类回归分析方法的比较

图 10-10 中左侧的小图是各种分类器的分类结果,右侧大图为投票分类器根据各分类器分类结果综合得出的结果。

10.2.7 分类模型评估

可以使用分类混淆矩阵、ROC/PRC 和 AUC 指标,来对分类模型和分类结果进行评估。

1. 分类混淆矩阵

混淆矩阵是表示真实分类与预测分类关系的数值矩阵(见表 10-9),可以用来表示对于不同类别的样本分类的准确性。

表 10-9 混淆矩阵

		预测分类		合计
		positive	negative	
真实分类	positive	f_{++} TP	f_{+-} FN	真正 TP + FN
	negative	f_{-+} FP	f_{--} TN	真负 FP + TN
合计		预测正 TP + FP	预测负 FN + TN	样本总数 TP + FP + TN + FN

可以使用 sklearn. metrics 模块中的以下函数,来产生该数据。

```
sklearn.metrics.confusion_matrix(y_true,y_pred,*,labels=None,sample_weight=None,normalize=None)
```

其中,参数 y_true 为真实值;参数 y_pred 为分类器预测值;参数 labels 为构成混淆矩阵的分类标签列表,借此可选择感兴趣的分类标签或对分类标签进行排序,默认使用 y_true 或 y_pred 中出现的并经过排序的分类标签;参数 sample_weight 为样本加权值;参数 normalize 设置是否对结果进行归一化,可以是 {'true', 'pred', 'all'},分别表示对真值(行)、预测值(列)或二者进行归一化处理。

另外,可以使用 sklearn. metrics. classification_report() 函数来生成分类报告。

【例 10-10】 根据对 sklearn 鸢尾花数据集的决策树分类结果,对分类模型进行评估,输出分类结果的混淆矩阵(完整代码见文件 confusion_matrix. py)。

```
#对模型进行评估
from sklearn.metrics import confusion_matrix
from sklearn.metrics import classification_report

#产生分类结果的混淆矩阵
data_cm = confusion_matrix(y_test,y_pred)
print('confusion_matrix = \n',data_cm,'\n')

#产生分类报告
```

```
data_cr = classification_report(y_test,y_pred)
print('classification_report = \n',data_cr)
```

运行程序，得到输出结果如下：

```
confusion_matrix =
[[22  2  0]
 [1 29  0]
 [0  0 21]]
```

```
classification_report =
            precision   recall  f1 - score  support

         0      0.96      0.92      0.94        24
         1      0.94      0.97      0.95        30
         2      1.00      1.00      1.00        21

  accuracy                          0.96        75
 macro avg      0.96      0.96      0.96        75
weighted avg    0.96      0.96      0.96        75
```

2. ROC/PRC 和 AUC

接受者操作特性曲线（Receiver Operating Characteristic Curve，ROC）也称为受试者工作特性曲线或接受者操作特性曲线，是绘制在以真阳性率（TPR）为纵坐标，假阳性率（FPR）为横坐标的二维 ROC 空间中的一条曲线。对于离散型的分类器，例如决策树分类器，可将每组测试数据集所产生的（TPR，FPR）坐标数据点标注在 ROC 空间坐标上。位于 ROC 左上角（TPR = 1，FPR = 0）是理想的分类预测特性，位于如图 10-11 中虚线对角线下方的点则具有较大的 FPR 和较小的 TPR，结果难以接受。多个（TPR，FPR）构成一条 ROC 曲线，曲线越弯向左上角，AUC（Area under curve）即 ROC 曲线下的面积越大（趋近1），则分类性能越好。

因此，通过 ROC 曲线的位置和变化情况，可以对分类预测结果的真阳性率（TPR）/假阳性率（FPR）的对应变化进行掌握和评价，从而对分类器的性能进行评估。

【例 10-11】 根据基于统计概率的分类预测值，对分类模型进行评估。ROC 曲线适用于二分类问题，多分类问题应先转化为二分类。

```
#y_test 为测试数据
y_test = np.array([1,1,1,0,1,1,1,1,0,0,1,0,1,0,1,0,0,0,1,0,1,0])
#y_pred 为基于统计概率的分类预测值
y_pred = np.array([0.9,0.85,0.8,0.76,0.7,0.6,0.55,0.54,0.53,0.52,0.51,0.505,
0.4,0.39,0.38,0.37,0.36,0.35,0.34,0.33,0.3,0.1])
```

```
#产生绘制 ROC 的数据
from sklearn.metrics import roc_curve,auc
FPR,TPR,thre = roc_curve(y_test,y_pred)
```

```
#计算 auc 值,即 ROC 下的面积
auc = auc(FPR,TPR)
print("AUC = ",auc)
```

```
from sklearn.metrics import roc_auc_score
AUC = roc_auc_score(y_test,y_pred)
```

完整代码见文件 sklearn_ROC_AUC.py。运行程序,得到图 10-11 中的 ROC 曲线。

例中也给出了由 sklearn.metrics.roc_auc_score()计算出 AUC 的语句。

调用 sklearn.metrics.precision_recall_curve(),可以计算绘制 PRC (Precision – recall Curve) 的数据,据此可绘制出 PRC 图形。例如:

```
from sklearn.metrics import pre-
cision_recall_curve
    precision, recall, thresholds =
precision_recall_curve(y_test,
                       y_pred)
    plt.plot(recall,precision)
```

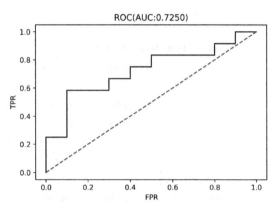

图 10-11　利用 ROC 曲线进行分类评估

10.3　聚类分析

聚类是将物理或抽象对象的集合划分为由类似的对象组成的多个属类的过程。聚类分析按照一定的算法规则,将判定为较为相近和相似的对象,或具有相互依赖和关联关系的数据聚集为自相似的组群,构成不同的簇。由聚类所生成的簇是一组数据对象的集合,这些对象与同一个簇中的对象彼此相似,与其他簇中的对象相异。

按照聚类分析的算法来分类,可以分为划分聚类 (其代表为 KMeans 聚类和 KMedoids 聚类)、层次聚类 (其代表为 CURE 聚类等)、基于密度聚类 (其代表为 DBSCAN 聚类和 OPTICS 聚类等)、基于网络聚类等,完成不同形式、不同目的和不同应用的聚类分析。

10.3.1　KMeans 聚类

在多个扩展库中,都实现或封装了 KMeans 聚类算法,例如 sklearn.cluster 模块、scipy.cluster.vq 模块、OpenCV 扩展库 (cv2) 和 PyClust 扩展库等,各具特色。

1. sklearn 扩展库

使用 sklearn 扩展库进行 KMeans 聚类分析的过程如下:

(1) 创建模型对象。KMeans 类的构造函数原型如下:

```
sklearn.cluster.KMeans (n_clusters = 8,* ,init = 'k - means + + ',n_init = 10,max_
```

iter = 300, tol = 0.0001, precompute_distances = 'deprecated', verbose = 0, random_
state = None, copy_x = True, n_jobs = 'deprecated', algorithm = 'auto')

其中各参数的说明见表10-10。

表 10-10　sklearn. cluster. KMeans( )函数参数说明

参数	说　　明
n_clusters	所要形成的簇和质心的数目
init	初始质心的选定方法、初始质心或生成初始质心的自定义函数。可以是'k – means + +'（快速收敛）或'random'（随机选取）；或（n_clusters, n_features）数组，指定初始质心；自定义函数的参数应为 X、n_clusters 和随机种子，并返回初始质心数据
n_init	基于不同质心种子的算法运行次数，最终输出其中基于惰性学习的最优结果
max_iter	最大迭代次数
tol	收敛过程中，基于两次迭代计算的质心的相对差的停止条件
copy_x	是否在进行距离预计算时，使用原始数据的副本
n_jobs	并行计算线程数量
algorithm	计算算法，可以是"auto"、"full"（EM 算法）或"elkan"（使用三角不等式，对规则簇较为有效，但耗内存）

（2）训练模型。调用 fit( )类方法，使用训练数据集对模型进行训练，构建出模型的各项属性数值。模型的常用类方法见表10-2；模型的常用属性见表 10-11。

表 10-11　sklearn. cluster. KMeans 的属性说明

属性	说　　明
cluster_centers_	质心坐标，以（n_clusters, n_features）数组表示（如果算法未最终收敛，数据或无法与 labels_ 匹配）
labels_	各数据的簇标签
inertia_	样本与距其最近质心的距离平方和
n_iter_	算法完成的迭代次数

（3）评估模型。可以查看 inertia_类属性的大小，对聚类结果进行评价；也可以查看其他类属性值，了解聚类结果并进行可视化。

（4）聚类预测。可以调用 predict( )类方法，对未知样本进行聚类。

【例 10-12】　使用素材文件 clustering_data. csv 中的数据，利用 sklearn 的聚类分析算法，进行聚类分析。核心代码如下：

```
#构建 KMeans 对象,并调用 fit()对模型进行训练(聚类个数为3)
kmeans = KMeans(n_clusters = 3). fit(data)
centroids = kmeans. cluster_centers_    #获取质心点
labels = kmeans. labels_    #获取簇标签
```

完整代码见文件 sklearn_cluster_kmeans. py。运行程序，聚类结果如图 10-12 所示。

图中以不同形状的散点表示聚类得到的 3 个簇，斜十字叉（×）为各簇的质心。

2. PyClust 扩展库

使用 PyClust 扩展库完成聚类，首先需要安装 PyClust 扩展库和 TreeLib 扩展库等。可以利用 PyClust 扩展库的 KMeans 类来进行聚类分析，其构造函数原型如下：

```
pyclust.KMeans(n_clusters=2,n_
trials=10,max_iter=100,tol=0.001)
```

其中，参数 n_trials 为随机产生初始质心的试验次数；其他参数参见表 10-6。

可以调用模型的 fit(X) 方法对模型进行

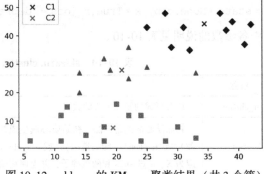

图 10-12　sklearn 的 KMeans 聚类结果（共 3 个簇）

训练，调用 fit_predict(X) 方法训练模型并进行聚类预测（输出聚类结果）。可以通过模型的 labels_ 属性查看聚类结果，centers_ 属性查看最终质心，sse_arr_ 属性查看各个簇的 SSE 值，n_iter_ 属性查看最优结果的迭代次数。

【例 10-13】　对于【例 10-12】中的数据，利用 PyClust 扩展库的 KMeans 定义进行聚类分析。完成过程中，用于进行聚类分析的代码如下（$k=3$）：

```
model=KMeans(n_clusters=3,max_iter=1000)
Ci=model.fit_predict(data)      #获取聚类簇标签
centroids=model.centers_        #获取质心数据
```

运行程序，结果如图 10-13 所示。可以看出，聚类结果与【例 10-12】所得到的结果并不一致，这与算法所采用的确定初始质心等策略有关。

完整代码见文件 pyclust_kmeans.py。

3. OpenCV 扩展库

在与 OpenCV 接口互连的 cv2 扩展库中，所实现的 KMeans() 函数，也可以用来实现聚类分析。函数原型如下：

```
cv2.kmeans(data,K,bestLabels,cri-
teria,attempts,flags[,centers])
```

参数说明见表 10-12。

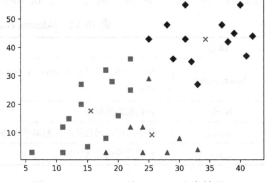

图 10-13　PyClust 的 KMeans 聚类结果

表 10-12　cv2.kmeans() 函数参数说明

参数	说　　明
data	数据，由 array 或 matrix 组织，每个属性为一列。数据类型要求是 np.float32
K	聚类完成后形成簇的数量
bestLabels	预设的分类标签，没有则为 None
criteria	迭代停止的条件，格式为（type，max_iter，epsilon）。其中，type 可以是： ● cv2.TERM_CRITERIA_EPS　精度（误差）满足 epsilon ● cv2.TERM_CRITERIA_MAX_ITER　迭代次数超过 max_iter 以上二者满足之一，则停止迭代

（续）

参数	说　　明
attempts	重复试验 kmeans 算法的次数，将返回最好的一次结果
flags	初始类中心选择方法，可以是： • cv2. KMEANS_RANDOM_CENTERS　　随机选择 • cv2. KMEANS_PP_CENTERS　　　　kmeans + + 的选择方法 • cv2. KMEANS_USE_INITIAL_LABELS　使用用户自定义的初始值

函数的返回值如下：

```
compactness        #误差指标,KMeans 算法经过 attempts 次运算后,返回
                   #compactness 最小的值
labels             #每个样本数据的聚类簇标号,为(0,1,…,K)
centers            #聚类停止后的簇心
```

OpenCV 最主要的作用是用于计算机视觉处理（也集成了一定的机器学习的处理方法），其 KMeans 聚类算法，可以对图像像素数据进行聚类处理，使图像的色彩丰富度降低，以利于后续处理。

【例 10-14】　利用 KMeans 聚类算法，对图像进行处理，使图像的灰度进行适当聚集，变为程序中的 K 个灰度等级（完整代码见文件 opencv_image_kmeans. py）。

```
img = cv2. imread('img_scene. jpg',cv2. IMREAD_GRAYSCALE)
for idx,K in enumerate([7,3]):
    criteria = (cv2. TERM_CRITERIA_EPS + cv2. TERM_CRITERIA_MAX_ITER,
                10,1.0)              #设置参数,规定退出方式
    flags = cv2. KMEANS_RANDOM_CENTERS  #设置参数,规定初始质心确定方法

    #处理图像数据的维度和数据类型,以满足处理需要
    img1 = img. reshape((img. shape[0]* img. shape[1],1))
    img1 = np. float32(img1)

    #进行 KMeans 聚类
    compactness,labels,centers = cv2. kmeans(data = img1,K = K,
        bestLabels = None,criteria = criteria,attempts = 100,flags = flags)
```

运行程序，将图像载入为灰度图像，经过处理，得到如图 10-14 所示的输出结果。

original   kmeans, K=7   kmeans, K=3

图 10-14　利用 KMeans 聚类算法对图像进行处理

【例 10-15】　对于【例 10-12】中的数据，利用 OpenCV 的 KMeans 模块，进行 KMeans 聚类分析。完成过程中，用于进行聚类分析的代码如下：

```
K = 3        #给定聚类簇数目
best_labels = np. random. randint(K,size = (data. shape[0],))
criteria = (cv2. TERM_CRITERIA_EPS + cv2. TERM_CRITERIA_MAX_ITER,9,0.01)
compact,labels,centers = cv2. kmeans(data,K,best_labels,
                                     criteria = criteria,attempts = 7,
                                     flags = cv2. KMEANS_USE_INITIAL_LABELS)
```

完整代码见文件 opencv_kmeans. py。运行程序，得到如图 10-15 所示的聚类结果。处理结果与【例 10-12】所得到的结果一致。

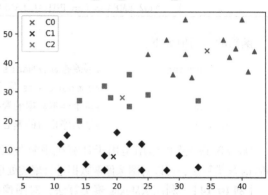

图 10-15   OpenCV 的 KMeans 聚类结果（共 3 个簇）

10.3.2   KMedoids 聚类

KMedoids 聚类的算法大体上与 KMeans 算法相同。二者的区别在于，KMeans 算法选择一个簇的质心（簇中数据点的各属性值的平均值）作为簇的中心，来进行数据点的就近指派；而 KMedoids 算法则是以绝对误差最小原则，选取簇中的某一个数据点作为簇的中心。

在 PyClust 扩展库中，定义了实现 KMedoids 聚类的算法。使用时，需先产生一个 KMedoids 类对象，并使用数据对其进行训练和预测，从而完成聚类。其构造函数的原型如下：

pyclust. **KMedoids** (n_clusters = 2,distance = 'euclidean',n_trials = 10,max_iter = 100,tol = 0.001,random_state = None)

其中，参数 distance 为距离度量方法，可以是 {'euclidean', 'chebychev', 'cityblock', 'cosine', 'minkowski', 'seuclidean'}；其他参数说明，以及模型的属性、方法及其含义，可参考第 10.3.1 节 KMeans 聚类的相关内容。

【例 10-16】   对于【例 10-12】中的数据，利用 PyClust 扩展库的 KMedoids 定义，k 值分别取 2、4、6，进行 KMedoids 聚类分析。

```
from pyclust import KMedoids

for k in [3,4,5]:    #对不同的簇数量 k,进行聚类分析
    #进行聚类分析
    km = KMedoids(n_clusters = k,distance = 'euclidean',max_iter = 1000)
    Ci = km. fit_predict(data)

    #绘制簇散点和簇中心图
    ......
```

完整代码见文件 pyclust_kmedoids. py。运行程序，得到的 KMedoids 聚类结果如图 10-16 所示。

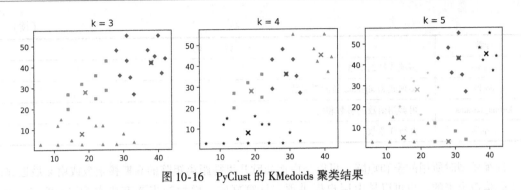

图 10-16 PyClust 的 KMedoids 聚类结果

10.3.3 谱聚类

谱聚类的主要原理是，借助图论的概念和原理，将数据看作图中的点，连接点之间的加权用边，用权值来表示所连接的两个点（数据）之间的关联的疏密程度（可以是数据之间的邻近度、相似度、距离或关联程度等）。算法将聚类问题转为图分割问题，通过对数据点组成的图进行分割，使分割后形成的子图之间以边的权重来衡量的耦合度尽可能低，而子图内以边的权重来衡量的内聚度尽可能地高，将分割而成的子图形成簇，从而完成聚类。

相较于较为传统的 KMeans 算法，谱聚类对数据分布的适应性更强，聚类效果较优，聚类过程的计算量较小，且较易于实现。

进行谱聚类时，可将 sklearn. cluster 模块中所定义的 SpectralClustering 类实例化后，通过数据训练和预测，完成聚类。构造函数原型如下：

sklearn. cluster. **SpectralClustering** (n_clusters = 8, * , eigen_solver = None, n_components = None, random_state = None, n_init = 10, gamma = 1.0, affinity = 'rbf', n_neighbors = 10, eigen_tol = 0.0, assign_labels = 'kmeans', degree = 3, coef0 = 1, kernel_params = None, n_jobs = None)

参数说明见表 10-10 和表 10-13。

表 10-13 sklearn. cluster. SpectralClustering( ) 函数参数说明

参数	说明
eigen_solver	所使用的特征值分解策略，可以是 {None, 'arpack', 'lobpcg', 'amg'}
n_components	用于谱嵌入的特征向量数，默认值为 n_clusters
random_state	随机状态值，用于算法的初始化
gamma	rbf、poly、sigmoid、laplacian 和 chi2 核函数的系数（affinity = 'nearest_neighbors'时无效）
affinity	构造亲和矩阵的方法，可以是可调用对象、'nearest_neighbors'（计算最近邻图）、'rbf'（使用高斯核函数）、'precomputed'（预先计算好的亲和矩阵）、'precomputed_nearest_neighbors'（预先计算好的最近邻稀疏图，并通过选择 n_neighbors 个最近邻来构造亲和矩阵）或多种成对的数据计算核函数
n_neighbors	使用最近邻方法构造亲和矩阵时要使用的邻居数（affinity = 'rbf'时无效）
eigen_tol	eigen_solver = 'arpack'时拉普拉斯矩阵特征分解的停止准则
assign_labels	在嵌入空间中指定标签的策略，可以是 {'kmeans', 'discretize'}

（续）

参数	说　　明
degree	多项式核的次数
coef0	多项式和 sigmoid 核的零系数
kernel_params	可调用函数的参数和值
n_jobs	并行任务数

训练模型时所用的亲和矩阵，可以是由例如欧几里得距离矩阵的高斯核函数或由 k 最近邻连接矩阵构造出来的，也可以是由用户提供预先计算好的。模型的主要方法为 fit（self，X，y = None）和 fit_predict（self，X，y = None），分别完成模型训练和训练加预测操作。完成训练后的模型可通过其属性 affinity_matrix_得到亲和矩阵，通过属性 labels_得到各数据点的聚类簇标签。

【例 10-17】　对 sklearn. datasets. make_circles（）所产生的双环数据，进行谱聚类分析。完成过程中，用于进行谱聚类分析的代码如下：

```
#产生数据
data,classes = datasets. make_circles(n_samples =1000,factor =0.5,
                                       noise =0. 074,random_state =120)

#构建聚类模型,并调用 fit_predict()进行聚类分析
from sklearn. cluster import SpectralClustering
model = SpectralClustering(n_clusters =2,
                           affinity = "nearest_neighbors")
labels = model. fit_predict(data)
```

完整代码见文件 sklearn_SpectralClustering. py。运行程序，得到如图 10-17 所示结果。谱聚类可以有效地将互相嵌套的数据进行聚类。

如果使用图邻接矩阵作为亲和矩阵，则该方法可用于确定图的割集。

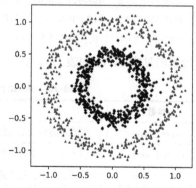

图 10-17　sklearn 的谱聚类结果

10. 3. 4　层次聚类

层次聚类（Hierarchical Clustering，HC）根据数据点间的相似度来逐层创建一棵有层次的嵌套聚类树。在聚类树中，不同类别的原始数据点是树的最低层，树的顶层是聚集为一个簇的根节点。创建聚类树有自下而上合并和自上而下分裂两种方法。

进行层次聚类，可利用 scipy. cluster. hierarchy 模块来完成，过程中需调用 scipy. cluster. hierarchy. linkage（）函数并指定计算簇间相似度的度量方法来生成层次聚类树的坐标数据，再通过 dendrogram（）函数绘制成聚类树。

【例 10-18】　根据素材文件 hier_data. csv 中的数据，进行层次聚类。

```
from scipy. cluster. hierarchy import dendrogram,linkage
```

```
data = pd. read_csv('hier_data. csv',header = None,
                     dtype = 'float32')

methods = ['average','centroid','complete','single',
           'ward','weighted']
for i,method in enumerate(methods):
    plt. subplot(231 + i);  plt. title(method)
    Z = linkage(data,method)
    dn = dendrogram(Z)
```

完整代码见文件 scipy_cluster_hierarchy. py。运行程序，可以得到以不同的邻近度衡量方法进行层次聚类的结果，如图 10-18 所示。

另外，可以使用 sklearn. cluster. ward_tree 类来进行 ward 层次聚类。

【例 10-19】 使用【例 10-18】所使用的数据，利用 sklearn 扩展库中的 cluster. ward_tree 类进行层次聚类（完整代码见文件 ward_hierarchy. py）。

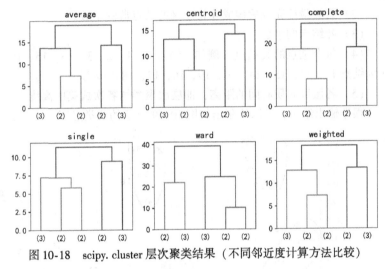

图 10-18 scipy. cluster 层次聚类结果（不同邻近度计算方法比较）

```
from sklearn. neighbors import kneighbors_graph

#生成(对称)连通矩阵
connectivity = kneighbors_graph(data,n_neighbors = 3,
                                 include_self = False)
connectivity = 0.5* (connectivity + connectivity. T)

#ward 聚类,考虑连通关系
from sklearn. cluster import ward_tree
hierarchy = ward_tree(data,connectivity = connectivity,n_clusters = 4,
                      return_distance = True)
print(hierarchy)
```

输出结果如下：

```
(array([[0,1],[9,11],[3,6],[2,5],[7,8],[4,14],[10,13],[12,15]],dtype =
int64),
 1,
 12,
```

array([12,12,15,14,17,15,14,16,16,13,18,13,19,18,17,19,16,17,18,19],dtype = int64),

array([1.41421356,2.82842712,3. ,3.16227766,3.16227766,6.02771377,6.92820323, 10.19803903]))

其中共包括 5 个部分：

（1）各数据进行聚类的过程，原始数据点 0，1，…，11 共形成 12 个结点，结点 0、1 首先聚集为簇 12，结点 9、11 聚集为簇 13，结点 3、6 聚集为簇 14，…，结点 7、8 聚集为簇 16，结点 4 与簇 14 聚集为簇 17 等，直至聚集成为 4 个簇为止（如参数 n_clusters 所设定的），这个过程如图 10-19 所示。

（2）聚类最终完成后构成互相连接的结点群的个数。

（3）叶结点的个数。

（4）每个结点的父结点。例如，结点 0，1，2，3，…，15，16，17，18，19 等的父结点依次为结点 12，12，15，14，…，19，16，17，18，19 等。

（5）各层级簇质心间的距离，即层次聚类树各次成簇的高度。

根据输出结果，可以绘制出如图 10-19 所示的聚类过程。

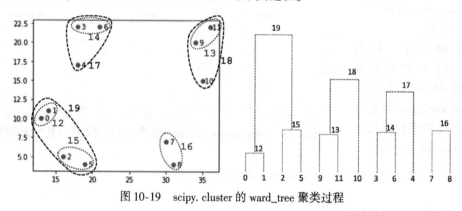

图 10-19　scipy. cluster 的 ward_tree 聚类过程

10.3.5　基于密度的聚类

1. DBSCAN 算法

从 sklearn. cluster 模块中载入 DBSCAN 类，并创建 DBSCAN 类实例后，调用 fit( ) 函数进行训练，可完成聚类，得到聚类结果。DBSCAN 类构造函数如下：

sklearn. cluster. **DBSCAN** (eps = 0.5,* ,min_samples = 5,metric = 'euclidean',metric_params = None,algorithm = 'auto',leaf_size = 30,p = None,n_jobs = None)

其中，参数 eps 为邻域范围参数；参数 min_samples 为核心点最少邻域样本数（含自身）；参数 metric 为样本间距离的度量方法，为字符串（例如 'euclidean'、'precomputed' 等）或可调用对象；参数 metric_params 为参数 metric 所定义函数的参数；参数 algorithm 为计算点间距离和查找最近邻的算法，可以是 {'auto'，'ball_tree'，'kd_tree'，'brute'}；参数 leaf_size 为 BallTree 或 KDTree 算法的叶结点数参数；参数 p 为闵氏距离的阶次数。

可调用 DBSCAN 的 fit( ) 和 fit_predict( ) 函数完成聚类。可通过属性 core_sample_indices_ 查看核心点数据的编号，通过属性 components_ 查看核心点数据，通过属性 labels_ 查看聚类结果（ -1

表示噪声点）。

【例10-20】 利用 sklearn. cluster 模块中的 DBSCAN 类，对双月牙形数据进行基于密度的聚类分析（完整代码见文件 sklearn_DBSCAN. py）。

```
#产生呈互相交叠的2个月牙形的300个数据点
from sklearn import datasets
data,classes = datasets. make_moons(n_samples = 300,noise = 0.1,
                                    random_state = 0)

from sklearn. cluster import DBSCAN
for i,eps in enumerate([0.12,0.155]):
    #建立DBSCAN对象,调用fit()建立聚类模型
    dbscan = DBSCAN(eps = eps,min_samples = 2). fit(data)

#绘制以不同颜色表示的各个簇的散点图
……
    plt. show()
```

核心点最少邻域样本数为5时，不同邻域范围参数取值的聚类结果，如图10-20所示。

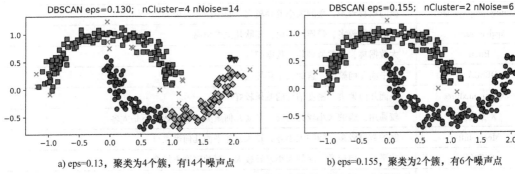

a) eps=0.13，聚类为4个簇，有14个噪声点   b) eps=0.155，聚类为2个簇，有6个噪声点

图10-20 sklearn 的 DBSCAN 聚类结果（红色 x 为噪声点）

2. OPTICS 算法

OPTICS（Ordering Points to Identify the Clustering Structure）也是将空间中的数据按照密度分布进行聚类的算法，其思想和 DBSCAN 非常类似，所不同的是 OPTICS 算法通过计算出一个附近点距离列表来进行聚类：首先标注出所有的核心点，然后随机选择一个核心点，计算其附近点的距离并从小到大进行排序，如果附近点为核心点，则递归地继续计算该核心点附近点的距离，排序后存在列表中，全部完成后观察可达距离列表中变化显著的位置，即为类别变化的地方。OPTICS可以完成不同密度的数据点的聚类，即经过 OPTICS 算法的处理，理论上可以获得任意密度的聚类。OPTICS 算法输出的是样本的一个有序队列，从这个队列里面可以获得任意密度的聚类。

【例10-21】 利用 sklearn. cluster 模块中的 OPTICS 类进行基于密度的聚类分析。

```
#产生具有x,y,z属性的300个数据点
from sklearn import datasets
data,classes = datasets. make_blobs(n_samples = 300,n_features = 3,
                                    cluster_std = 1.2,random_state = 1)
```

```
#建立 DBSCAN 对象,调用 fit()建立聚类模型
from sklearn.cluster import OPTICS
optics = OPTICS(metric = 'euclidean',min_sam-
ples = 25,xi = 0.13)
    optics.fit(data)
    n = np.unique(optics.labels_).tolist()
    print('共聚类为% d个簇'% (max(n) +1))
```

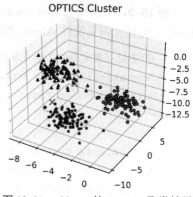

图 10-21　sklearn 的 OPTICS 聚类结果
（红色 x 为噪声点）

完整代码见文件 sklearn_OPTICS.py。运行结果如图 10-21 所示。

图中数据点被聚类为 3 个簇，另有 10 个噪声点。

10.3.6　其他

在 sklearn 扩展库中，还集成了其他聚类算法，这里不再赘述。sklearn 扩展库中定义的主要聚类算法见表 10-14。

表 10-14　sklearn 扩展库中的聚类算法

算法	适用场景
Affinity propagation	簇的数目较多，簇的大小差异较大，非平面几何聚类
Agglomerative	簇的数目较多，带连通约束，非欧几里得距离
Birch	大数据集，异常值剔除，数据归约
DBSCAN	非平面几何聚类，簇的大小差异较大
Gaussian mixtures	平面几何聚类，密度估计的效果较好
K-Means	较通用，簇的大小较为均衡，平面几何聚类，簇的数目不是太多
Mean-shift	簇的数目较多，簇的大小差异较大，非平面几何聚类
OPTICS	非平面几何聚类，簇的大小差异较大，簇的密度不均衡
Spectral	簇的数目较少，簇的大小较为均衡，非平面几何聚类
Ward hierarchical	簇的数目较多，带连通约束

单元练习

1. 编写程序，根据第 8 章单元练习第 10 题所使用的，素材文件为 trans.csv 的购物篮事务数据（格式见表 8-26），运用 Apriori 算法进行关联分析，支持度阈值可以设为 0.22，置信度阈值可以设为 0.8。程序输出各频繁项集和从中提取出的关联规则，以及关联规则的置信度、提升度、杠杆率和确信度等指标。

2. 编写程序，运用 FP-Growth 算法，完成练习题 1 的任务。

3. 使用决策树分类的方法，根据【例 10-4】的叙述，完成分类模型的创建及对未分类样本进行分类预测的任务，给出决策树模型，并对分类模型进行评估。

4. 使用 sklearn.datasets.load_breast_cancer()函数载入美国威斯康星州乳腺肿瘤数据集，使用贝叶斯分类（例如 CategoricalNB）的方法建立分类模型，并进行评估。

5. 使用上一题中的数据集，使用人工神经网络分类器（例如 sklearn 的多层感知分类器）的方法建立分类模型，并进行评估。可与上一题中的分类器分类效果进行对比。

6. 使用【例 10-17】中的方法，产生图 10-17 所示的数据集。编写程序，通过支持向量机方法，建立分类模型，并绘制分割平面（线）和决策边界图。由于数据点呈双环环绕形态，可通过选取合适的核函数参数完成模型构建，达到最佳分类效果。示例如图 10-22 所示。

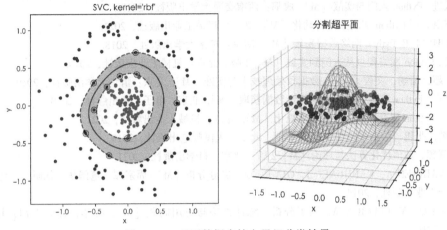

图 10-22　双环数据支持向量机分类结果

7. 编写程序，利用 KMeans 算法（取 $k=3$），对给定数据进行聚类分析，以不同颜色或形状绘制聚类得到的簇及其质心的散点图，并显性地展示其变化状况。数据的 (x, y) 坐标为：$(6, 3)$，$(11, 12)$，$(11, 3)$，$(12, 15)$，$(14, 20)$，$(14, 27)$，$(15, 5)$，$(18, 32)$，$(18, 8)$，$(18, 3)$，$(19, 28)$，$(20, 16)$，$(22, 25)$，$(22, 12)$，$(22, 36)$，$(24, 12)$，$(24, 3)$，$(25, 29)$，$(25, 43)$，$(28, 3)$，$(28, 48)$，$(29, 36)$，$(30, 8)$，$(31, 43)$，$(31, 55)$，$(32, 35)$，$(33, 27)$，$(33, 4)$，$(37, 48)$，$(38, 42)$，$(39, 45)$，$(40, 55)$，$(41, 37)$，$(42, 44)$（数据文本见素材文件 datapoints. txt）。

8. 编写程序，使用素材文件 provincial_economics. csv 中所提供的部分地区的模拟经济数据（格式见表 10-15），自行选定度量方法，进行层次聚类分析，给出层次聚类树的图形化结果。

表 10-15　层次聚类数据

序号	地区	人均可支配收入	人均消费总额	人均存款总额	人均 GDP
1	上海	36230	29441	80613	82560
2	北京	32903	35184	94777	80394
3	天津	26921	26241	84099	86496
4	河北	18292	11183	24618	33719
...	...	...	...	...	...

9. 编写程序，对素材文件 dual_moons. csv 中给出的直角坐标系下数据点数据，使用 DBSCAN 算法，选择合适的参数进行聚类分析，以不同颜色或形状绘制聚类得到的簇的散点图。可对不同参数下所得到的结果进行对比分析。

10. 完成第 7 章 "单元练习" 第 4 题，分别对多维标度分析前后的数据，选择合适的算法进行聚类分析，比较二者聚类结果的差异，说明使用多维标度分析完成数据维度规约对数据空间结构的影响。

参 考 文 献

[1] 董付国. Python 程序设计 [M]. 3 版. 北京：清华大学出版社，2020.

[2] 林信良. Python 程序设计教程 [M]. 北京：清华大学出版社，2019.

[3] 王跃进. Python 入门与实战 [M]. 成都：西南交通大学出版社，2019.

[4] 李杰臣. 用 Python 实现办公自动化 [M]. 北京：机械工业出版社，2021.

[5] MITCHELL R. Python 网络数据采集 [M]. 南京：东南大学出版社，2018.

[6] 唐松. Python 网络爬虫从入门到实践 [M]. 2 版. 北京：机械工业出版社，2019.

[7] 白宁超，唐聃，文俊. Python 数据预处理技术与实践 [M]. 北京：清华大学出版社，2019.

[8] 刘宇宙. Python 实战之数据库应用和数据获取 [M]. 北京：电子工业出版社，2020.

[9] 孟兵. Python 爬虫、数据分析与可视化 [M]. 北京：机械工业出版社，2021.

[10] 米洪，张鸰. 数据采集与预处理 [M]. 北京：人民邮电出版社，2019.

[11] 李董辉. 数值优化算法与理论 [M]. 2 版. 北京：科学出版社，2021.

[12] HYVARINEN A，KARHUNEN J，OJA E. 独立成分分析 [M]. 周宗潭，董国华，徐昕，等译. 北京：电子工业出版社，2014.

[13] KIM J O，MUELLER C W. 因子分析：统计方法与应用问题 [M]. 叶华，译. 上海：格致出版社，2016.

[14] 朱晓姝，许桂秋. 大数据预处理技术 [M]. 北京：人民邮电出版社，2019.

[15] 陈忠琏，郭德媛. 探索性数据分析 [M]. 北京：中国统计出版社，1998.

[16] 谢文芳，胡莹，段俊. 统计与数据分析基础 [M]. 北京：人民邮电出版社，2021.

[17] 易丹辉，王燕. 应用时间序列分析 [M]. 5 版. 北京：中国人民大学出版社，2019.

[18] 王振丽. Python 数据可视化方法、实践与应用 [M]. 北京：清华大学出版社，2020.

[19] 魏伟一，李晓红. Python 数据分析与可视化 [M]. 北京：清华大学出版社，2020.

[20] 何晓群，刘文卿. 应用回归分析 [M]. 5 版. 北京：中国人民大学出版社，2019.

[21] MCKINNEY W 利用 Python 进行数据分析 [M]. 北京：机械工业出版社，2018.

[22] 葛东旭. 数据挖掘原理与应用 [M]. 北京：机械工业出版社，2020.

[23] 张雨萌. 机器学习线性代数基础：Python 语言描述 [M]. 北京：北京大学出版社，2019.

[24] WITTEN I H，Eibe Frank. 数据挖掘实用机器学习技术 [M]. 北京：机械工业出版社，2006.

[25] 胡可云，田凤占，黄厚宽. 数据挖掘理论与应用 [M]. 北京：清华大学出版社，2008.